全国电力行业"十四五"规划教材
高等教育电气与自动化类专业系列

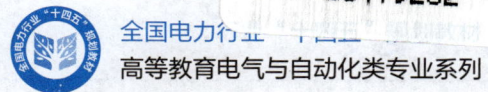

电力系统继电保护原理辅导与训练（第二版）

刘晓军 编

邰能灵 聂宏展 主 审

中国电力出版社
CHINA ELECTRIC POWER PRESS

内容提要

本书为全国电力行业"十四五"规划教材,是按照"电力系统继电保护原理"课程内容体系编写的辅导与训练教材。

全书共分为十章内容,包括电力系统继电保护基本概念、电网的电流保护、电网的距离保护、输电线路纵联保护、自动重合闸、电力变压器保护、发电机保护、母线保护、数字式继电保护技术基础、输电线路继电保护新技术概述。前九章分别按照基本内容与知识要点、典型例题、习题及参考答案三个部分编写;第十章则是结合现有教材以及相关科技文献,以综述形式介绍输电线路继电保护新技术。本书章节内容总结重点突出,典型例题解答详实,习题题型全面并附有答案,有助于读者巩固所学知识,开阔学习视野。

本书可作为高等院校电气类及相关专业的本科辅导教材,也可作为高职、高专相关专业的辅导教材,同时也可作为从事电力系统及其自动化专业工程技术人员参考用书。

图书在版编目(CIP)数据

电力系统继电保护原理辅导与训练/刘晓军主编. -- 2版. -- 北京:中国电力出版社,2024.12.
ISBN 978-7-5198-8616-5

Ⅰ. TM77

中国国家版本馆 CIP 数据核字第 2024JF8175 号

出版发行:中国电力出版社
地 址:北京市东城区北京站西街 19 号(邮政编码 100005)
网 址:http://www.cepp.sgcc.com.cn
责任编辑:雷 锦
责任校对:黄 蓓 王小鹏
装帧设计:赵姗姗
责任印制:吴 迪

印 刷:三河市航远印刷有限公司
版 次:2014 年 7 月第一版 2024 年 12 月第二版
印 次:2024 年 12 月北京第一次印刷
开 本:787 毫米×1092 毫米 16 开本
印 张:13
字 数:298 千字
定 价:46.00 元

版 权 专 有 侵 权 必 究

本书如有印装质量问题,我社营销中心负责退换

前言

本教材是《普通高等教育"十二五"规划教材 电力系统继电保护原理辅导与训练》的第二版教材。在维持原有教材内容及体系的基础上，进行了部分修改和完善。基于电力系统保护技术的发展，更新了部分概念和内容，增加了继电保护新原理、工程实际问题的介绍和对应的训练题目；同时结合教学实践，在各章节内容中融入了课程思政教学内容，以求更好地达成知识、能力、素质的人才培养目标。

本书编写目的在于帮助本专业及相关专业读者更好地掌握本课程的知识体系和主要内容，提供多角度全方位的训练题目。在理论基础之外添加现场实际问题，在知识内容中增加保护原理所蕴含的哲理，结合电网发展数据介绍我国继电保护技术的发展历程，在开阔读者学习视野的同时，培养学生的工程意识和专业素养，增强学生的民族自信和爱国情怀，培养科技报国的使命担当。本书以新形态教材形式呈现，在教材基础上附有电子题库的扩展内容。本书可作为高等院校电气工程及其相关专业的本科辅导教材，也可作为高职、高专相关专业的辅导教材，同时也可作为从事电力系统及其自动化专业工程技术人员参考用书。

全书共分为十章，包括电力系统继电保护基本概念、电网的电流保护、电网的距离保护、输电线路纵联保护、自动重合闸、电力变压器保护、发电机保护、母线保护、数字式继电保护技术基础、输电线路继电保护新技术。前九章分别按照基本内容与知识要点、典型例题、习题及参考答案三个部分编写，其中基本内容与知识要点对每章重点内容进行了总结，典型例题给出了详细的解题步骤，习题包括选择题、填空题、名词解释、问答题和分析与计算题五种类型，并有详细答案。第十章则是结合现有教材及相关科技文献，以综述形式介绍了输电线路继电保护新技术。

本书由东北电力大学刘晓军编写。全书由上海交通大学郈能灵教授和东北电力大学聂宏展教授审阅，在此特别感谢两位教授在审稿过程中提出的宝贵意见。另外，在编写过程中，还得到了许多同事及朋友的帮助和支持，在此表示感谢！限于编者的水平和经验，书中难免有不当或疏漏之处，恳请读者批评指正。

编　者

2024 年 12 月

第一版前言

本书是根据电气工程及其自动化专业特点，按照《电力系统继电保护原理》课程教学大纲及要求，参考各高校本课程最新的相关教学资料编写的辅导与训练用书。旨在帮助本专业及相关专业读者更好地掌握本课程的知识体系和主要内容，提供多角度、全方位的训练题目，在理论基础之外适当添加现场实际问题，以开阔读者的学习视野。

本书共分为十章，包括电力系统继电保护基本概念、电网的电流保护、电网的距离保护、输电线路纵联保护、自动重合闸、电力变压器保护、发电机保护、母线保护、数字式继电保护技术基础、输电线路继电保护新技术概述。前九章分别按照基本内容与知识要点、典型例题、习题及参考答案三个部分编写，其中基本内容与知识要点对每章重点内容进行了总结，典型例题给出了详细的解题步骤，习题包括填空、名词解释、问答题和分析与计算四种类型，并附有详细答案。第十章则是结合现有教材及相关科技文献，以综述形式介绍输电线路继电保护新技术，包括超高压交流输电线路的特点与保护的配置原则；高压直流输电系统的构成及特点，直流输电系统保护的配置；以及智能电网继电保护新技术。

本书由东北电力大学刘晓军编写。全书由上海交通大学郁能灵教授和东北电力大学聂洪展教授审阅，在此特别感谢两位教授在审稿过程中提出的宝贵意见。另外，在编写过程中，还得到了许多同事及朋友的帮助和支持，在此表示感谢！限于编者的水平和经验，书中难免有不当或疏漏之处，恳请读者批评指正。

编 者

2014 年 5 月

目录

自测与练习

前言
第一版前言

第一章　电力系统继电保护基本概念　　1
　　第一部分　基本内容与知识要点　　1
　　第二部分　典型例题　　4
　　第三部分　习题　　5
　　参考答案　　7

第二章　电网的电流保护　　10
　　第一部分　基本内容与知识要点　　10
　　第二部分　典型例题　　15
　　第三部分　习题　　39
　　参考答案　　51

第三章　电网的距离保护　　59
　　第一部分　基本内容与知识要点　　59
　　第二部分　典型例题　　67
　　第三部分　习题　　81
　　参考答案　　88

第四章　输电线路纵联保护　　96
　　第一部分　基本内容与知识要点　　96
　　第二部分　典型例题　　102
　　第三部分　习题　　104
　　参考答案　　108

第五章　自动重合闸　　114
　　第一部分　基本内容与知识要点　　114
　　第二部分　典型例题　　115

第三部分　习题　　　　　　　　　　　　　117
　　　参考答案　　　　　　　　　　　　　　　120

第六章　电力变压器保护　　　　　　　　　126
　　　第一部分　基本内容与知识要点　　　　126
　　　第二部分　典型例题　　　　　　　　　129
　　　第三部分　习题　　　　　　　　　　　133
　　　参考答案　　　　　　　　　　　　　137

第七章　发电机保护　　　　　　　　　　　143
　　　第一部分　基本内容与知识要点　　　　143
　　　第二部分　典型例题　　　　　　　　　145
　　　第三部分　习题　　　　　　　　　　　147
　　　参考答案　　　　　　　　　　　　　151

第八章　母线保护　　　　　　　　　　　　158
　　　第一部分　基本内容与知识要点　　　　158
　　　第二部分　典型例题　　　　　　　　　160
　　　第三部分　习题　　　　　　　　　　　163
　　　参考答案　　　　　　　　　　　　　166

第九章　数字式继电保护技术基础　　　　　171
　　　第一部分　基本内容与知识要点　　　　171
　　　第二部分　典型例题　　　　　　　　　172
　　　第三部分　习题　　　　　　　　　　　174
　　　参考答案　　　　　　　　　　　　　176

第十章　输电线路继电保护新技术概述　　　182
　　　思考题　　　　　　　　　　　　　　　198

参考文献　　　　　　　　　　　　　　　　199

第一章

电力系统继电保护基本概念

第一部分 基本内容与知识要点

电力系统安全稳定运行关乎人民生活、国民生产和社会发展的方方面面，而继电保护技术是保证电网安全运行的关键技术。继电保护装置是一种能够反应电力系统中电气元件发生故障或不正常运行状态，并动作于断路器跳闸或发出信号的一种自动装置。继电保护装置属于电力系统的二次部分，是保证电力系统安全稳定运行的"第一道防线"，是电力系统安全运行的重要保证。

本章首先介绍了电力系统的正常、不正常和故障三种运行状态，指出故障和不正常状态可能产生的严重后果，进而引入了继电保护装置的概念和电力系统继电保护的基本任务；然后介绍了构成保护的基本原理、保护装置的基本构成，以及电力系统上下级元件保护的工作配合；并详细解释了电力系统对继电保护的四个基本要求和含义，以及它们之间的矛盾统一关系；最后概述了继电保护发展概况。

"故障信息的识别、处理和利用是一切保护原理和技术发展的基础"，这是学习继电保护原理的一种思路，也是继电保护领域的科研人员探讨、创新保护原理技术的关键。"可靠性、选择性、速动性和灵敏性"，这四个基本要求是分析研究继电保护性能的基础，它们之间既有矛盾的一面，又有统一的一面。继电保护的科学研究、设计、制造和运行的绝大部分工作就是围绕着如何处理好这四个基本要求之间的辩证统一关系而进行的。四个基本要求是贯穿全课程的一个基本线索，在今后学习中应深入体会四个基本性质的含义，并注意运用它来思考、分析和评价保护原理。

截至 2023 年底，全国电力总装机容量约 29.2 亿 kW，220kV 及以上输电线路回路长度达 92 万 km。随着电力系统的发展，电网规模不断扩大，特高压交、直流输电线路和超大型机组的不断出现与使用，继电保护的任务必将更加艰巨，这就需要不断完善、发展继电保护的新理论与新技术，使其达到更高的理论和技术要求，以适应不断发展的电力系统的安全稳定运行的需要。

1. **一次设备与二次设备的概念**

一般将电能通过的设备称为一次设备，对一次设备的运行状态进行监视、测量、控制和保护的设备称为二次设备。

2. **电力系统运行状态以及事故的概念**

电力系统运行状态指电力系统在不同运行条件（如负荷水平、功率配置、系统接线、故障等）下的系统与设备的工作状况，包括正常工作状态、不正常运行状态和故障状态。其中故障状态与不正常状态的概念如下：

(1) 故障状态：电力系统的所有一次设备在运行过程中由于外力、绝缘老化、过电压、误操作、设计制造缺陷等原因而发生的各种短路、断线，以及旋转电机、变压器绕组的匝间短路等。

(2) 不正常运行状态：电力系统中电气元件的正常工作遭到破坏，电能质量不能满足要求，但并没有发生故障。如过负荷、过电压、频率降低、系统振荡等。

事故：指系统或其中一部分的正常工作遭到破坏，并造成对用户少送或电能质量变坏到不能允许的地步，甚至造成人身伤亡和电气设备损坏的事件。

注意三种运行状态在概念和数学模型上的差别，以及故障与事故的区别。

3. 短路故障的危害

(1) 数值较大的短路电流通过故障点时，引燃电弧，使故障元件损坏或烧毁。

(2) 短路电流通过非故障元件，使非故障元件绝缘损坏或缩短其使用寿命。

(3) 系统部分地区电压值大幅度下降，破坏用户正常生产或影响产品质量。

(4) 破坏电力系统各发电厂之间并列运行的稳定性，使系统发生振荡，扩大事故范围，甚至造成系统瓦解。

4. 继电保护装置的概念

能反应电力系统中电气元件发生故障或不正常运行状态，并动作于断路器跳闸或发出信号的一种自动装置。注意区分继电保护装置与电力系统继电保护的区别。

5. 电力系统继电保护的基本任务

(1) 发生故障时能自动、迅速、有选择性地切除故障元件，使故障元件免于继续遭到破坏，保证其他无故障部分迅速恢复正常运行。

(2) 不正常运行状态时，根据运行维护的条件，而动作于发出信号、减负荷或延时跳闸。

6. 继电保护的基本原理

通过正确区分电力系统正常运行与发生故障或异常情况时电气量及非电气量的变化规律及特点，构成常见基本保护原理如下。

(1) 反应线路电流幅值增大的过电流保护。

(2) 反应母线电压降低的低电压保护。

(3) 反应电流与电压同时变化而构成的距离保护。

(4) 反应电流与电压同时变化而构成的功率方向保护。

(5) 反应序分量变化的序分量保护。

(6) 反应电气元件两端电气量同时变化的纵联保护。

(7) 反应温度升高、气体浓度增大的非电气量保护。

7. 保护装置的构成

一般包括测量比较元件、逻辑判断元件和执行输出元件三部分。

应了解三部分的任务，以及在实际装置中对应的具体元件。并思考模拟式保护和微机式保护装置构成的不同。

8. 电力系统继电保护的工作配合

（1）保护范围划分的原则：任一个元件的故障都能可靠地被切除，且停电范围最小或对系统正常运行的影响最小，由断路器实现划分。

（2）保护范围配合要求：上、下级保护区间重叠，防止保护死区；重叠区尽量小，缩小停电范围。

（3）保护的多重性：一般每个重要的电气元件必须配备两套保护：主保护、后备保护。

可通过具体的电力系统进行保护区域划分，以深入理解工作配合关系，特别应注意主、后备保护的概念，以及近后备和远后备的概念。

9. 电力系统对继电保护的基本要求

（1）可靠性：包括安全性和可信赖性两层含义，即该动作时不拒动（可信赖性），不该动作时不误动（安全性）。

注意在不同的电力系统结构和电气元件处于不同的系统位置时，评价安全性和可信赖性的侧重点会有差别，最终目的是尽量减小保护误动作和拒绝动作可能引起的危害程度。

（2）选择性：保护装置动作时，在尽可能小的区间内将故障切除出去，最大限度地保证系统中无故障部分仍能继续安全运行。选择性包括两层含义：①只应由装在故障元件上的保护装置动作切除故障；②力争相邻元件的保护装置对它起后备保护作用。

（3）速动性：指保护装置能够迅速动作切除故障。切除故障的时间包括保护装置动作时间和断路器动作时间。快速地切除故障可以提高电力系统的稳定性，减少用户在低电压情况下的工作时间，减小故障元件的损坏程度。根据电压等级不同、设备重要程度不同，对速动性的要求也不同，需要按照电力系统客观的实际需求和保护的安全性综合考虑。

（4）灵敏性：对保护范围内故障或不正常运行状态的反应能力。用灵敏系数 K_{sen} 和最小保护范围来衡量。

在掌握电力系统对继电保护保护四个基本要求概念的同时，要注意理解四个要求之间的矛盾统一的关系。四个要求是评价和研究继电保护的基础。对四个要求中的每一项都应"有度"，应以满足电力系统的安全运行为准则，不应片面强调某一项而忽视其他项。要根据被保护元件在系统中的作用，使四个要求在所配置的保护中得到统一，这也是贯穿于全书各种保护原理的一条主线。围绕四个基本要求，对系统中的电气元件如何构建保护的配置方案，在运行中各种保护如何实现动作配合，以保证最大限度地发挥电力系统的运行效能，这充分体现了继电保护工作的科学性和继电保护工程实践的技术性。

10. 继电保护的发展概况

（1）保护原理的发展阶段。从单个简单电气量构成的电流保护、电压保护到两个电气量构成的阻抗（距离）保护；从单侧电气量到借助通信通道的双侧电气量保护；再有行波保护、工频故障分量保护原理的出现，都在印证保护原理的不断发展。其中，值得强调的是，工频故障分量保护原理是我国保护专家在20世纪80年代首次提出，该原理的提出使我国继电保护技术站在了世界的前沿，是中国对世界继电保护领域的巨大贡献。

（2）保护装置按照结构和工艺的发展阶段。包括三个发展阶段：机电式保护装置、静态式保护装置和数字式保护装置。1984年我国研制了第一台微机距离保护装置，1986年研制成功第一套微机高压线路保护装置。目前，随着智能电网的发展，微机保护和网络通信等技术的紧密结合，变电站综合自动化系统、配电自动化系统在全国电力系统中得到了广泛应用，逐渐呈现"点""线""域"三个层面的保护体系。

在"双碳"目标下，随着能源转型的加速推进，高比例可再生能源装机激增，高比例电力电子装置的广泛应用，"双高"电力系统故障特性发生明显变化，传统继电保护技术不断面临新的挑战。在超高压交流输电系统保护、高比例分布式电源接入的配电网保护、特高压直流输电保护技术、大型变压器、发电机保护技术等领域，都在不断涌现适用于当前电网特性的继电保护新原理、新技术。继电保护作为守护电网安全稳定运行的"第一道防线"，继电保护人应与电网共发展，不断探索创新，肩负起时代赋予的重大责任和历史使命。

第二部分 典型例题

[**例1**] 如图1-1所示某35kV电压等级系统，各断路器处均装有保护装置，且图中保护号与对应断路器号统一（如：保护1处的断路器表示QF1），试回答：

（1）线路CD的主保护和远后备保护。

（2）当k1点故障时，根据保护动作的选择性要求应由哪些保护动作并跳闸。

（3）当k2点故障时，保护1动作跳开断路器QF1是否属于有选择性动作？会带来什么后果？

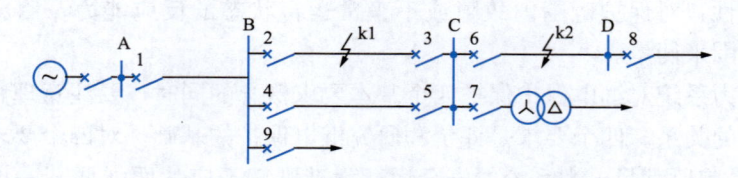

图1-1 例1系统网络图

解 （1）保护6（电流Ⅰ段和Ⅱ段）可作为线路CD的主保护；保护2和保护4（对应的过电流保护Ⅲ段）可作为线路CD的远后备保护。

（2）当k1点故障时，根据保护动作选择性要求，应该有保护2和保护3动作跳开断路器QF2和QF3切除故障，以尽可能地缩小停电范围，保证其他负荷支路的连续供电。

（3）当k2点故障时，保护1动作跳开断路器QF1是无选择性动作，将会使母线B、C、D所带负荷全部停电，扩大停电范围。

[**例2**] 如图1-2所示，A、B母线之间装设了四组电流互感器，试回答变压器保护和两侧的母线保护应分别接在哪组互感器上？为什么？

图 1-2 电流互感器选用图

答：图 1-2 中 A 母线保护应接在电流互感器 TA2 上；B 母线保护应接在电流互感器 TA3 上；变压器保护应接在电流互感器 TA1 和 TA4 上。这样接线才能够保证相邻元件母线保护和变压器保护之间有重叠区，以防止出现保护死区。

第三部分 习题

一、选择题

1. 以下设备中，属于二次设备的是（　　）。
   A. 隔离开关　　　　　　　　　　B. 继电器
   C. 断路器　　　　　　　　　　　D. 变压器
2. 电力系统在运行中可能发生的故障有（　　）。
   A. 过负荷　　　　　　　　　　　B. 系统振荡
   C. 各种短路　　　　　　　　　　D. 频率降低
3. 下列元件中（　　）属于测量比较元件。
   A. 电流继电器　　　　　　　　　B. 中间继电器
   C. 时间继电器　　　　　　　　　D. 信号继电器
4. 主保护或断路器拒动时，用来切除故障的保护是（　　）。
   A. 辅助保护　　　　　　　　　　B. 后备保护
   C. 异常运行保护　　　　　　　　D. 安全自动装置
5. 当系统发生故障时，正确的切断故障点最近的断路器，体现了继电保护的（　　）。
   A. 快速性　　　　　　　　　　　B. 选择性
   C. 可靠性　　　　　　　　　　　D. 灵敏性
6. 下列不属于速动性优点的是（　　）。
   A. 可以提高系统的暂态稳定性　　B. 可以减小用户在低电压下运行的时间
   C. 可以避免故障进一步扩大　　　D. 可以增大保护范围
7. 系统中故障切除时间是指（　　）。
   A. 断路器动作时间　　　　　　　B. 保护动作时间
   C. 断路器与保护动作时间之和　　D. 故障点电弧熄灭时间
8. 下列不属于微机式保护特点的是（　　）。
   A. 强大的计算、分析、逻辑判断能力
   B. 结构简单、可靠性低
   C. 统一硬件、易标准化
   D. 强大的辅助功能、事故后处理功能等

二、填空题

1. 电力系统常见的运行条件包括_____、_____、_____和故障等。
2. 根据不同的运行条件，可以将电力系统的运行状态分为_____、_____和_____三种状态。
3. 继电保护装置一般由_____、_____和_____三部分组成。
4. 为了保证系统中任意处的故障都能可靠、有选择性地被切除，相邻上、下级元件的保护区间需要有重叠区，以防止_____；同时要求重叠区_____，以缩小停电范围。
5. 主保护和后备保护之间需要考虑_____和_____的配合。
6. 电力系统对继电保护的四个基本要求是_____、_____、_____和_____。
7. 可靠性包括两个方面：保护不需要动作时不误动作即_____和保护该动作时不拒绝动作即_____。
8. 灵敏性通常由_____或_____来衡量。

三、名词解释

1. 继电保护装置
2. 选择性
3. 灵敏性
4. 远后备

四、问答题

1. 电力系统不正常工作状态、故障和事故有何区别？又有何联系？
2. 继电保护装置在电力系统中所起的作用是什么？
3. 继电保护的基本原理有哪几种？
4. 近后备保护与远后备保护有何区别？
5. 什么是主保护、后备保护和辅助保护？
6. 电力系统对继电保护的速动性要求有何意义？
7. 为什么说这"四个基本要求"之间是矛盾统一的关系？
8. 如图 1-3 所示，分别回答当 k1 点故障时，按照保护的选择性，应由哪些保护动作于断路器跳闸切除故障？如果 C 母线所在变电站保护工作电源停电，k2 点故障时，按照选择性要求，保护动作情况如何？

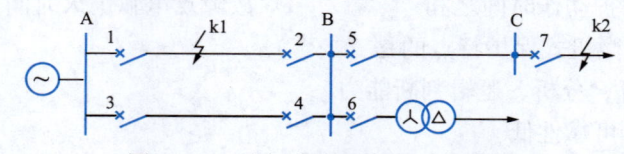

图 1-3　习题 8 保护选择性动作分析

9. 在带电的电流互感器二次回路上工作时，应采取哪些安全措施？

10. 电压互感器的二次回路为什么必须接地？

参考答案

一、选择题

1. B　2. C　3. A　4. B　5. B　6. D　7. C　8. B

二、填空题

1. 负荷水平、功率配置、系统接线
2. 正常状态、不正常状态和故障状态
3. 测量比较元件、逻辑判断元件、执行输出元件
4. 保护死区、尽量小
5. 动作时间、动作灵敏性
6. 可靠性、选择性、速动性、灵敏性
7. 安全性、可信赖性
8. 灵敏系数、最小保护范围

三、名词解释

1. 继电保护装置：能反应电力系统中电气元件发生故障或不正常运行状态，并动作于断路器跳闸或发出信号的一种自动装置。

2. 选择性：保护装置动作时，在尽可能小的区间内将故障切除出去，最大限度地保证系统中无故障部分仍能继续安全运行。

3. 灵敏性：对保护范围内发生故障或不正常运行状态的反应能力。

4. 远后备：下级电力元件的后备保护安装在上级（近电源侧）元件断路器处的保护。

四、问答题

1. 答：不正常工作状态指电气设备或线路正常工作遭到破坏但未形成故障，如过负荷、频率降低或升高、过电压、电力系统振荡等。不正常工作状态对设备或用户以及对电力系统的影响相对缓慢。

   故障是指电力系统的所有一次设备在运行过程中由于外力、绝缘老化、过电压、误操作、设计制造缺陷等原因引起的各种短路、断线等问题。故障可直接造成电气设备损坏，用户工作和产品质量受到影响，甚至破坏电力系统稳定运行，后果十分严重。

   事故指系统或其中一部分的正常工作遭到破坏，并造成用户电能质量下降超过允许值、停电，甚至造成人身伤亡和电气设备损坏的事件。

   不正常工作状态是造成严重故障的诱因之一。故障和不正常工作状态若不及时处理，将引发事故。

2. 答：继电保护装置通过甄别电力系统的正常、不正常和故障状态之间的区别，采取合理的措施来保证电力系统运行安全。作用包括：①保证电力系统正常运行时不动作；②当系统发生故障时能自动、迅速、有选择性地切除故障元件，使故障元件免于继续遭到损坏，保证其他无故障部分迅速恢复正常运行；③不正常运行状态时，根据运行

维护的条件，而动作于发出信号、减负荷或跳闸。

3. 答：继电保护的基本原理：①反应线路电流幅值增大的过电流保护；②反应母线电压降低的低电压保护；③反应电流与电压同时变化而构成的距离保护；④反应电流与电压同时变化而构成的功率方向保护；⑤反应序分量变化的序分量保护；⑥反应电力元件两端电气量同时变化的纵联保护；⑦反应温度升高、气体浓度增大的非电气量保护。

4. 答：近后备与远后备保护的区别是：近后备保护包括两层含义：当主保护拒动时，由本元件的另一套保护实现的后备；当断路器拒动时，则由断路器失灵保护启动跳开所有与故障元件所连变电站的各相关断路器以切除故障。近后备保护的优点是不会扩大停电范围；缺点是在一些情况下可靠性低，如变电站直流工作电源停电时不能正确动作，另外必须装设断路器失灵保护以防止断路器故障引起的主保护拒动。

远后备保护是指故障设备保护或断路器拒动时，由相邻的上一级设备的保护动作于跳闸切除故障，来实现后备作用。远后备保护的优点是保护范围覆盖所有下级电气元件的主保护范围，能解决远后备保护范围内所有故障元件任何原因造成的不能切除故障的问题，特别是当下级电气元件所在变电站直流工作电源停电时造成的主保护拒动、断路器失灵等。缺点是需要上、下级严密配合，并且可能扩大停电范围。

5. 答：主保护是指能满足系统稳定和安全要求，以最快速度有选择性地切除被保护设备和线路故障的保护；后备保护是指当主保护或断路器拒动时，用以切除故障的保护。后备保护又分为近后备保护和远后备保护两种；辅助保护是为弥补主保护和后备保护性能的不足，或当主保护及后备保护退出运行时而增设的简单保护。

6. 答：继电保护快速动作切除故障具有以下意义：可以减少设备及用户在大的短路电流、低电压下的运行时间，从而降低设备的损坏程度；可以提高电力系统并列运行的稳定性。

7. 答：电力系统对继电保护的四个基本要求是：可靠性、选择性、速动性和灵敏性。四个基本要求紧密联系，是矛盾又统一的关系。有时为了保证主保护的速动性，一些原理的保护不能保护线路全长，造成不能满足灵敏性的要求，为此需要采用较复杂的保护装置，而这又降低了可靠性；有时为了保证选择性，本线路保护要与相邻线路保护在时间上进行配合，导致本线路保护会带有动作延时，从而降低了保护的速动性。由此可见，四个基本要求之间存在矛盾的一面。

而对整套保护装置而言，需从电力系统实际情况出发，分清主次，严格按照《继电保护和安全自动装置技术规程》的要求，全面考虑四个基本要求之间的关系，根据被保护元件在电力系统中的作用，使四个基本要求在所配置的保护中得到统一。充分考虑相同原理的保护装置在电力系统的不同位置的元件上如何配置和配合，相同的电气元件在系统不同位置安装时如何配置相应的继电保护，以最大限度地发挥被保护电力系统的运行效能，这是四个基本要求之间统一的一面。

8. 答：当 k1 点故障时，按照保护的选择性，应由保护 1 和保护 2 动作于自身断路器跳闸切除故障；如果 C 母线所在变电站直流工作电源停电，k2 点故障时，则应由远后备保护 5 动作于自身的断路器跳闸切除故障。

9. 答：①严禁将电流互感器二次侧开路；②短路电流互感器二次绕组，必须使用短路片或短路线，短路应妥善可靠，严禁用导线缠绕；③严禁在电流互感器与短路端子之间的回路和导线上进行任何工作；④工作必须认真、谨慎，不得将回路永久接地点断开；⑤工作时，必须有专人监护，使用绝缘工具，并站在绝缘垫上。

10. 答：因为电压互感器在运行中，一次绕组处于高电压，二次绕组处于低电压，如果电压互感器的一、二次绕组间出现漏电或电击穿，一次侧的高电压将直接进入二次绕组，危及人身和设备安全。因此，为了保证人身和设备的安全，要求除了将电压互感器的外壳接地，还必须将二次侧的某一点可靠接地。

第二章

电网的电流保护

第一部分 基本内容与知识要点

电流保护是反应电流幅值增大而工作的保护。本章详细介绍了不同电网结构下，对应不同的故障类型所涉及的各类电流保护，包括相间短路时的阶段式电流保护和方向性电流保护、接地短路时中性点直接接地电网中零序电流及方向保护和中性点非接地电网中单相接地故障的保护措施。知识结构总结如下：

$$相间短路\begin{cases}单侧电源网络 \Rightarrow 阶段式电流保护 \\ 双侧电源网络 \Rightarrow 方向性电流保护\end{cases}$$

$$接地短路\begin{cases}中性点直接接地网络[k^{(1,1)}、k^{(1)}] \Rightarrow 阶段式零序电流及方向保护 \\ 中性点非直接接地网络[k^{(1)}] \Rightarrow \begin{cases}零序电压保护（绝缘监视装置）\\ 零序电流保护 \\ 零序功率方向保护\end{cases}\end{cases}$$

不同电网结构下对应故障电气量的不同特点是构成各种保护原理的基础。如何满足保护的选择性、速动性、灵敏性和可靠性，实现主、后备保护的双重化配置要求，是各个保护原理整定原则的根本。因此，应特别注意以上各保护对应故障电气量的特点、保护的整定原则、接线方式和性能评价。另外，还应注意各保护之间电气量特点的比较、保护性能特点的比较。例如：中性点非直接接地网络与中性点直接接地网络单相接地故障电气量特点的比较，阶段式电流保护与阶段式零序电流保护的特点比较，单侧电源网络与双侧电源网络保护中分别如何保证保护的选择性的比较等。

一、单侧电源网络相间短路的电流保护

（1）继电器的概念、分类和继电特性。掌握常用继电器（以电流保护的核心元件——电流继电器为例）的构成原理和基本参数，如动作电流、返回电流、返回系数等基本概念。

（2）单侧电源网络相间短路时电流量特征。

短路工频周期分量近似计算式为

$$I_k = K_{ph}\frac{E_{ph}}{Z_s + Z_k}$$

式中 E_{ph}——系统等效电源的相电动势，一般取平均相电动势；

Z_k——短路点至保护安装处之间的阻抗；

Z_s——保护安装处到系统等效电源之间的阻抗；

K_{ph}——短路类型系数,三相短路取 1,两相短路取 $\frac{\sqrt{3}}{2}$。

结合短路工频周期分量近似计算式,理解各量值对流过保护的短路电流大小的影响,即故障点位置、系统中电源的运行方式、短路类型等因素对电流量的制约关系。结合实际网络分析理解最大、最小运行方式的含义。

(3) 三段式电流保护(电流速断保护、限时电流速断保护和定时限过电流保护)的工作原理、整定计算原则、原理接线及评价。

以图 2-1 系统中保护 1 为例,三段式电流保护整定计算公式见表 2-1。

图 2-1 单侧电源系统网络图

表 2-1   三段式电流保护整定计算公式

保护	动作值	灵敏性校验	动作时限
电流Ⅰ段	$I_{\text{set1}}^{\text{I}} = K_{\text{rel}}^{\text{I}} I_{\text{k.B,max}}^{(3)}$	$l_{\min}\% = \dfrac{\frac{\sqrt{3}}{2}E_{\text{ph}}/I_{\text{set1}}^{\text{I}} - Z_{\text{s,max}}}{z_1 L_{\text{AB}}} \times 100\% \geqslant 15\%$	$t_1^{\text{I}} = 0\text{s}$
电流Ⅱ段	$I_{\text{set1}}^{\text{II}} = K_{\text{rel}}^{\text{II}} I_{\text{set2}}^{\text{I}}$	$K_{\text{sen}} = \dfrac{I_{\text{k.B,min}}^{(2)}}{I_{\text{set1}}^{\text{II}}} \geqslant 1.3 \sim 1.5$	$t_1^{\text{II}} = 0.5\text{s}$
电流Ⅲ段	$I_{\text{set1}}^{\text{III}} = \dfrac{K_{\text{rel}}^{\text{III}} K_{\text{ss}}}{K_{\text{re}}} I_{L,\max}$	$K_{\text{sen(n)}} = \dfrac{I_{\text{k.B,min}}^{(2)}}{I_{\text{set1}}^{\text{III}}} \geqslant 1.3 \sim 1.5, \ K_{\text{sen(f)}} = \dfrac{I_{\text{k.C,min}}^{(2)}}{I_{\text{set1}}^{\text{III}}} \geqslant 1.2$	阶梯原则

注 1. 表 2-1 中,$K_{\text{rel}}^{\text{I}}$、$K_{\text{rel}}^{\text{II}}$、$K_{\text{rel}}^{\text{III}}$ 分别为电流Ⅰ、Ⅱ、Ⅲ段的可靠系数;K_{ss} 为电动机自启动系数;K_{re} 为返回系数;K_{sen} 为灵敏系数;$K_{\text{sen(n)}}$、$K_{\text{sen(f)}}$ 分别是保护作为近后备、远后备时的灵敏系数;$Z_{\text{s,max}}$ 为电源最大等值电抗;$I_{L,\max}$ 为流过保护 1 的最大负荷电流;$I_{\text{k.B,max}}^{(3)}$、$I_{\text{k.B,min}}^{(2)}$ 分别是 B 母线处故障时流过保护的最大、最小短路电流;$I_{\text{k.C,min}}^{(2)}$ 是 C 母线处故障时流过保护的最小短路电流。

2. 若电流Ⅱ段不满足灵敏度要求,则改与相邻线路电流Ⅱ段配合,时限亦配合。

3. 在双电源系统中,需要考虑分支系数问题,此时Ⅱ段动作值为:$I_{\text{set1}}^{\text{II}} = \dfrac{K_{\text{rel}}^{\text{II}} I_{\text{set2}}^{\text{I}}}{K_{\text{b,min}}}$,其中 $K_{\text{b,min}}$ 为最小分支系数;Ⅲ段远后备灵敏性校验时也应考虑分支系数的影响。

注意从继电保护四个基本要求来理解各段保护的整定原则和各段保护的优缺点。虽然电流保护接线简单、可靠,但受电网接线、系统运行方式变化影响严重,而采用最大运行方式进行动作值整定,最小运行方式下进行灵敏性校验是造成电流保护一系列缺点的根本原因。

(4) 电流保护接线方式的分类(如图 2-2 所示)、构成及应用特点。

1) 三相完全星形接线。

构成:3 个电流互感器、3 个电流继电器、4 根引线。

应用:110kV 及以上中性点直接接地电网电流保护,以及发电机、变压器电流保护中。

2) 两相不完全星形接线。

构成:2 个电流互感器、2 个电流继电器、3 根引线。

应用：中性点非直接接地电网电流保护。
3）两相三个继电器接线。
构成：2个电流互感器、3个电流继电器、3根引线。
应用：当电流保护作 Yd11 变压器后备保护时，为提高后备保护的灵敏性可采用该接线方式，一般阶段式过电流保护在电流Ⅲ段上使用。

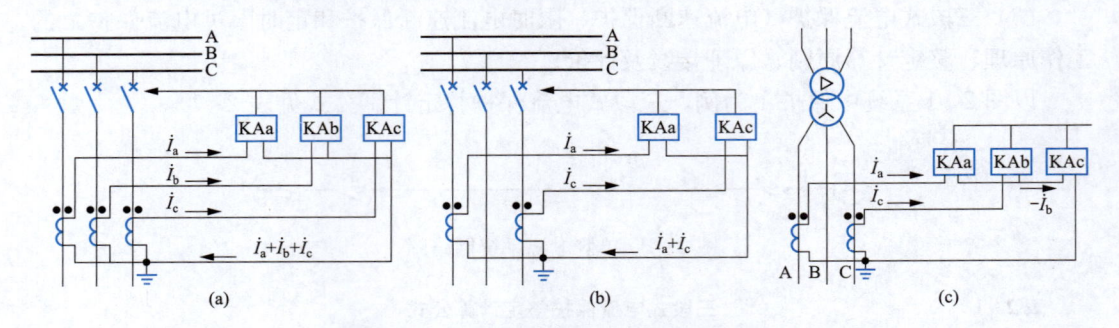

图 2-2 电流保护接线方式的分类
(a) 三相完全星形；(b) 两相不完全星形；(c) 两相三个继电器

此处在学习中应特别注意两个问题：
1）各种短路故障、跨线两点异相接地故障时，三相完全星形接线和两相不完全星形接线方式动作性能的比较。
2）当电流保护作为 Yd11 接线降压变压器远后备，在变压器后两相短路进行灵敏度校验时，两相星形接线存在的问题及解决办法。
（5）阶段式电流保护的配置原则及应用特点，要求能够按照继电保护的四个基本要求及保护的双重化要求，对实际网络给出相应的保护配置方案。
（6）以阶段式电流保护原理接线图为例，了解二次回路的原理图和交直流回路展开图的绘制和阅读方法。
小结：阶段式电流保护是利用相间短路后电流幅值增大和动作时限配合来保证有选择性地切除故障。其主要优点是接线简单、动作可靠。其缺点是受电网接线及运行方式变化影响，灵敏性不易满足；并且由于主保护一般需依靠电流速断（电流Ⅰ段）和限时电流速断（电流Ⅱ段）共同构成，而一般电流Ⅰ段保护范围较短，导致主保护速动性差。因此，阶段式电流保护主要适用于 35kV 及以下电压等级单侧电源网络。

二、双侧电源网络相间短路的方向性电流保护

（1）方向性电流保护的基本原理。方向性电流保护是在电流保护的基础上，通过增设功率方向判别元件来判别故障方向，正方向故障时允许保护动作，反方向故障时将保护闭锁，以保证双侧电源系统中有选择性地切除故障而实现的一种保护原理。
（2）功率方向继电器。功率方向继电器动作特性如图 2-3 所示。功率方向继电器的动作方程为：
1）比幅式动作方程

$$P_r = U_r I_r \cos(\varphi_r + \alpha) \geqslant 0$$

式中 P_r——功率方向继电器测得的短路功率;

U_r——保护安装处加入到功率方向继电器的电压幅值;

I_r——保护安装处加入到功率方向继电器的电流幅值;

φ_r——电压 $\dot{U}_r$ 超前电流 $\dot{I}_r$ 的相角。

2) 比相式动作方程

$$-90°-\alpha \leqslant \arg \frac{\dot{U}_r}{\dot{I}_r} \leqslant 90°-\alpha$$

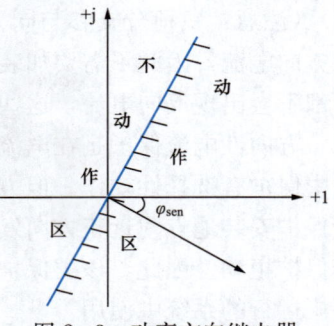

图 2-3 功率方向继电器动作特性

式中 α——功率方向继电器的内角,微机式保护中一般取 $\alpha=90°-\varphi_k$,其中 φ_k 为线路电抗角。

掌握功率方向继电器的动作特性与动作方程,内角 α 和最大灵敏角 φ_{sen} 的意义,注意相位比较的原理和幅值比较原理的互换关系。

(3) 相间短路功率方向元件 90°接线方式。

1) 90°接线定义:当三相对称,功率因数 $\cos\varphi=1$ 时,加入功率方向继电器的电流超前电压 90°的接线方式。

2) 构成:在三相分别加装三个功率方向继电器,对应电流、电压分别为:

$KW_A: \dot{I}_A、\dot{U}_{BC}$, $KW_B: \dot{I}_B、\dot{U}_{CA}$, $KW_C: \dot{I}_C、\dot{U}_{AB}$

注意:90°接线各相功率方向继电器应与对应相电流继电器出口触点串联、按相启动。

3) 特点。

优点:① 任何情况下的两相短路,90°接线功率方向继电器均能正确动作,无死区。
② 适当选择内角 $30°<\alpha<60°$,可以保证动作的可靠性。

缺点:保护出口三相短路有电压死区,由于 KW 与 KA 触点串联,导致整套系统拒动。

该部分要求掌握 90°接线的定义、构成,各种相间故障时动作情况的分析方法,以及 90°接线的特点。

(4) 结合功率方向判别元件的优缺点掌握方向性电流保护的应用特点。

(5) 各段电流保护是否加装功率方向元件的判据。

1) 电流速断保护。

原则:当反向最大短路电流小于保护装置定值时可不加装功率方向元件,否则必须加(或:同一线路上,定值大的保护不用加装功率方向元件)。

2) 限时电流速断保护。

原则:在同一母线上对应保护Ⅱ段的动作时间短,且在同一线路上保护Ⅱ段的动作值小,则该保护上应加方向元件。

3) 过电流保护。

原则:基本原则为处于同一母线上保护时限唯一最长的一个保护可以不加方向元件。

（注意：负荷分支参与同一母线上保护的动作时限比较，但由于负荷分支不会出现反方向电流，因此不需要加装功率方向元件；另外一些特殊位置的保护，各种运行情况下都不会出现反方向电流，这些保护也不需要加装功率方向元件）。

方向性电流保护是在电流保护的基础上，通过增设方向判别元件，来保证多电源网络中保护有选择性动作。但方向元件的使用也使得保护接线复杂、可靠性降低；并且由于保护安装地点附近正方向发生三相短路时，方向元件存在动作"死区"，可能造成整套保护拒动。因此，该类保护一般适用于 35kV 及以下电压等级单电源环网运行或双侧电源运行的系统中使用。

三、中性点直接接地系统中接地短路的零序电流及方向保护

（1）接地短路时零序网结构、零序电压、电流和功率分布特点。

（2）零序电压、零序电流的获取方式。注意滤过器和互感器的差别。

（3）阶段式零序电流保护的整定原则。

1）零序电流灵敏Ⅰ段保护。①躲开下一级线路出口处单相或两相接地短路时可能出现的最大零序电流 $3I_{0,\max}$；②躲开断路器三相触头不同期合闸时出现的最大零序电流 $3I_{0,\text{unb}}$。取以上两种情况中较大者作为整定值。

2）零序电流不灵敏Ⅰ段保护。当线路采用单相自动重合闸时，按躲开非全相运行状态下发生系统振荡时所出现的最大零序电流整定。

3）零序电流Ⅱ段保护。与下一条线路的零序电流Ⅰ段配合，应考虑分支系数的影响。当保护灵敏度不满足时，与下一条线路的零序电流Ⅱ段相配合。

4）零序过电流Ⅲ段保护。按躲开下级线路出口处相间短路时零序电流滤过器上所出现的最大不平衡电流 $I_{\text{unb},\max}$ 来整定。动作时限从 Yd 变压器开始整定，按照阶梯原则逐级增加 Δt。

注意零序电流灵敏Ⅰ段与不灵敏Ⅰ段的应用特点，零序电流Ⅱ段上下级配合时分支系数的影响，零序电流Ⅲ段动作时间的整定与相间短路阶段式电流保护的差别。

（4）方向性零序电流保护的工作原理、零序功率方向元件构成及接线方式。

（5）阶段式零序电流及方向保护的评价，注意与相间短路阶段式电流保护的特点比较。

由于阶段式零序电流保护简单、经济、可靠，在 110kV 及以上中性点直接接地的高压电网中作为辅助保护和后备保护获得广泛应用。

四、中性点非直接接地系统中单相接地故障的保护

（1）中性点不接地系统单相接地故障时零序电气量的特点。

中性点不接地系统单相接地故障电容电流分布图如图 2-4 所示，对应零序电气量特点为：

1）非故障支路（发电机）首端的零序电流是本支路对地电容电流，方向：母线→线路。

2）故障支路首端的零序电流是全网所有非故障支路对地电容电流之和，方向：线路→母线。

3）故障点的零序电流是全网各支路对地电容电流之和。

4) 发生单相接地时全系统都将出现零序电压，故障点零序电压等于故障相电压取反号。

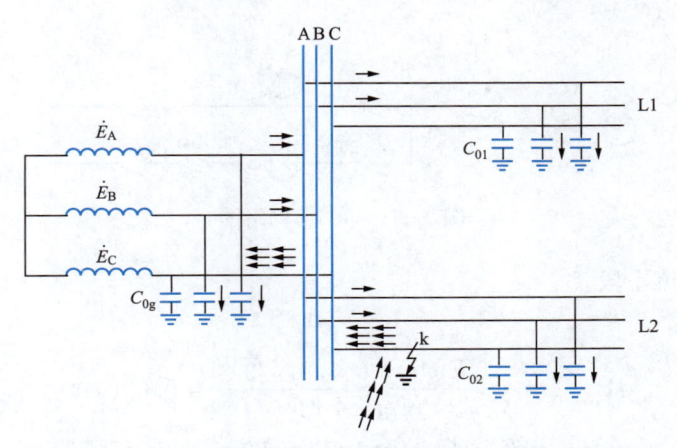

图 2-4 中性点不接地系统单相接地故障电容电流分布图

掌握故障支路、非故障支路零序电流及方向特点，故障点处零序电流、零序电压的特点，以及零序等效网络特点。此处零序电气量特点借助三相系统对地分布电容等值电路进行分析，注意与对称分量法进行中性点直接接地系统零序分量分析方法的差别。

（2）中性点经消弧线圈接地的作用意义：减小接地电流、抑制弧光过电压，在配电网中通常采用过补偿方式。应注意采用经消弧线圈过补偿方式接地系统中发生单相接地故障时，与不直接接地电网单相接地故障的主要特点差别。

（3）中性点非直接接地系统单相接地故障的保护措施主要包括：绝缘监视装置（零序电压保护）、零序过电流保护和零序功率方向保护。掌握各种保护措施的原理及特点。

中性点非直接接地系统单相接地故障的保护措施以零序电压保护（现场称作"绝缘监视装置"）应用最为广泛，但只是发出信号确定发生单相故障，对于是哪条线路故障没有明确的选择性；零序电流保护由于故障电流量小，特别是采用过补偿情况下故障电流量更小，使得现场难以满足要求；零序功率方向保护在采用过补偿方式时，由于故障线路电流方向发生改变而难于适用。目前现场专门的故障选线原理较多，有利用 3 次谐波、5 次谐波、谐波功率方向、注入电源等方法进行检测，但选线精度都有待提高。随着对供电可靠性要求的提高，停电检修时间缩短，特别是在分布式电源广泛接入配电网后，电网拓扑结构愈发复杂，对迅速、有选择性地选出单相接地线路的要求日益紧迫，因此对中性点非直接接地系统单相接地保护的研究仍然是一个重要的课题。

第二部分 典型例题

[例 1] 如图 2-5 所示，试对保护 1 进行三段式电流保护整定计算。已知：可靠系数取 $K_{rel}^{I}=1.2$，$K_{rel}^{II}=1.2$，$K_{rel}^{III}=1.2$，电动机自启动系数 $K_{ss}=1.5$，返回系数 $K_{re}=0.85$，电源等值电抗 $X_{s,max}=6\Omega$，$X_{s,min}=4\Omega$，母线 BD 之间为线路变压器组，线路长

20km，变压器采用 Yd11 接线，其等值电抗 $X_T=30\Omega$，保护 3 和保护 5 的电流Ⅲ段动作时限分别为：$t_3=0.5s$，$t_5=1s$，线路单位电抗为 $0.4\Omega/km$，线路 AB 的最大负荷电流为 $I_{LAB,max}=100A$。

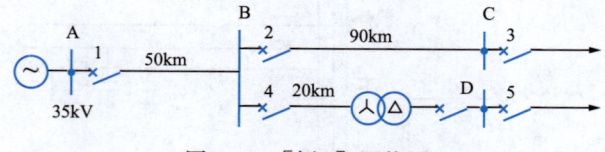

图 2-5 [例1] 网络图

解 （1）电流Ⅰ段。

动作电流为

$$I^{(3)}_{k.B,max}=\frac{E_{ph}}{X_{s,min}+X_{AB}}=\frac{37/\sqrt{3}}{4+50\times 0.4}=0.89(kA)$$

$$I^{Ⅰ}_{set1}=K^{Ⅰ}_{rel}I^{(3)}_{k.B,max}=1.2\times 0.89=1.07(kA)$$

灵敏性校验，即最小保护范围校验为

$$l_{min}\%=\left(\frac{\sqrt{3}}{2}\times\frac{E_{ph}}{I^{Ⅰ}_{set1}}-X_{s,max}\right)/Z_{AB}\times 100\%=\left(\frac{\sqrt{3}}{2}\times\frac{37/\sqrt{3}}{1.07}-6\right)/20\times 100\%=56\%>15\%$$

满足要求。

动作时限 $t^{Ⅰ}_1=0s$。

（2）电流Ⅱ段。

动作电流：考虑保护 1 与保护 2、保护 4 的Ⅰ段分别配合。

保护 1 与保护 2 的Ⅰ段配合时

$$I^{(3)}_{k.C,max}=\frac{E_{ph}}{X_{s,min}+X_{AB}+X_{BC}}=\frac{37/\sqrt{3}}{4+20+36}=0.356(kA)$$

$$I^{Ⅰ}_{set2}=K^{Ⅰ}_{rel}I^{(3)}_{k.C,max}=1.2\times 0.356=0.427(kA)$$

$$I^{Ⅱ}_{set1}=K^{Ⅱ}_{rel}I^{Ⅰ}_{set2}=1.2\times 0.427=0.51(kA)$$

保护 1 与保护 4 的Ⅰ段配合时

$$I^{(3)}_{k.D,max}=\frac{E_{ph}}{X_{s,min}+X_{AB}+X_{BD}+X_T}=\frac{37/\sqrt{3}}{4+20+0.4\times 20+30}=0.345(kA)$$

$$I^{Ⅰ}_{set4}=K^{Ⅰ}_{rel}I^{(3)}_{k.D,max}=1.2\times 0.345=0.414(kA)$$

$$I^{Ⅱ}_{set1}=K^{Ⅱ}_{rel}I^{Ⅰ}_{set4}=1.2\times 0.414=0.497(kA)$$

两者取大，有 $I^{Ⅱ}_{set1}=0.51kA$

灵敏性校验

$$K_{sen}=\frac{I^{(2)}_{k.B,min}}{I^{Ⅱ}_{set1}}=\frac{\frac{\sqrt{3}}{2}\times\frac{E_{ph}}{X_{s,max}+X_{AB}}}{I^{Ⅱ}_{set1}}=\frac{\frac{\sqrt{3}}{2}\times\frac{37/\sqrt{3}}{6+20}}{0.51}=\frac{0.71}{0.51}=1.4>1.3$$

满足要求。

动作时限 $t^{Ⅱ}_1=0.5s$。

(3) 电流Ⅲ段。

动作电流为

$$I_{\text{set1}}^{\text{Ⅲ}} = \frac{K_{\text{rel}}^{\text{Ⅲ}} K_{\text{ss}}}{K_{\text{re}}} I_{\text{LAB,max}} = \frac{1.2 \times 1.5}{0.85} \times 100 = 0.21(\text{kA})$$

灵敏性校验：

做本线路近后备时

$$K_{\text{sen(n)}} = \frac{I_{\text{k.B,min}}^{(2)}}{I_{\text{set1}}^{\text{Ⅲ}}} = \frac{0.71}{0.21} = 3.4 > 1.5$$

满足要求。

做相邻线路 BC 远后备时

$$K_{\text{sen(f)}} = \frac{I_{\text{k.C,min}}^{(2)}}{I_{\text{set1}}^{\text{Ⅲ}}} = \frac{\frac{\sqrt{3}}{2} \times \frac{E_{\text{ph}}}{X_{\text{s,max}} + X_{\text{AB}} + X_{\text{BC}}}}{I_{\text{set1}}^{\text{Ⅲ}}} = \frac{\frac{\sqrt{3}}{2} \times \frac{37/\sqrt{3}}{6+20+36}}{0.21} = \frac{0.298}{0.21} = 1.4 > 1.2$$

满足要求。

做相邻变压器远后备时：考虑变压器 Yd11 接线方式，电流保护应采用两相三个继电器接线方式，以提高保护灵敏度。此时，在母线 D 处发生两相短路时，经变压器折算到保护 1 的短路电流相当于在 D 母线处发生三相短路的电流，即

$$K_{\text{sen(f)}} = \frac{I_{\text{k.D,min}}^{(3)}}{I_{\text{set1}}^{\text{Ⅲ}}} = \frac{\frac{E_{\text{ph}}}{X_{\text{s,max}} + X_{\text{AB}} + X_{\text{BD}} + X_{\text{T}}}}{I_{\text{set1}}^{\text{Ⅲ}}} = \frac{\frac{37/\sqrt{3}}{6+20+8+30}}{0.21} = \frac{0.33}{0.21} = 1.6 > 1.2$$

满足要求。

动作时限 $t_1 = 1 + 0.5 + 0.5 = 2(\text{s})$。

[例 2] 如图 2-6 所示，已知：电源电抗 $X_{\text{G1}} = 15\Omega$，$X_{\text{G2}} = 10\Omega$，$X_{\text{G3}} = 10\Omega$，线路 L1 和 L2 的长度为 60km，线路 L3 的长度为 40km，线路 L4 的长度为 50km，线路单位电抗为 $Z_1 = 0.4\Omega/\text{km}$，电流Ⅰ段可靠系数取 $K_{\text{rel}}^{\text{Ⅰ}} = 1.2$，BC 线路的最大负荷电流为 $I_{\text{LBC,max}} = 300\text{A}$。

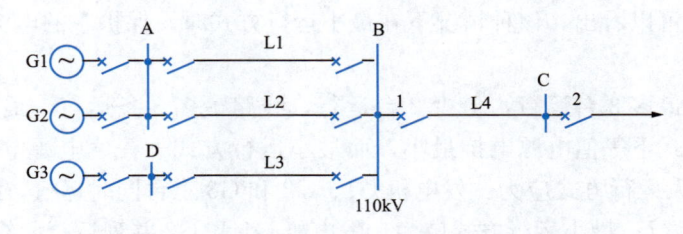

图 2-6 [例 2] 网络图

试求：在不同运行方式下，保护 1 电流Ⅰ段的最小保护范围：

(1) 发电机最多 3 台运行，最少 1 台运行，线路 L1、L2 和 L3 最多 3 条运行，最少 1 条运行。

(2) 发电机最多 3 台运行，最少 2 台运行，线路 L1、L2 和 L3 最多 3 条运行，最少 2 条运行。

(3) 按照（1）中运行方式，把线路 BC 距离变为 150km，最小保护范围如何变化？

(4) 按照（1）中运行方式，当线路 BC 中串联变压器时，设串联的变压器等值阻抗为 $X_T=30\Omega$，最小保护范围如何变化？

解 保护 1 电流速断保护的整定值

$$I_{\text{set1}}^{\text{I}}=K_{\text{rel}}^{\text{I}}\frac{E_{\text{ph}}}{X_{s,\min}+Z_1 L_{BC}} \quad (2-1)$$

按最小运行方式下两相短路时来校验灵敏性，根据短路电流曲线按照解析法满足以下关系

$$I_{\text{set1}}^{\text{I}}=\frac{\sqrt{3}}{2}\times\frac{E_{\text{ph}}}{X_{s,\max}+Z_1 L_{\min}} \quad (2-2)$$

令式（2-1）、式（2-2）相等，可以解得

$$L_{\min}=\frac{\frac{\sqrt{3}}{2K_{\text{rel}}^{\text{I}}}X_{s,\min}-X_{s,\max}}{Z_1}+\frac{\frac{\sqrt{3}}{2}L_{BC}}{K_{\text{rel}}^{\text{I}}} \quad (2-3)$$

下面，按照题目要求在不同运行方式下，计算保护 1 电流 I 段的最小保护范围。

(1) 发电机最多 3 台运行，最少 1 台运行，线路 L1、L2 和 L3 最多 3 条运行，最少 1 条运行时，对于保护 1 最大运行方式应为：G1，G2，G3 三台发电机并列运行，线路 L1、L2 和 L3 也同时投入运行；最小运行方式应为：发电机 G1 单机运行，线路 L1 或 L2 单线运行。计算电源最小、最大等值电抗分别为

$$X_{s,\min}=(X_{G1}//X_{G2}+X_{L1}//X_{L2})//(X_{G3}+X_{L3})$$
$$=(15//10+60\times 0.4/2)//(10+40\times 0.4)=10.64(\Omega)$$
$$X_{s,\max}=X_{G1}+X_{L1}=15+60\times 0.4=39(\Omega)$$

代入式（2-3），得最小保护范围为

$$L_{\min}=\frac{\frac{\sqrt{3}\times 10.64}{2\times 1.2}-39}{0.4}+\frac{\frac{\sqrt{3}}{2}\times 50}{1.2}=-42.2(\text{km})$$

由计算结果可以看出，该种情况下在最小运行方式时，保护 1 的电流 I 段没有保护范围。

(2) 发电机最多 3 台运行，最少 2 台运行，线路最多 3 条运行，最少 2 条运行时，根据最大运行方式下等值电源电抗最小，而最小运行方式下等值电源电抗最大的原则，对于保护 1，最大运行方式应为：发电机 G1、G2 和 G3 三台同时运行，线路 L1、L2 和 L3 也同时投入运行；最小运行方式应为：发电机 G1 和 G2 并列运行，线路 L1 和 L2 并线运行。

计算电源最小、最大等值电抗分别为

$$X_{s,\min}=(X_{G1}//X_{G2}+X_{L1}//X_{L2})//(X_{G3}+X_{L3})$$
$$=(15//10+60\times 0.4\times 0.5)//(10+40\times 0.4)=10.64(\Omega)$$
$$X_{s,\max}=(X_{G1}//X_{G2})+(X_{L1}//X_{L2})=15//10+60\times 0.4/2=18(\Omega)$$

代入式（2-3），得最小保护范围为

$$L_{\min}=\frac{\frac{\sqrt{3}\times 10.64}{2\times 1.2}-18}{0.4}+\frac{\frac{\sqrt{3}}{2}\times 50}{1.2}=10.3(\text{km})$$

$$L_{\min}\%=\frac{L_{\min}}{L_{BC}}\times 100\%=\frac{10.3}{50}\times 100\%=20.6\%>15\%$$

满足要求。

（3）按照第（1）种运行方式，线路 BC 距离变为 150km 时，最小保护范围为

$$L_{\min}=\frac{\frac{\sqrt{3}\times 10.64}{2\times 1.2}-39}{0.4}+\frac{\frac{\sqrt{3}}{2}\times 150}{1.2}=30(\text{km})$$

此时

$$L_{\min}\%=\frac{L_{\min}}{L_{BC}}\times 100\%=\frac{30}{150}\times 100\%=20\%>15\%$$

满足要求。

（4）当线路中串联变压器时，最小保护范围计算如下：

由保护 1 电流速断保护的整定值为

$$I_{\text{set1}}^{\text{I}}=K_{\text{rel}}^{\text{I}}\frac{E_{\text{ph}}}{X_{\text{s,min}}+Z_1 L_{BC}+X_{\text{T}}} \tag{2-4}$$

按最小运行方式下两相短路时来校验灵敏性为

$$I_{\text{set1}}^{\text{I}}=\frac{\sqrt{3}}{2}\times\frac{E_{\text{ph}}}{X_{\text{s,max}}+Z_1 L_{\min}} \tag{2-5}$$

令式（2-4）等于式（2-5），可以解得

$$L_{\min}=\frac{\frac{\sqrt{3}}{2K_{\text{rel}}^{\text{I}}}X_{\text{s,min}}-X_{\text{s,max}}}{Z_1}+\frac{\frac{\sqrt{3}}{2}L_{BC}}{K_{\text{rel}}^{\text{I}}}+\frac{\frac{\sqrt{3}}{2}X_{\text{T}}}{Z_1 K_{\text{rel}}^{\text{I}}} \tag{2-6}$$

此时按照第（1）种运行方式，当线路 BC 中串联变压器等值阻抗为 $X_{\text{T}}=30\Omega$ 时，由式（2-6）得最小保护范围为

$$L_{\min}=\frac{\frac{\sqrt{3}\times 10.64}{2\times 1.2}-39}{0.4}+\frac{\frac{\sqrt{3}}{2}\times 50}{1.2}+\frac{\frac{\sqrt{3}}{2}\times 30}{0.4\times 1.2}=11.9(\text{km})$$

$$L_{\min}\%=\frac{L_{\min}}{L_{BC}}\times 100\%=\frac{11.9}{50}\times 100\%=24\%>15\%$$

满足要求。

由以上分析可见：当系统运行方式改变时，电源最大、最小等值电抗 $X_{\text{s,max}}$ 与 $X_{\text{s,min}}$ 会发生变化，对应电流速断保护的最小保护范围发生改变；当被保护线路参数发生变化时，电流速断保护的最小保护范围也发生改变。

当电源最大、最小等值电抗 $X_{\text{s,max}}$ 与 $X_{\text{s,min}}$ 大小差别越小；被保护线路长度越长或被保护线路中串联变压器时（即对应被保护线路等值阻抗越大时），电流速断保护的最小保护范围越大，越易满足灵敏性要求。

[例3] 如图2-7所示，试对保护1进行电流Ⅰ段和电流Ⅲ段保护的整定计算。已知可靠系数取 $K_{rel}^{I}=1.3$，$K_{rel}^{III}=1.2$，电动机自启动系数 $K_{ss}=1.5$，返回系数 $K_{re}=0.85$，线路单位电抗为 $0.4\Omega/km$，电源等值电抗 $X_{s,min}=2\Omega$、$X_{s,max}=3\Omega$，保护6的Ⅲ段动作时限为 $t_6=1s$。

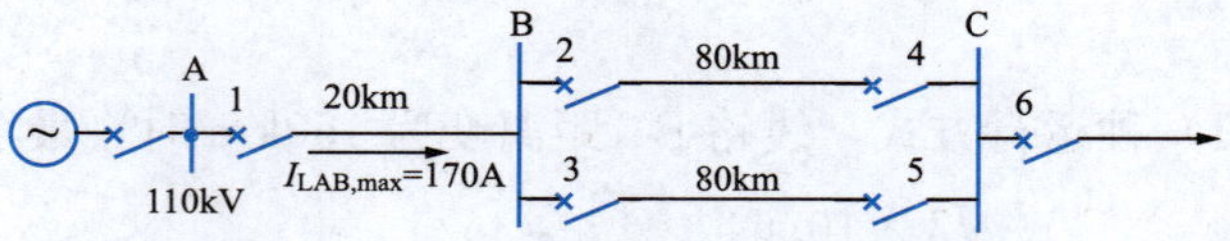

图 2-7 [例3] 网络图

解 (1) 电流Ⅰ段。
动作电流为

$$I_{set1}^{I}=K_{rel}^{I}I_{k.B,max}^{(3)}=1.3\times6.638=8.63(kA)$$

$$I_{k.B,max}^{(3)}=\frac{E_{ph}}{X_{s,min}+X_{AB}}=\frac{115/\sqrt{3}}{2+20\times0.4}=6.638(kA)$$

灵敏性校验为

$$L_{min}=\left(\frac{\sqrt{3}}{2}\times\frac{E_{ph}}{I_{set1}^{I}}-X_{s,max}\right)/Z_1=\left(\frac{115/2}{8.63}-3\right)/0.4=9.16(km)$$

$$L_{min}\%=\frac{L_{min}}{L_{AB}}\times100\%=\frac{9.16}{20}\times100\%=45.8\%>15\%$$

满足要求。

动作时限 $t_1^{I}=0s$。

(2) 电流Ⅲ段。
动作电流为

$$I_{set1}^{III}=\frac{K_{rel}^{III}K_{ss}}{K_{re}}I_{LAB,max}=\frac{1.2\times1.5}{0.85}\times170=360(A)$$

灵敏性校验：
做本线路近后备时

$$I_{k.B,min}^{(2)}=\frac{\sqrt{3}}{2}\times\frac{E_{ph}}{X_{s,max}+X_{AB}}=\frac{\sqrt{3}}{2}\times\frac{115/\sqrt{3}}{3+20\times0.4}=5.23(kA)$$

$$K_{sen(n)}=\frac{I_{k.B,min}^{(2)}}{I_{set1}^{III}}=\frac{5.23}{0.36}=14.5>1.5$$

满足要求。

做相邻线路远后备时

$$I_{k.C,min}^{(2)}=\frac{\sqrt{3}}{2}\times\frac{E_{ph}}{X_{s,max}+X_{AB}+X_{BC}}=\frac{115/2}{3+20\times0.4+80\times0.4}=1.34(kA)$$

$$K_{sen(f)}=\frac{I_{k.C,min}^{(2)}}{I_{set1}^{III}}=\frac{1.34}{0.36}=3.7>1.2$$

满足要求。

动作时限 $t_1 = 1 + 0.5 + 0.5 = 2(\text{s})$。

[**例4**] 如图2-8所示，在35kV中性点不接地电网中变电站A母线引出的线路AB上，装设三段式电流保护，保护拟采用两相星形接线。已知：在变压器上装有瞬时保护，被保护线路的电抗为0.4Ω/km，可靠系数取 $K_{rel}^{I} = 1.3$，$K_{rel}^{II} = 1.1$，$K_{rel} = 1.2$，电动机自启动系数 $K_{ss} = 1.5$，返回系数 $K_{re} = 0.85$，时限阶段 $\Delta t = 0.5\text{s}$。电源电抗 $X_s = 0.3\Omega$，$L_{AB} = 10\text{km}$，变压器额定容量 $S_B = 10\text{MVA}$，$U_k\% = 7.5\%$，采用Yd11接线，10kV侧线路保护的最长动作时间为2.5s，总额定负荷 $S_L = 15\text{MVA}$。试求：

(1) 电流保护Ⅰ段、Ⅱ段、Ⅲ段进行整定计算。
(2) 试选择电流互感器的变比，并计算Ⅰ段、Ⅱ段、Ⅲ段电流继电器二次侧动作值。
(3) 求当非快速切除故障时母线A的最小残压。

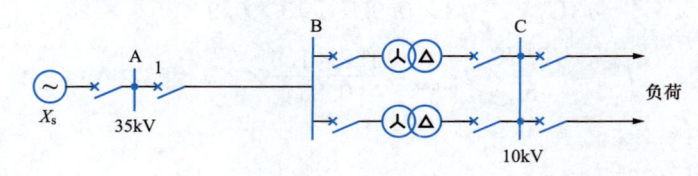

图2-8 [例4] 网络图

解 (1) 电流保护Ⅰ段、Ⅱ段、Ⅲ段整定计算如下：

1) 电流Ⅰ段。

动作电流为

$$I_{k.B,max}^{(3)} = \frac{E_{ph}}{X_s + X_{AB}} = \frac{37/\sqrt{3}}{0.3 + 10 \times 0.4} = 4.97(\text{kA})$$

$$I_{set1}^{I} = K_{rel}^{I} I_{k.B,max}^{(3)} = 1.3 \times 4.97 = 6.46(\text{kA})$$

灵敏性校验为

$$L_{min} = \left(\frac{\sqrt{3}}{2} \times \frac{E_{ph}}{I_{set1}^{I}} - X_{s,max}\right)/Z_1 = \left(\frac{37/2}{6.46} - 0.3\right)/0.4 = 6.4(\text{km})$$

$$L_{min}\% = \frac{l_{min}}{l_{AB}} \times 100\% = \frac{6.4}{10} \times 100\% = 64\% > 15\%$$

满足要求。

动作时限 $t_1^{I} = 0\text{s}$。

2) 电流Ⅱ段。

动作电流与相邻变压器的瞬动保护相配合，按躲过母线C最大运行方式时流过被整定保护的最大短路电流来整定（取变压器为并列运行）。

变压器等值电抗为

$$X_B = U_k\% \frac{U_B^2}{S_B} = 0.075 \times \frac{35^2}{10} = 9.2(\Omega)$$

$$I_{k.C,max}^{(3)} = \frac{E_{ph}}{X_s + X_{AB} + \frac{X_B}{2}} = \frac{37/\sqrt{3}}{0.3 + 4 + \frac{9.2}{2}} = 2.4(\text{kA})$$

$$I_{\text{set}1}^{\text{II}} = K_{\text{rel}}^{\text{II}} I_{\text{k.C,max}}^{(3)} = 1.1 \times 2.4 = 2.64 (\text{kA})$$

灵敏性校验为

$$K_{\text{sen}} = \frac{I_{\text{k.B,min}}^{(2)}}{I_{\text{set}1}^{\text{II}}} = \frac{\frac{\sqrt{3}}{2} \times 4.97}{2.64} = 1.63 > 1.5$$

满足要求。

动作时限（设相邻瞬动保护动作时间为 0s） $t = 0 + 0.5 = 0.5(\text{s})$。

3）电流Ⅲ段。

动作电流为

$$I_{\text{L,max}} = \frac{S_{\text{L}}}{\sqrt{3} U_{\text{L,min}}} = \frac{S_{\text{L}}}{\sqrt{3} \times 0.9 U_{\text{N}}} = \frac{15 \times 10^3}{\sqrt{3} \times 0.9 \times 35} = 275(\text{A})$$

$$I_{\text{set}1}^{\text{III}} = \frac{K_{\text{rel}}^{\text{III}} K_{\text{ss}}}{K_{\text{re}}} I_{\text{L,max}} = \frac{1.2 \times 1.5}{0.85} \times 275 = 582(\text{A})$$

灵敏性校验：

做本线路近后备时

$$K_{\text{sen(n)}} = \frac{I_{\text{k.B,min}}^{(2)}}{I_{\text{set}1}^{\text{III}}} = \frac{\frac{\sqrt{3}}{2} \times 4.97}{0.582} = 7.40 > 1.5$$

满足要求。

做相邻变压器远后备时（即出口母线 C 三相短路时，且变压器为单台运行）

$$I_{\text{k.C,min}}^{(3)} = \frac{E_{\text{ph}}}{X_{\text{s}} + X_{\text{AB}} + X_{\text{B}}} = \frac{37/\sqrt{3}}{0.3 + 4 + 9.2} = 1.58(\text{kA})$$

因保护接线采用两继电器式两相星形接线，故

$$K_{\text{sen(f)}} = \frac{\frac{1}{2} \times 1580}{582} = 1.36 > 1.2$$

满足要求。

如采用三继电器式两相星形接线，灵敏系数还可提高 1 倍。

（2）电流互感器变比及继电器二次侧动作电流。

当两台变压器满载运行时，出现最大工作电流为

$$I_{\text{L,max}} = \frac{2S_{\text{B}}}{\sqrt{3} U_{\text{e}}} \times 1.05 = \frac{2 \times 10}{\sqrt{3} \times 35} \times 1.05 = 346(\text{A})$$

因此取电流互感器变比为 $n_{\text{TA}} = 400/5$

继电器动作电流：

Ⅰ段 $$I_{\text{op}}^{\text{I}} = K_{\text{con}} \frac{I_{\text{set}1}^{\text{I}}}{n_{\text{TA}}} = 1 \times \frac{6.46 \times 10^3}{80} = 80.75(\text{A})$$

Ⅱ段 $$I_{\text{op}}^{\text{II}} = K_{\text{con}} \frac{I_{\text{set}1}^{\text{II}}}{n_{\text{TA}}} = 1 \times \frac{2.64 \times 10^3}{80} = 33(\text{A})$$

第二章 电网的电流保护

Ⅲ段 $I_{op}^{Ⅲ} = K_{con} \dfrac{I_{set1}^{Ⅲ}}{n_{TA}} = 1 \times \dfrac{582}{80} = 7.275(A)$

(3) 求当非快速切除故障时，母线 A 的最小残压。非快速保护的动作区最靠近母线 A 的一点，为电流Ⅰ段最小保护范围的末端，该点短路时母线 A 的最小残余电压为

$$U_{cy,min} = \dfrac{E}{X_s + L_{min}\% X_{AB}} L_{min}\% \cdot X_{AB} = \dfrac{37}{0.3 + 64\% \times 4} \times 64\% \times 4 = 33.12(kV)$$

注：计算母线残余电压时，无需考虑故障类型的影响。因为在同一地点发生三相短路和两相短路时，故障相间的残余电压是相等的，即三相短路时，$U_{AB,cy}^{(3)} = \sqrt{3} I_k^{(3)} Z_L$，而 AB 两相短路时，$U_{AB,cy}^{(2)} = 2 I_k^{(2)} Z_L = 2 \times \dfrac{\sqrt{3}}{2} I_k^{(3)} Z_L = \sqrt{3} I_k^{(3)} Z_L$。因此，当在距离保护阻抗为 Z_L 处故障时，保护处的最小残余电压计算表达式为：$U_{cy,min} = \dfrac{E}{Z_{s,max} + Z_L} Z_L$，其中 E 为平均线电压。

[**例 5**] 如图 2-9 所示网络中各处保护均配置了阶段式电流保护，已知电流Ⅲ段可靠系数 $K_{rel} = 1.2$，返回系数 $K_{re} = 0.85$，自启动系数 $K_{ss} = 1$，正常情况下三条负荷分支的最大负荷电流分布情况如图所示，且保护 2、3、4 的电流Ⅲ段的动作时限分别为 $t_2 = 0.5s$，$t_3 = 1.5s$，$t_4 = 1s$。如果实际运行中保护 1 的电流Ⅲ段电流继电器返回系数较低，其值为 0.6，试分析当网络中 k 点（假定 k 位于保护 2 的电流Ⅰ段保护范围内）短路后可能引起什么后果？

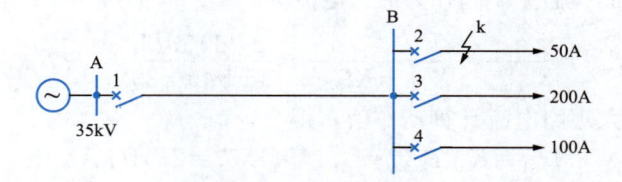

图 2-9 [例 5] 网络图

解 保护 1 电流Ⅲ段动作电流为

$$I_{set1}^{Ⅲ} = \dfrac{K_{rel} K_{ss}}{K_{re}} I_{L,max} = \dfrac{1.2 \times 1}{0.85}(50+100+200) = 494(A)$$

动作时限为 $t_1 = \max(t_2, t_3, t_4) + \Delta t = 1.5 + 0.5 = 2(s)$。

当 k 点短路后，由于 k 位于保护 2 的电流Ⅰ段保护范围内，按照选择性本应该有主保护保护 2 电流Ⅰ段 0s 动作跳闸切除故障；后备保护 1 的电流Ⅲ段电流继电器在故障发生后因短路电流大于动作值启动，当故障切除后则应返回。但由于实际返回系数较低，对应 0.6 的返回系数下实际返回电流为 494×0.6=296 (A)，此时在故障线路被自身的保护切除后，仍然有 200+100=300 (A) 的负荷电流流过保护 1，该电流仍然大于实际返回电流，导致保护 1 的电流Ⅲ段电流继电器不能可靠返回，而最终达到整定时间 2s 后使保护 1 发生无选择性跳闸。

[**例 6**] 如图 2-10 系统，已知各段线路均装有三段式电流保护，AB 线路的最大负荷电流为 100A。可靠系数 $K_{rel}^{Ⅰ} = 1.25$，$K_{rel}^{Ⅱ} = 1.1$，$K_{rel}^{Ⅲ} = 1.2$，$K_{rel}^{Ⅰ} = 1.15$（躲开最大振荡电流时采用），返回系数 $K_{re} = 0.85$，$K_{ss} = 1.8$，线路单位阻抗 $0.4\Omega/km$，电源 G1

的等值电抗为 $X_{s1,\min}=15\Omega$，$X_{s1,\max}=20\Omega$，电源 G2 的等值电抗为 $X_{s2,\min}=20\Omega$，$X_{s2,\max}=25\Omega$。试求：线路 AB 上保护 1 电流保护 Ⅰ、Ⅱ、Ⅲ 段的动作电流，并进行灵敏性校验。

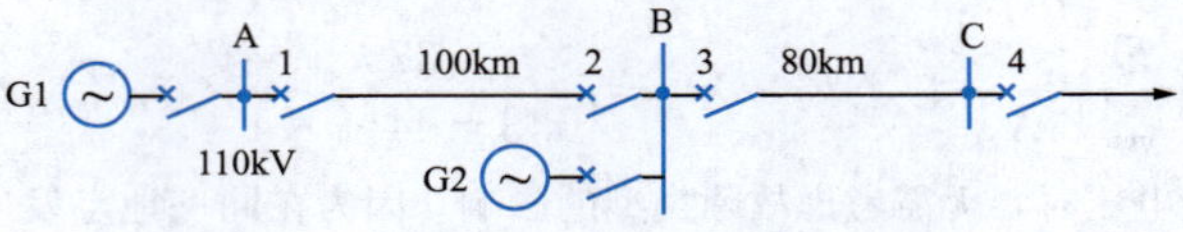

图 2-10 ［例 6］网络图

解 （1）电流 Ⅰ 段保护。

AB 线路是双电源的线路，为了不加装方向元件，则动作电流需按流过保护 1 的正、反方向的最大电流整定。

电源 G1 在最大运行方式下，B 母线最大三相短路电流为

$$I_{k.B,\max}^{(3)}=\frac{E_{ph}}{X_{s1,\min}+X_{AB}}=\frac{115/\sqrt{3}}{15+40}=1.21(\text{kA})$$

电源 G2 在最大运行方式下，A 母线最大三相短路电流为

$$I_{k.A,\max}^{(3)}=\frac{E_{ph}}{X_{s2,\min}+X_{AB}}=\frac{115/\sqrt{3}}{20+40}=1.11(\text{kA})$$

AB 电源振荡时，流过 A 侧开关最大电流为

$$I_{k,\max}^{(3)}=\frac{2E_{ph}}{X_{s1,\min}+X_{AB}+X_{s2,\min}}=\frac{2\times115/\sqrt{3}}{15+40+20}=1.77(\text{kA})$$

以上三者取最大短路电流计算动作值，得

$$I_{set1}^{Ⅰ}=K_{rel}^{Ⅰ}I_{k,\max}^{(3)}=1.15\times1.77=2.04(\text{kA})$$

最小保护范围为

$$L_{\min}=\left(\frac{\sqrt{3}}{2}\frac{E_{ph}}{I_{set1}^{Ⅰ}}-X_{s1,\max}\right)/Z_1=\left(\frac{115/2}{2.04}-20\right)/0.4=20.5(\text{km})$$

$$L_{\min}\%=\frac{L_{\min}}{L_{AB}}\times100\%=\frac{20.5}{100}\times100\%=20.5\%>15\%,$$

灵敏度满足要求。

（2）电流 Ⅱ 段保护。

$$I_{k.C,\max}^{(3)}=\frac{E_{ph}}{(X_{s1,\min}+X_{AB})//X_{s2,\min}+X_{BC}}=\frac{115/\sqrt{3}}{\left(\frac{55\times20}{55+20}\right)+32}=1.42(\text{kA})$$

$$I_{set3}^{Ⅰ}=K_{rel}^{Ⅰ}I_{k.C,\max}^{(3)}=1.25\times1.42=1.78(\text{kA})$$

最小分支系数为

$$K_{b,\min}=1+\frac{X_{s1,\min}+X_{AB}}{X_{s2,\max}}=1+\frac{15+40}{25}=3.2$$

动作值为

$$I_{set1}^{Ⅱ}=\frac{K_{rel}^{Ⅱ}}{K_{b,\min}}I_{set3}^{Ⅰ}=\frac{1.1\times1.78}{3.2}=0.612(\text{kA})$$

灵敏系数为

$$K_{\text{sen}} = \frac{I_{\text{k.B,min}}^{(2)}}{I_{\text{set1}}^{\text{II}}} = \frac{\frac{\sqrt{3}}{2}E_{\text{ph}}}{X_{\text{s1,max}}+X_{\text{AB}}}\bigg/I_{\text{set1}}^{\text{II}} = \frac{\frac{\sqrt{3}}{2}\times\frac{115}{\sqrt{3}}}{(20+40)\times 0.612} = 1.6 > 1.5$$

满足要求。

（3）电流Ⅲ段保护。

动作值为

$$I_{\text{set1}}^{\text{III}} = \frac{K_{\text{rel}}^{\text{III}}K_{\text{ss}}}{K_{\text{re}}}I_{\text{L,max}} = \frac{1.2\times 1.8}{0.85}\times 0.1 = 0.254\,(\text{kA})$$

近后备校验为

$$K_{\text{sen(n)}} = \frac{I_{\text{k.B,min}}^{(2)}}{I_{\text{set1}}^{\text{III}}} = \frac{\frac{\sqrt{3}}{2}E_{\text{ph}}}{X_{\text{s1,max}}+X_{\text{AB}}}\bigg/I_{\text{set1}}^{\text{III}} = \frac{\frac{\sqrt{3}}{2}\times\frac{115}{\sqrt{3}}}{(20+40)\times 0.254} = 3.8 > 1.5$$

满足要求。

远后备校验，C 母线处短路时，流过保护 1 的最小短路电流为

$$I_{\text{k.C,min}}^{(2)} = \frac{\frac{\sqrt{3}}{2}E_{\text{ph}}}{(X_{\text{s1,max}}+X_{\text{AB}})//X_{\text{s2,min}}+X_{\text{BC}}}\times\frac{X_{\text{s2,min}}}{X_{\text{s1,max}}+X_{\text{AB}}+X_{\text{s2,min}}}$$

$$=\frac{\frac{\sqrt{3}}{2}\times\frac{115}{\sqrt{3}}}{(20+40)//20+32}\times\frac{20}{80} = 0.306\,(\text{kA})$$

$$K_{\text{sen(f)}} = \frac{I_{\text{k.C,min}}^{(2)}}{I_{\text{set1}}^{\text{III}}} = \frac{0.306}{0.254} = 1.204 > 1.2$$

满足要求。

[例7] 如图 2-11 所示，试对保护 1 进行过电流保护的整定计算，包括求出保护的一次动作电流 I_{set} 及继电器的二次侧动作电流 I_{op}、动作时间、灵敏性校验，并确定接线方式。已知电流互感器变比为 300/5，计算中取可靠系数 $K_{\text{rel}}=1.2$，返回系数 $K_{\text{re}}=0.85$，自启动系数 $K_{\text{ss}}=1.5$，电源等值电抗 $X_{\text{s,min}}=12\Omega$，$X_{\text{s,max}}=15\Omega$，$t_6=0.5\text{s}$，$t_7=1\text{s}$，$t_8=0.7\text{s}$，功率因数 $\cos\varphi=0.9$，线路单位阻抗 $0.4\Omega/\text{km}$。

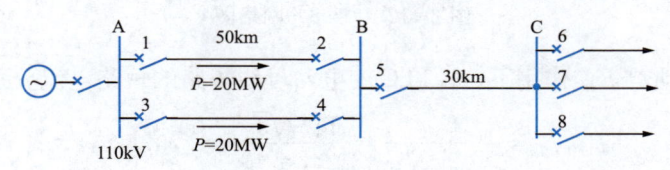

图 2-11 [例7] 网络图

解 保护 1 的电流Ⅲ段：

（1）动作电流。

$$I_{\text{set1}}^{\text{III}} = \frac{K_{\text{rel}}K_{\text{ss}}}{K_{\text{re}}}I_{\text{L,max}} = \frac{1.2\times 1.5}{0.85}\times 0.259 = 0.549\,(\text{kA})$$

考虑 AB 母线之间两条线路有一条退出运行时,所有负荷功率将全部由另外一条线路输送出去,此时,保护 1 出现最大负荷电流为

$$I_{L,max} = \frac{2P}{\sqrt{3} U_{L,min} \cos\varphi} = \frac{2 \times 20 \times 10^3}{\sqrt{3} \times 0.9 \times 110 \times 10^3 \times 0.9} = 0.259(kA)$$

(2) 灵敏性校验。

做本线路近后备:线末两相短路,AB 线路并列运行分流后流过保护 1 的短路电流最小,计算式为

$$K_{sen(n)} = \frac{I_{k.B,min}^{(2)}}{I_{set1}^{III}} = \frac{\frac{1}{2} \times \frac{\sqrt{3}}{2} \times \frac{E_{ph}}{X_{s,max} + X_{AB}/2}}{I_{set1}^{III}} = \frac{\frac{1}{2} \times \frac{\sqrt{3}}{2} \times \frac{115/\sqrt{3}}{15 + 50 \times 0.4/2}}{0.549} = 2.09 > 1.5$$

满足要求。

做相邻线路远后备:相邻线末两相短路,AB 线路并列运行分流后流过保护 1 的短路电流最小,计算式为

$$K_{sen(f)} = \frac{I_{k.C,min}^{(2)}}{I_{set1}^{III}} = \frac{\frac{1}{2} \times \frac{\sqrt{3}}{2} \times \frac{E_{ph}}{X_{s,max} + X_{AB}/2 + X_{BC}}}{I_{set1}^{III}} = \frac{\frac{1}{2} \times \frac{\sqrt{3}}{2} \times \frac{115/\sqrt{3}}{15 + 20/2 + 12}}{0.549} = 1.42 > 1.2$$

满足要求。

(3) 动作时限 $t_1 = 1 + 0.5 + 0.5 = 2(s)$。

(4) 接线方式采用:由于电压等级为 110kV,因此需要选用三相完全星形接线。

(5) 继电器的二次侧动作电流为

$$I_{op} = \frac{I_{set1}^{III}}{n_{TA}} = \frac{0.549 \times 10^3}{300/5} = 9.15(A)$$

[**例 8**] 如图 2-12 所示双电源系统,已知电源电动势 $E_M = E_N = 115/\sqrt{3}$ kV,两侧电源等值阻抗 $X_M = 12.8\Omega$,$X_N = 30\Omega$,系统及线路的阻抗角相等。若保护 2 和保护 4 处均装有电流速断保护,其整定值按躲开正、反方向最大短路电流整定,可靠系数取 1.2。问:当系统发生振荡时,保护 2 和保护 4 的电流速断保护会不会误动?

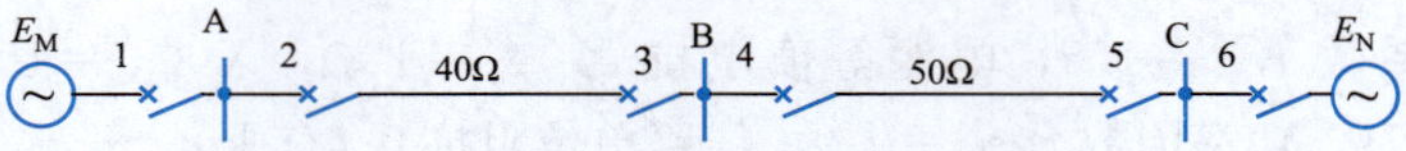

图 2-12 [例 8] 网络图

解 在相电动势 E_M 作用下,B 和 C 变电站母线短路的短路电流分别为

$$I_{k.B,max}^{(3)} = \frac{E_{ph}}{X_M + X_{AB}} = \frac{115/\sqrt{3}}{12.8 + 40} = 1.257(kA)$$

$$I_{k.C,max}^{(3)} = \frac{E_{ph}}{X_M + X_{AB} + X_{BC}} = \frac{115/\sqrt{3}}{12.8 + 40 + 50} = 0.646(kA)$$

在相电动势 E_N 作用下,B 和 A 变电站母线短路电流分别为

$$I_{k.B,max}^{(3)} = \frac{E_{ph}}{X_N + X_{BC}} = \frac{115/\sqrt{3}}{30 + 50} = 0.83(kA)$$

$$I_{\text{k.A,max}}^{(3)} = \frac{E_{\text{ph}}}{X_{\text{N}} + X_{\text{AB}} + X_{\text{BC}}} = \frac{115/\sqrt{3}}{30+40+50} = 0.553(\text{kA})$$

系统振荡时最大电流为

$$I_{\text{swi,max}} = \frac{2E_{\text{ph}}}{X_{\text{M}} + X_{\text{AB}} + X_{\text{BC}} + X_{\text{N}}} = \frac{2 \times 115/\sqrt{3}}{12.8+40+50+30} = 1(\text{kA})$$

为了保证双侧电源系统中保护动作的选择性，选择以上情况下流过保护的正、反方向最大电流，求电流速断保护动作值分别为

（1）保护 2 电流速断保护动作值为

$$I_{\text{set2}}^{\text{I}} = K_{\text{rel}}^{\text{I}} I_{\text{k.B,max}} = 1.2 \times 1.257 = 1.508(\text{kA}) > 1(\text{kA})$$

（2）保护 4 电流速断保护动作值为

$$I_{\text{set4}}^{\text{I}} = K_{\text{rel}}^{\text{I}} I_{\text{k.C,max}} = 1.2 \times 0.83 = 0.996(\text{kA}) < 1(\text{kA})$$

可见，保护 2 不会误动作，保护 4 会误动作。

[**例 9**]　如图 2-13 所示中性点非直接接地系统中，若所有线路的电流保护均采用两相不完全星形接线，当保护 1 和保护 3 的电流继电器装设在 A、C 相上，而保护 2 和保护 4 的电流继电器装设在 A、B 相上时，试分析：

（1）保护 1 和保护 2 所在串联线路上发生跨线两点异相接地情况时，保护动作情况如何？

（2）保护 3 和保护 4 所在并联线路上发生跨线两点异相接地情况时，当保护 3 和保护 4 动作时限相同时，保护动作情况如何？

（3）为什么两相不完全星形接线需要全系统都安装在统一的两相上？

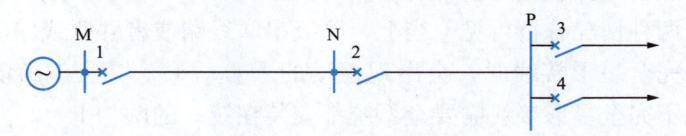

图 2-13　[例 9] 网络图

解　中性点非直接接地系统中发生跨线两点异相接地故障时，由于变压器中性点不直接接地，短路电流主要经两个故障接地点之间的对应故障相电源与故障相线路构成闭合故障回路。因此，跨线两点异相接地故障共可构成 6 种故障环路（即 6 种故障组合方式）。两相不完全星形接线只要所安装的两相中有一相是故障相就可启动保护跳闸，若两相都不是故障相则无法启动。

（1）根据串联线路上、下级保护的配合关系，可得到保护 1 和保护 2 所在串联线路上发生跨线两点异相接地情况时，对应保护动作情况见表 2-2。

表 2-2　　　　　串联线路跨线两点异相接地故障时保护动作情况

保护 1 所在线路故障相	A	A	B	B	C	C
保护 2 所在线路故障相	B	C	A	C	A	B
动作的保护	2	1	2	拒动	2	2

由表 2-2 可见，只有在保护 2 动作时切除远离电源的线路，属于正确动作，因此，

有 2/3 的情况是正确动作的；6 种情况下有 1 种情况（保护 1 所在线路 A 相短路，保护 2 所在线路 C 相短路时）保护 1 动作切除了近电源的线路，扩大了停电范围；而当保护 1 所在线路发生 B 相单相接地，而保护 2 所在线路发生 C 相单相接地时，由于故障相均未装设电流继电器，使得保护 1、2 均不能动作跳闸，出现拒动的严重后果。

（2）跨线两点异相接地故障时发生在并联线路上，当两条线路保护动作时间相同时，由于两条并联线路之间没有配合关系，因此对应保护动作情况见表 2-3。

表 2-3　　并联线路跨线两点异相接地故障时保护动作情况

保护 3 所在线路故障相	A	A	B	B	C	C
保护 4 所在线路故障相	B	C	A	C	A	B
动作的保护	3、4	3	4	拒动	3、4	3、4

在并联线路上只有在保护 3 或者保护 4 动作时切除远离电源的线路，属于正确动作，仅有 1/3 的情况是正确动作的；有 3 种情况保护 3、4 都动作，扩大了停电范围；而当保护 3 所在线路发生 B 相单相接地时，保护 4 所在线路发生 C 相单相接地时，由于故障相均未装设电流继电器，使得保护 3、4 均不能动作跳闸，出现拒动的严重后果。

（3）中性点非直接接地系统中，允许单相接地故障时继续允许 1~2h，因此当发生跨线两点异相接地故障时，按照选择性原则尽量缩小停电范围，网络中保护最优动作情况是串联线路中远离电源的线路跳闸，并联线路中任一条线路跳闸。当两相不完全星形接线全系统都安装在统一的两相上时，在串联线路中能够保证有 2/3 的机会只切除远离电源的一个故障点，而并联线路保证有 2/3 的机会只切除一个故障点，并且不存在拒动的情况。由以上两种情况分析可见，当上、下级串联线路或者并联线路没有按照统一的两相装设两相不完全星形接线时，会出现拒动的严重后果，以及正确动作率降低等情况，因此，两相不完全星形接线需要全系统都安装在统一的两相上。

[例 10]　如图 2-14 所示网络，如保护 3 出口发生 AC 两相短路，试通过相量图分析保护 1、3 按 90°接线的三只功率方向继电器的动作情况。（假定取内角 $\alpha = 45°$，线路和电源阻抗角均为 75°。对系统 M 而言，k 点相当于远故障点短路。）

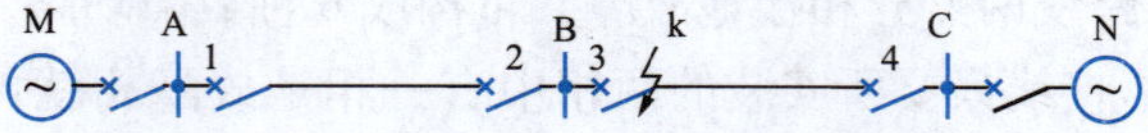

图 2-14　[例 10] 网络图

解　（1）对保护 3 而言，k 点短路相当于近处保护出口两相短路，动作情况分析如下。

由故障点处的边界条件得 $\dot{I}_A = -\dot{I}_C$，$\dot{I}_B = 0$，$\dot{U}_{kA} = \dot{U}_{kC} = -\frac{1}{2}\dot{U}_{kB}$，$\dot{U}_{kB} = \dot{E}_B$。

母线出口处短路：$Z_k = 0$，$Z_S \gg Z_k$，由 $\dot{E}_C - \dot{E}_A$ 提供短路电流 $\dot{I}_k$，相量图如图 2-15 所示。

各功率方向元件动作情况为：

第二章 电网的电流保护

1) 由 A 相功率方向元件的测量电流、测量电压、测量角分别为：$\dot{I}_{rA}=\dot{I}_{kA}$，$\dot{U}_{rA}=\dot{U}_{BC}$，$\varphi_{rA}=-15°$，代入功率形式动作方程为
$$P_{rA}=U_{rA}I_{rA}\cos(\varphi_{rA}+\alpha)=U_{BC}I_{kA}\cos(-15°+45°)>0$$
因此，A 相功率方向元件 KW_A 动作。

2) 由 B 相功率方向元件的测量电流为 $\dot{I}_{rB}=\dot{I}_{kB}=0$，代入功率形式动作方程为
$$P_{rB}=U_{rB}I_{rB}\cos(\varphi_{rB}+\alpha)=0$$
因此，B 相功率方向元件 KW_B 不动作。

3) 由 C 相功率方向元件的测量电流、测量电压、测量角分别为 $\dot{I}_{rC}=\dot{I}_{kC}$，$\dot{U}_{rC}=\dot{U}_{AB}$，$\varphi_{rC}=-15°$，代入功率形式动作方程为
$$P_{rC}=U_{rC}I_{rC}\cos(\varphi_{rC}+\alpha)=U_{AB}I_{kC}\cos(-15°+45°)>0$$
因此，C 相功率方向元件 KW_C 动作。

(2) 对保护 1 而言，k 点短路相当于远处保护两相短路，动作情况分析如下：

由故障点处的边界条件得 $\dot{I}_A=-\dot{I}_C$，$\dot{I}_B=0$，$\dot{U}_{kA}=\dot{U}_{kC}=-\frac{1}{2}\dot{U}_{kB}$，$\dot{U}_{kB}=\dot{E}_B$。

母线出口处短路可认为 $Z_k \gg Z_S$，由 $\dot{E}_C-\dot{E}_A$ 提供短路电流 $\dot{I}_k$。

此时，保护所在母线处的三相电压为
$$\dot{U}_A=\dot{U}_{kA}+\dot{I}_A Z_k \approx \dot{E}_A,\ \dot{U}_B=\dot{U}_{kB}+\dot{I}_B Z_k=\dot{E}_B,\ \dot{U}_C=\dot{U}_{kC}+\dot{I}_C Z_k \approx \dot{E}_C$$
相量图如图 2-16 所示，由图可知：

1) 由 A 相功率方向元件的测量电流、测量电压、测量角分别为：$\dot{I}_{rA}=\dot{I}_{kA}$，$\dot{U}_{rA}=\dot{U}_{BC}=\dot{E}_{BC}$，$\varphi_{rA}=15°$，代入功率形式动作方程为
$$P_{rA}=U_{rA}I_{rA}\cos(\varphi_{rA}+\alpha)=E_{BC}I_{kA}\cos(15°+45°)>0$$
因此，A 相功率方向元件 KW_A 动作。

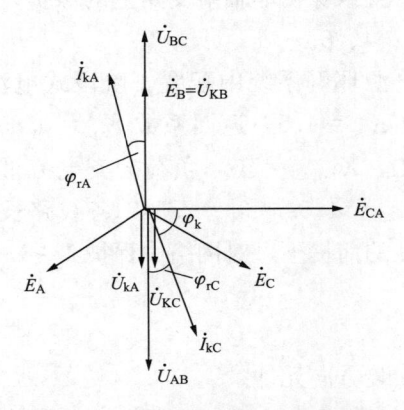

图 2-15 近处出口两相短路相量图 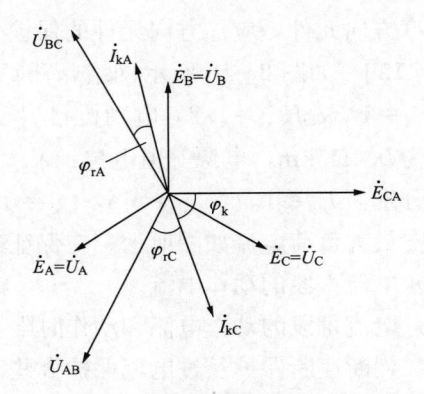　　图 2-16 远处两相短路相量图

2) 由 B 相功率方向元件的测量电流为：$\dot{I}_{rB}=\dot{I}_{kB}=0$，代入功率形式动作方程为
$$P_{rB}=U_{rB}I_{rB}\cos(\varphi_{rB}+\alpha)=0$$

因此，B相功率方向元件 KW_B 不动作。

3）由C相功率方向元件的测量电流、测量电压、测量角分别为：$\dot{I}_{rC}=\dot{I}_{kC}$，$\dot{U}_{rC}=\dot{U}_{AB}=\dot{E}_{AB}$，$\varphi_{rC}=-45°$，代入功率形式动作方程为

$$P_{rC}=U_{rC}I_{rC}\cos(\varphi_{rC}+\alpha)=E_{AB}I_{kC}\cos(-45°+45°)>0$$

因此，C相功率方向元件 KW_C 动作。

[**例 11**] 试对图 2-17 网络中整定过电流保护 1~6 的动作时间，并判断哪些保护需要加装功率方向判断元件。已知：$t_7=0.5s$，$t_8=1s$，$t_9=0.7s$，$t_{10}=2s$。

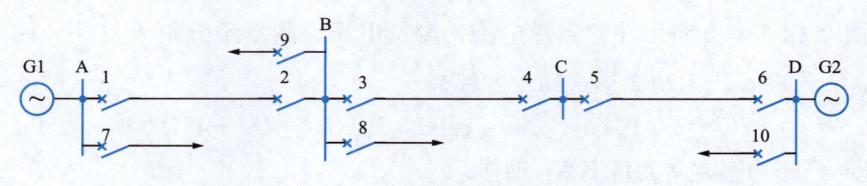

图 2-17 [例 11] 网络图

解 按照同一方向的保护有配合关系的原则，在电源 G1 和电源 G2 单独供电时，分别对保护 1、3、5 和保护 2、4、6 按阶梯原则进行整定计算。

（1）当电源 G1 单独供电时，对保护 1、3、5 时间整定如下：

$$t_5=t_{10}+\Delta t=2+0.5=2.5(s)$$
$$t_3=t_5+\Delta t=2.5+0.5=3(s)$$
$$t_1=\max(t_3,t_8,t_9)+\Delta t=3+0.5=3.5(s)$$

（2）当电源 G2 单独供电时，对保护 2、4、6 时间整定如下：

$$t_2=t_7+\Delta t=0.5+0.5=1(s)$$
$$t_4=\max(t_2,t_8,t_9)+\Delta t=1+0.5=1.5(s)$$
$$t_6=t_4+\Delta t=1.5+0.5=2(s)$$

（3）根据同一母线上时限唯一最长的保护（且该保护非辐射支路上的保护）才不需要加功率方向元件，应加方向元件的保护为：2、4、6。

[**例 12**] 如图 2-18 所示网络，35kV 单电源环网系统中配置了阶段式电流保护，已知 $K_{rel}^{I}=1.3$，$K_{rel}^{III}=1.2$，电动机自启动系数 $K_{ss}=1.5$，返回系数 $K_{re}=0.85$，线路的电抗为 $0.4\Omega/km$，电源等值电抗：$X_{s,min}=4\Omega$，$X_{s,max}=6\Omega$，负荷分支电流Ⅲ段的动作时限分别为 $t_{10}=1.5s$，$t_{11}=1s$，$t_{12}=0.5s$，$t_{13}=1.5s$，$t_{14}=2.5s$，各线路长度和各负荷分支最大负荷电流如图所示。在保证选择性的前提下，对网络中保护 1~8，求算：

（1）电流Ⅰ段的动作电流。
（2）电流Ⅲ段的动作电流和动作时限。
（3）判断速断保护及过电流保护哪些需要加装方向元件。

解 （1）电流速断保护定值。

为了保证保护动作的速动性和灵敏性，本题按照躲过正方向最大短路电流计算保护定值，再通过比较反向短路电流与定值大小关系，来判别是否加装功率方向元件，计算如下。

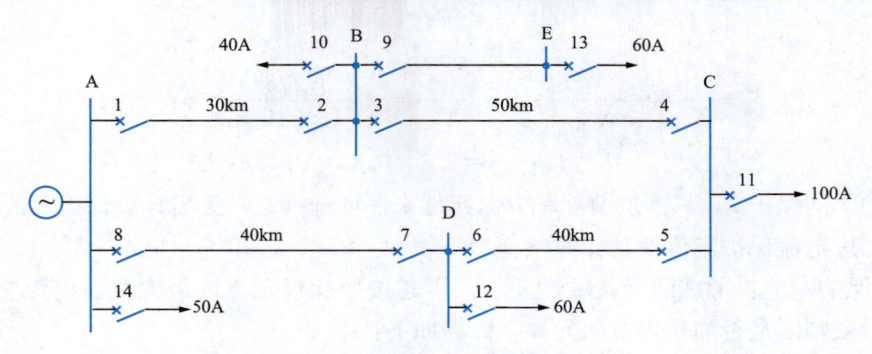

图 2-18 [例 12] 网络图

从断路器 1 和断路器 8 分别开环计算流过各保护的正方向最大短路电流。首先由断路器 8 开环，求流过保护 1、3、5 的正方向最大短路电流，并求得保护定值如下。

保护 1：

$$I_{\text{k.B,max}}^{(3)} = \frac{E_{\text{ph}}}{X_{\text{s,min}} + X_{\text{AB}}} = \frac{37/\sqrt{3}}{4+12} = 1.34(\text{kA})$$

$$I_{\text{set1}}^{\text{I}} = K_{\text{rel}}^{\text{I}} I_{\text{k.B,max}}^{(3)} = 1.3 \times 1.34 = 1.74(\text{kA})$$

保护 3：

$$I_{\text{k.C,max}}^{(3)} = \frac{E_{\text{ph}}}{X_{\text{s,min}} + X_{\text{AB}} + X_{\text{BC}}} = \frac{37/\sqrt{3}}{4+12+20} = 0.59(\text{kA})$$

$$I_{\text{set3}}^{\text{I}} = K_{\text{rel}}^{\text{I}} I_{\text{k.C,max}}^{(3)} = 1.3 \times 0.59 = 0.77(\text{kA})$$

保护 5：

$$I_{\text{k.D,max}}^{(3)} = \frac{E_{\text{ph}}}{X_{\text{s,min}} + X_{\text{AB}} + X_{\text{BC}} + X_{\text{CD}}} = \frac{37/\sqrt{3}}{4+12+20+16} = 0.41(\text{kA})$$

$$I_{\text{set5}}^{\text{I}} = K_{\text{rel}}^{\text{I}} I_{\text{k.D,max}}^{(3)} = 1.3 \times 0.41 = 0.53(\text{kA})$$

保护 7：由于保护 7 是最末级线路，无论开环还是闭环运行，只要正常运行情况下，流过保护 7 的电流总是反方向的。因此按照继电保护四个基本要求，仅采用方向元件，而不用电流测量元件就可以保证选择性要求，因此不需要计算保护定值，只要保护 7 所在线路 DA 内部故障，方向元件判别为正就可以动作跳闸。

同理，从断路器 1 开环，求流过保护 8、6、4 的正方向最大短路电流及保护定值如下。

保护 8：

$$I_{\text{k.D,max}}^{(3)} = \frac{E_{\text{ph}}}{X_{\text{s,min}} + X_{\text{AD}}} = \frac{37/\sqrt{3}}{4+16} = 1.07(\text{kA})$$

$$I_{\text{set8}}^{\text{I}} = K_{\text{rel}}^{\text{I}} I_{\text{k.D,max}}^{(3)} = 1.3 \times 1.07 = 1.39(\text{kA})$$

保护 6：

$$I_{\text{k.C,max}}^{(3)} = \frac{E_{\text{ph}}}{X_{\text{s,min}} + X_{\text{AD}} + X_{\text{DC}}} = \frac{37/\sqrt{3}}{4+16+16} = 0.59(\text{kA})$$

$$I_{\text{set6}}^{\text{I}} = K_{\text{rel}}^{\text{I}} I_{\text{k.C,max}}^{(3)} = 1.3 \times 0.59 = 0.77(\text{kA})$$

保护4：

$$I_{k.B,max}^{(3)} = \frac{E_{ph}}{X_{s,min} + X_{AD} + X_{DC} + X_{CB}} = \frac{37/\sqrt{3}}{4+16+16+20} = 0.38(kA)$$

$$I_{set4}^{I} = K_{rel}^{I} I_{k.B,max}^{(3)} = 1.3 \times 0.38 = 0.49(kA)$$

保护2同保护7，只需加装功率方向元件来保证选择性，无需计算保护定值。

(2) 过电流保护定值及动作时限。

1) 保护定值：考虑满足灵敏性要求，本题按照躲过正方向最大负荷电流整定，再用动作时限判断是否加功率方向元件。计算如下：

保护1：正方向最大负荷电流为

$$I_{L1,max} = 40+60+100+60 = 260(A)$$

$$I_{set1}^{III} = \frac{K_{rel}K_{ss}}{K_{re}} I_{L1,max} = \frac{1.2 \times 1.5}{0.85} \times 260 = 550.6(A)$$

保护3：正方向最大负荷电流为

$$I_{L3,max} = 100+60 = 160(A)$$

$$I_{set3}^{III} = \frac{K_{rel}K_{ss}}{K_{re}} I_{L3,max} = \frac{1.2 \times 1.5}{0.85} \times 160 = 338.8(A)$$

保护5：正方向最大负荷电流为

$$I_{L5,max} = 60(A)$$

$$I_{set5}^{III} = \frac{K_{rel}K_{ss}}{K_{re}} I_{L5,max} = \frac{1.2 \times 1.5}{0.85} \times 60 = 127(A)$$

保护8：正方向最大负荷电流为

$$I_{L8,max} = 40+60+100+60 = 260(A)$$

$$I_{set8}^{III} = \frac{K_{rel}K_{ss}}{K_{re}} I_{L8,max} = \frac{1.2 \times 1.5}{0.85} \times 260 = 550.6(A)$$

保护6：正方向最大负荷电流为

$$I_{L6,max} = 40+60+100 = 200(A)$$

$$I_{set6}^{III} = \frac{K_{rel}K_{ss}}{K_{re}} I_{L6,max} = \frac{1.2 \times 1.5}{0.85} \times 200 = 423.5(A)$$

保护4：正方向最大负荷电流为

$$I_{L4,max} = 40+60 = 100(A)$$

$$I_{set4}^{III} = \frac{K_{rel}K_{ss}}{K_{re}} I_{L4,max} = \frac{1.2 \times 1.5}{0.85} \times 100 = 211.8(A)$$

保护2和保护7不需要计算定值，因为只需加方向元件就可以保证选择性。

2) 动作时限：分别从保护1和保护8将环网解环，按照阶梯原则分别对保护7、5、3、1和保护2、4、6、8进行时间整定。

当从保护1解环时，保护2为最末级线路，动作时间整定为0s，保护动作时间整定有

$$t_9 = t_{13} + \Delta t = 1.5 + 0.5 = 2(s)$$

$$t_2=0(\text{s})$$
$$t_4=\max(t_9,t_{10},t_2)+\Delta t=2+0.5=2.5(\text{s})$$
$$t_6=\max(t_4,t_{11})+\Delta t=2.5+0.5=3(\text{s})$$
$$t_8=\max(t_6,t_{12})+\Delta t=3+0.5=3.5(\text{s})$$

当从保护 8 解环时,保护 7 为最末级线路,动作时间整定为 0s,保护动作时间整定有

$$t_7=0(\text{s})$$
$$t_5=\max(t_7,t_{12})+\Delta t=0.5+0.5=1(\text{s})$$
$$t_3=\max(t_5,t_{11})+\Delta t=1+0.5=1.5(\text{s})$$
$$t_1=\max(t_3,t_9,t_{10})+\Delta t=2+0.5=2.5(\text{s})$$

(3) 确定方向元件。

1) 电流速断:根据电流速断保护是否加装方向元件的判据——反方向最大短路电流若小于保护定值,则不需要加装方向元件,以及保护在网络中的具体安装位置特点,可得结论:①保护 1 和保护 8 由于不可能出现反方向电流,因此不需要加装方向元件;②保护 2 和保护 7 必须加装方向元件;③保护 3:有 $I_{\text{set3}}^{\text{I}}=0.77\text{kA}$ 大于反方向最大短路电流 0.38kA(即当断路器 1 开环时,短路点在 B 母线,经线路 AD、DC、CB 流到 B 母线的短路电流)所以不需要加方向元件;④保护 4:有 $I_{\text{set4}}^{\text{I}}=0.49\text{kA}$ 小于反方向最大短路电流 0.59kA,所以需要加方向元件;⑤保护 5:$I_{\text{set5}}^{\text{I}}=0.53\text{kA}$ 小于反方向最大短路电流 0.77kA,所以需要加方向元件;⑥保护 6:$I_{\text{set6}}^{\text{I}}=0.77\text{kA}$ 大于反方向最大短路电流 0.41kA,所以不需要加方向元件。

2) 过电流保护:根据判据应加方向元件的保护为:2、3、5、7。

[例 13] 如图 2-19 所示网络,已知:电源等值正序、负序电抗 $X_{s1}=X_{s2}=5\Omega$,零序电抗 $X_{s0}=8\Omega$;线路单位正序、负序、零序电抗分别为 $z_1=z_2=0.4\Omega/\text{km}$、$z_0=1.4\Omega/\text{km}$,线路长度如图所示;变压器 T1 额定参数为 31.5MVA,110/6.6kV,$U_k\%=10.5\%$。可靠系数取 $K_{\text{rel}}^{\text{I}}=1.25$,$K_{\text{rel}}^{\text{II}}=1.15$,$K_{\text{rel}}^{\text{III}}=1.25$;计算不平衡电流时,非周期分量系数取 $K_{\text{np}}=1.5$,同型系数取 $K_{\text{st}}=0.5$,电流互感器取 10%误差系数。

求:若线路 AB 配置了阶段式零序电流保护,试进行整定计算。

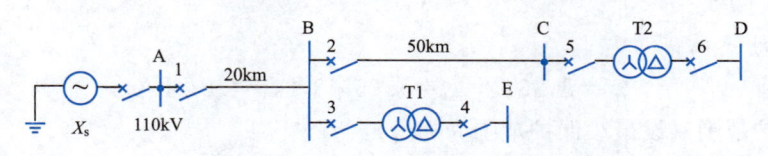

图 2-19 [例 13] 网络图

解 线路 AB:$X_{\text{AB.1}}=X_{\text{AB.2}}=20\times0.4=8(\Omega)$,$X_{\text{AB.0}}=20\times1.4=28(\Omega)$

线路 BC:$X_{\text{BC.1}}=X_{\text{BC.2}}=50\times0.4=20(\Omega)$,$X_{\text{BC.0}}=50\times1.4=70(\Omega)$

变压器 T1:$X_{\text{T1.1}}=X_{\text{T1.2}}=0.105\times110^2/31.5=40.33(\Omega)$

(1) 求 B 母线接地故障时流过保护 1 的最大零序电流 $3I_0$。全网正序、负序等值电抗为

$$X_{\Sigma 1}=X_{\Sigma 2}=X_{AB.1}+X_{s1}=8+5=13(\Omega)$$

全网零序等值电抗为

$$X_{\Sigma 0}=X_{AB.0}+X_{s0}=28+8=36(\Omega)$$

单相短路接地时流经保护 1 零序电流为

$$3I_{0.1}^{(1)}=3\times\frac{E_{ph}}{X_{\Sigma 1}+X_{\Sigma 2}+X_{\Sigma 0}}=3\times\frac{115/\sqrt{3}}{13+13+36}=3.21(kA)$$

两相短路接地时正序电流为

$$I_{1.B}^{(1,1)}=\frac{E_{ph}}{X_{\Sigma 1}+X_{\Sigma 2}//X_{\Sigma 0}}=\frac{115/\sqrt{3}}{13+13//36}=\frac{115/\sqrt{3}}{13+9.55}=2.94(kA)$$

流经保护 1 的零序电流为

$$3I_{0.1}^{(1,1)}=3\times I_{1.B}^{(1,1)}\times\frac{X_{\Sigma 2}}{X_{\Sigma 2}+X_{\Sigma 0}}=3\times 2.94\times\frac{13}{13+36}=2.34(kA)$$

可见流过保护 1 的最大零序电流为 $3I_{0.1,max}=3I_{0.1}^{(1)}=3.21(kA)$，最小零序电流为 $3I_{0.1,min}=3I_{0.1}^{(1,1)}=2.34(kA)$。

（2）求 C 母线接地故障时流过保护 2 的最大零序电流 $3I_0$。

全网正序、负序等值电抗为

$$X_{\Sigma 1}=X_{\Sigma 2}=X_{AB.1}+X_{BC.1}+X_{s1}=8+20+5=33(\Omega)$$

全网零序等值电抗为

$$X_{\Sigma 0}=X_{AB.0}+X_{BC.0}+X_{s0}=28+70+8=106(\Omega)$$

单相短路接地时流经保护 2 零序电流为

$$3I_{0.2}^{(1)}=3\times\frac{E_{ph}}{X_{\Sigma 1}+X_{\Sigma 2}+X_{\Sigma 0}}=3\times\frac{115/\sqrt{3}}{33+33+106}=1.158(kA)$$

两相短路接地时流经保护 2 的总零序电流为

$$3I_{0.2}^{(1,1)}=3\times\frac{E_{ph}}{X_{\Sigma 1}+X_{\Sigma 2}//X_{\Sigma 0}}\times\frac{X_{\Sigma 2}}{X_{\Sigma 2}+X_{\Sigma 0}}=3\times\frac{115/\sqrt{3}}{33+33//106}\times\frac{33}{33+106}=0.813(kA)$$

可见流过保护 2 的最大零序电流为 $3I_{0.2,max}=3I_{0.2}^{(1)}=1.158(kA)$。

（3）整定计算。

1）零序 I 段。

动作值为

$$I_{set1}^{I}=K_{rel}^{I}3I_{0.1,max}=1.25\times 3.21=4.01(kA)$$

最小保护范围（设最小保护范围为 L_{min}）：

此时全网正序、负序等值电抗为

$$X_{\Sigma 1}=X_{\Sigma 2}=x_1 L_{min}+X_{s1}=0.4L_{min}+5$$

全网零序等值电抗为

$$X_{\Sigma 0}=x_0 L_{min}+X_{s0}=1.4L_{min}+8$$

单相短路时

$$I_{set1}^{I}=3\times\frac{E_{ph}}{X_{\Sigma 1}+X_{\Sigma 2}+X_{\Sigma 0}}=3\times\frac{E_{ph}}{2(x_1 L_{min}+X_{s1})+(x_0 L_{min}+X_{s1})}$$

得
$$4.01 = 3 \times \frac{115/\sqrt{3}}{2(0.4L_{\min}+5)+(1.4L_{\min}+8)}$$
得
$$L_{\min} = 14.4 (\text{km})$$

两相短路接地时

$$I_{\text{set}}^{\text{I}} = 3 \times \frac{E_{\text{ph}}}{X_{\Sigma 1}+X_{\Sigma 2}/\!/X_{\Sigma 0}} \times \frac{X_{\Sigma 2}}{X_{\Sigma 2}+X_{\Sigma 0}} = 3 \times \frac{E_{\text{ph}}}{X_{\Sigma 1}+\dfrac{X_{\Sigma 2}X_{\Sigma 0}}{X_{\Sigma 2}+X_{\Sigma 0}}} \times \frac{X_{\Sigma 2}}{X_{\Sigma 2}+X_{\Sigma 0}}$$

$$= 3 \times \frac{E_{\text{ph}}}{X_{\Sigma 1}(X_{\Sigma 2}+X_{\Sigma 0})+X_{\Sigma 2}X_{\Sigma 0}} \times X_{\Sigma 2} = 3 \times \frac{E_{\text{ph}}}{X_{\Sigma 1}+X_{\Sigma 0}+X_{\Sigma 0}}$$

即
$$I_{\text{set}}^{\text{I}} = 3 \times \frac{E_{\text{ph}}}{(x_1 L_{\min}+X_{s1})+2(x_0 L_{\min}+X_{s0})}$$

得
$$4.01 = 3 \times \frac{115/\sqrt{3}}{(0.4L_{\min}+5)+2(1.4L_{\min}+8)}$$
得
$$L_{\min} = 9 (\text{km})$$

两者比较取最小保护范围 $L_{\min} = 9$ km。

则
$$L_{\min}\% = L_{\min}/L_{AB} \times 100\% = 9/20 \times 100\% = 45\% > 20\%$$

满足要求。

动作时限 $t_1^{\text{I}} = 0(\text{s})$。

2) 零序Ⅱ段。保护 1 与保护 2 的零序Ⅰ段可以直接配合，无分支系数影响。

由保护 2 的Ⅰ段动作值，得
$$I_{\text{set2}}^{\text{I}} = K_{\text{rel}}^{\text{I}} 3I_{0.2,\max} = 1.25 \times 1.158 = 1.4475 (\text{kA})$$
则
$$I_{\text{set1}}^{\text{II}} = K_{\text{rel}}^{\text{II}} \times I_{\text{set2}}^{\text{I}} = 1.15 \times 1.4475 = 1.66 (\text{kA})$$

灵敏度校验
$$K_{\text{sen}} = \frac{3I_{0B,\min}}{I_{\text{set1}}^{\text{II}}} = \frac{2.34}{1.67} = 1.4 > 1.3$$

满足要求。

其中，流过保护 1 的最小电流是当 B 母线发生两相短路接地时的零序电流，即 2.34kA。

动作时限 $t_1^{\text{II}} = 0.5(\text{s})$。

3) 零序Ⅲ段。

按躲开线末最大不平衡电流整定，有

$$I_{\text{set1}}^{\text{III}} = K_{\text{rel}}^{\text{III}} 3I_{\text{bp},\max} = K_{\text{rel}}^{\text{III}} 0.1 K_{\text{np}} K_{\text{st}} I_{k.B,\max}^{(3)} = 1.25 \times 0.1 \times 1.5 \times 0.5 \times 5.11 = 0.48 (\text{kA})$$

$$I_{k.B,\max}^{(3)} = \frac{E_{\text{ph}}}{X_{s1}+X_{AB.1}} = \frac{115/\sqrt{3}}{5+8} = 5.11 (\text{kA})$$

灵敏度校验
$$K_{\text{sen}(n)} = \frac{3I_{0B,\min}}{I_{\text{set1}}^{\text{III}}} = \frac{2.34}{0.48} = 4.9 > 1.3$$

满足要求。

$$K_{\text{sen(f)}} = \frac{3I_{0C,\min}}{I_{\text{set1}}^{\text{III}}} = \frac{0.813}{0.48} = 1.69 > 1.2$$

满足要求。

其中，C 母线处两相短路接地时，流过保护 1 的零序电流最小，由于没有分支系数的影响，因此该最小零序电流即前面求得的流过保护 2 的最小零序电流 0.813kA。

动作时限 $t_1 = 1(\text{s})$。

[例 14] 如图 2-20 所示系统，发电机最多 4 台都投入运行，最少两侧各投入 1 台运行。变压器 T5 和 T6 可 2 台也可 1 台运行。已知：发电机 G1 和 G2 的正、负序电抗均为 5Ω，发电机 G3 和 G4 的正、负序电抗均为 8Ω；变压器 T1、T2、T3、T4 的正、负序电抗均为 5Ω，零序电抗均为 15Ω；变压器 T5、T6 的正、负序电抗均为 15Ω，零序电抗均为 20Ω；线路单位阻抗为 $z_1 = z_2 = 0.4\Omega/\text{km}$，$z_0 = 1.2\Omega/\text{km}$。可靠系数取 $K_{\text{rel}}^{\text{I}} = 1.2$，$K_{\text{rel}}^{\text{II}} = 1.15$。

求：对保护 1 零序 I 段和零序 II 段整定计算保护动作值。

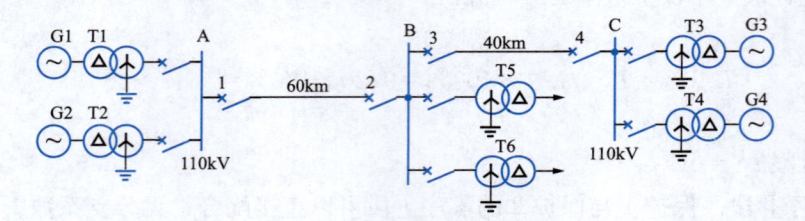

图 2-20 [例 14] 网络图

解 线路 AB：$X_{AB.1} = X_{AB.2} = 60 \times 0.4 = 24(\Omega)$，$X_{AB.0} = 60 \times 1.2 = 72(\Omega)$

线路 BC：$X_{BC.1} = X_{BC.2} = 40 \times 0.4 = 16(\Omega)$，$X_{BC.0} = 40 \times 1.2 = 48(\Omega)$

(1) 求 B 母线单相接地和两相短路接地时流过保护 1 的最大零序电流 $3I_0$，考虑所有发电机都投入运行。全网正序、负序等值电抗为

$$X_{\Sigma1} = X_{\Sigma2} = \left(X_{AB.1} + \frac{X_{G1.1} + X_{T1.1}}{2}\right) // \left(X_{BC.1} + \frac{X_{G3.1} + X_{T3.1}}{2}\right)$$

$$= (24+5) // (16+6.5) = \frac{29 \times 22.5}{51.5} = 12.67(\Omega)$$

全网零序等值电抗为

$$X_{\Sigma0} = \left(X_{AB.0} + \frac{X_{T1.0}}{2}\right) // \frac{X_{T5.0}}{2} // \left(X_{BC.0} + \frac{X_{T3.0}}{2}\right)$$

$$= (72+15/2) // 10 // (15/2+48) = 7.66(\Omega)$$

1) 单相短路接地时流入故障点的总零序电流为

$$3I_{0.B}^{(1)} = 3 \times \frac{E_{\text{ph}}}{X_{\Sigma1} + X_{\Sigma2} + X_{\Sigma0}} = 3 \times \frac{115/\sqrt{3}}{12.67 + 12.67 + 7.66} = 6.036(\text{kA})$$

其中，流经保护 1 的部分零序电流为

第二章 电网的电流保护

$$3I_{0.1}^{(1)}=\frac{X_{\Sigma 0}}{X_{T1.0}/2+X_{AB.0}}\times 3I_{0.B}^{(1)}=\frac{7.66}{79.5}\times 6.036=0.582(\text{kA})$$

2) 两相短路接地时正序电流为

$$I_{1.B}^{(1,1)}=\frac{E_{ph}}{X_{\Sigma 1}+X_{\Sigma 2}//X_{\Sigma 0}}=\frac{115/\sqrt{3}}{12.67+12.67//7.657}=\frac{115/\sqrt{3}}{12.67+4.77}=3.807(\text{kA})$$

流入故障点的总零序电流为

$$3I_{0.B}^{(1,1)}=3\times I_{1.B}^{(1,1)}\frac{X_{\Sigma 2}}{X_{\Sigma 2}+X_{\Sigma 0}}=3\times 3.807\times\frac{12.67}{12.67+7.657}=7.119(\text{kA})$$

流经保护 1 的部分零序电流为

$$3I_{0.1}^{(1,1)}=\frac{X_{\Sigma 0}}{X_{T1.0}/2+X_{AB.0}}\times 3I_{0.B}^{(1,1)}=\frac{7.66}{79.5}\times 7.119=0.686(\text{kA})$$

可见流过保护 1 的最大零序电流为

$$3I_{0.1,\max}=3I_{0.1}^{(1,1)}=0.686(\text{kA})$$

(2) 求 C 母线单相接地和两相短路接地时流过保护 3 的最大零序电流 $3I_0$，考虑所有发电机都投入运行。全网正序、负序等值电抗为

$$X_{\Sigma 1}=X_{\Sigma 2}=\left(\frac{X_{G1.1}+X_{T1.1}}{2}+X_{AB.1}+X_{BC.1}\right)//\left(\frac{X_{G3.1}+X_{T3.1}}{2}\right)=\frac{45\times 6.5}{51.5}=5.68(\Omega)$$

全网零序等值电抗为

$$X_{\Sigma 0}=\left[\left(X_{AB.0}+\frac{X_{T1.0}}{2}\right)//\frac{X_{T5.0}}{2}+X_{BC.0}\right]//\frac{X_{T3.0}}{2}$$

$$=[(72+15/2)//10+48]//7.5=56.88//7.5=6.63(\Omega)$$

1) 单相短路接地时流入故障点的总零序电流为

$$3I_{0.C}^{(1)}=3\times\frac{E_{ph}}{X_{\Sigma 1}+X_{\Sigma 2}+X_{\Sigma 0}}=3\times\frac{115/\sqrt{3}}{5.68+5.68+6.63}=11.07(\text{kA})$$

其中流经保护 3 的部分零序电流为

$$3I_{0.3}^{(1)}=\frac{X_{\Sigma 0}}{\left(\frac{X_{T1.0}}{2}+X_{AB.0}\right)//\frac{X_{T5.0}}{2}+X_{BC.0}}\times 3I_{0.B}^{(1)}=\frac{6.63}{56.88}\times 11.07=1.29(\text{kA})$$

2) 两相短路接地时正序电流为

$$I_{1.C}^{(1,1)}=\frac{E_{ph}}{X_{\Sigma 1}+X_{\Sigma 2}//X_{\Sigma 0}}=\frac{115/\sqrt{3}}{5.68+5.68//6.63}=\frac{115/\sqrt{3}}{5.68+3.06}=7.6(\text{kA})$$

流入故障点的总零序电流为

$$3I_{0.C}^{(1,1)}=3\times I_{1.C}^{(1,1)}\times\frac{X_{\Sigma 2}}{X_{\Sigma 2}+X_{\Sigma 0}}=3\times 7.6\times\frac{5.68}{5.68+6.63}=10.5(\text{kA})$$

其中，流经保护 3 的部分零序电流为

$$3I_{0.3}^{(1,1)}=\frac{X_{\Sigma 0}}{\left(\frac{X_{T1.0}}{2}+X_{AB.0}\right)//\frac{X_{T5.0}}{2}+X_{BC.0}}\times 3I_{0.C}^{(1,1)}=\frac{6.63}{56.88}\times 10.5=1.224(\text{kA})$$

可见流过保护 3 的最大零序电流为

$$3I_{0.3,\max}=3I_{0.3}^{(1,1)}=1.29(\text{kA})$$

(3) 分支系数计算。当保护 1 与保护 3 配合时，需要考虑分支系数问题。此时 BC 段发生接地故障，变压器 5、6 有助增作用，此时由分支系数定义，得

$$K_{\text{b}}=\frac{I_{\text{BC}}}{I_{\text{AB}}}=\frac{I_{\text{AB}}+I'_{\text{AB}}}{I_{\text{AB}}}=1+\frac{I'_{\text{AB}}}{I_{\text{AB}}}$$

变压器 T5、T6 并列运行，变压器 T1 和 T2 一台运行，此时有最大分支系数为

$$K_{\text{b,max}}=1+\frac{I'_{\text{AB}}}{I_{\text{AB}}}=1+\frac{X_{\text{T1.0}}+X_{\text{AB.0}}}{X_{\text{T5.0}}/2}=1+\frac{15+72}{10}=9.7$$

变压器 T5、T6 单台运行，变压器 T1 和 T2 并列运行，此时有最小分支系数为

$$K_{\text{b,min}}=1+\frac{I'_{\text{AB}}}{I_{\text{AB}}}=1+\frac{X_{\text{T1.0}}/2+X_{\text{AB.0}}}{X_{\text{T5.0}}}=1+\frac{15/2+72}{20}=4.975$$

(4) 整定计算。

零序 I 段动作值为

$$I_{\text{set1}}^{\text{I}}=K_{\text{rel}}^{\text{I}}3I_{0.1,\max}=1.2\times0.686=0.823(\text{kA})$$

零序 II 段动作值：由保护 3 的 I 段动作值得

$$I_{\text{set3}}^{\text{I}}=K_{\text{rel}}^{\text{I}}3I_{0.3,\max}=1.2\times1.29=1.548(\text{kA})$$

则

$$I_{\text{set1}}^{\text{II}}=\frac{K_{\text{rel}}^{\text{II}}}{K_{\text{b,min}}}\times I_{\text{set3}}^{\text{I}}=\frac{1.15}{4.975}\times1.548=0.358(\text{kA})$$

[例 15] 图 2-21 为中性点不接地电网的系统接线图，所接电容为各相对地分布电容，各线路每相对地电容为 $0.025\times10^{-6}\text{F/km}$，$f=50\text{Hz}$，发电机定子绕组每相对地电容 $C_{0G}=0.25\times10^{-6}\text{F}$，三相电动势分别为 $\dot{E}_{\text{A}}=10/\sqrt{3}\,\text{e}^{\text{j}0°}\text{kV}$；$\dot{E}_{\text{B}}=10/\sqrt{3}\,\text{e}^{-\text{j}120°}\text{kV}$；$\dot{E}_{\text{C}}=10/\sqrt{3}\,\text{e}^{\text{j}120°}\text{kV}$。当线路 l_3 的 A 相在 k 点发生单相接地时，试计算：

(1) 各相对地电压及零序电压。
(2) 各线路首端的零序电流 $3\dot{I}_0$。
(3) 接地点的电流 $I_{\text{k}}^{(1)}$。

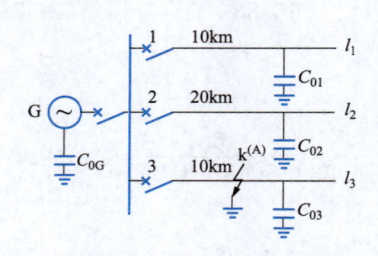

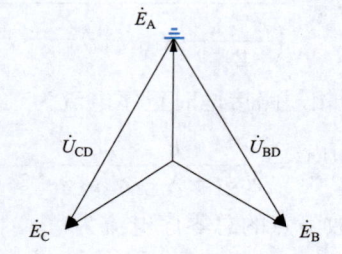

图 2-21 例题 15 网络图　　图 2-22 单相接地电压相量图

解 (1) 三相对地电压为

$$\begin{cases}\dot{U}_{\text{AD}}=0\\ \dot{U}_{\text{BD}}=\dot{E}_{\text{B}}-\dot{E}_{\text{A}}=10/\sqrt{3}\,\text{e}^{-\text{j}120°}-10/\sqrt{3}\,\text{e}^{\text{j}0°}=10\text{e}^{-\text{j}150°}\text{kV}\\ \dot{U}_{\text{CD}}=\dot{E}_{\text{C}}-\dot{E}_{\text{A}}=10/\sqrt{3}\,\text{e}^{-\text{j}120°}-10/\sqrt{3}\,\text{e}^{\text{j}0°}=10\text{e}^{-\text{j}150°}\text{kV}\end{cases}$$

零序电压：$\dot{U}_0 = -\dot{E}_A$；$U_0 = 10/\sqrt{3}$ kV。

(2) 各线路首端零序电流为：

l_1 线路

$$3I_{01} = 3\omega C_{01} U_{ph} = 3 \times 2\pi f \times 0.025 \times 10^{-6} \times 10 \times 10/\sqrt{3} \times 10^3 = 1.36 \text{A}$$

方向：母线流向线路。

l_2 线路

$$3I_{02} = 3\omega C_{02} U_{ph} = 3 \times 2\pi f \times 0.025 \times 10^{-6} \times 20 \times 10/\sqrt{3} \times 10^3 = 2.72 \text{A}$$

方向：母线流向线路。

发电机支路

$$3I_{0G} = 3\omega C_{0G} U_{ph} = 3 \times 2\pi f \times 0.25 \times 10^{-6} \times 10/\sqrt{3} \times 10^3 = 1.36 \text{A}$$

方向：母线流向发电机。

l_3 故障线路

$$3I_{03} = 3I_{01} + 3I_{02} + 3I_{0G} = 1.36 + 2.72 + 1.36 = 5.44 \text{A}$$

方向：线路流向母线。

(3) 接地点的电流

$$I_k^{(1)} = 3\omega C_{0\sum} U_{ph} = 3\omega (C_{01} + C_{02} + C_{03} + C_{0G})$$
$$= 3 \times 2\pi f [0.025 \times 10^{-6} \times (10 + 20 + 10) + 0.25 \times 10^{-6}]$$
$$= 6.8 (\text{A})$$

第三部分 习 题

一、选择题

1. 下列选项中，属于电流速断保护优点的是（   ）。
A. 保护范围与系统运行方式有关
B. 保护范围与故障类型有关
C. 保护动作迅速
D. 保护装置的价格昂贵

2. 过电流保护在被保护线路输送最大负荷时，其动作行为是（   ）。
A. 不应动作于跳闸
B. 动作于跳闸
C. 发出信号
D. 不发出信号

3. 瞬时电流速断保护的动作电流应大于（   ）。
A. 被保护线路末端短路时的最大短路电流
B. 线路的最大负载电流
C. 相邻下一线路末端短路时的最大短路电流
D. 相邻下一线路末端短路时的最小短路电流

4. 限时电流速断保护一般（   ）保护到本线路的全长。
A. 能
B. 最大运行方式下，不能
C. 最小运行方式下，不能
D. 不确定

5. 下列发生故障的电力系统中不需要跳闸的是（   ）。

A. 对于 10kV 的电力系统发生了三相短路
B. 对于 35kV 的电力系统发生了单相短路
C. 对于 110kV 的电力系统发生了单相短路
D. 对于 35kV 的电力系统发生了三相短路

6. Yd11 接线的单电源降压变压器，在三角侧发生 AB 两相短路时，星形侧 B 相短路电流的标幺值是（　　）短路点短路电流的标幺值。

A. 等于 B. 小于
C. 等于 $2/\sqrt{3}$ 倍 D. 等于 $1/\sqrt{3}$ 倍

7. 作为高灵敏度的线路接地保护，零序电流灵敏I段保护在非全相运行时需（　　）。

A. 投入运行 B. 有选择性地投入运行
C. 有选择性地退出运行 D. 退出运行

8. 某 35kV 线路最大负荷电流为 150A，已知线路可靠系数为 1.2，自启动系数为 2，返回系数取 0.85，电流互感器变比为 300/5，不能使该线路定时限过电流保护返回的电流为（　　）。

A. 5A B. 6A C. 7A D. 3.5A

9. 定时限过电流保护采用两相三组继电器接线方式，电流互感器变比为 1200/5，动作电流二次额定值为 10A，如线路上发生 CA 相短路，流过保护安装处的 A 相一次电流与 C 相一次电流均为 1500A，如 A 相电流互感器极性反接时，则该保护将出现（　　）。

A. 拒动 B. 误动 C. 返回 D. 保持原状

10. 在中性点非直接接地电网中，由同一变电所母线引出的并列运行的线路上发生两点异相接地短路，采用两相不完全星形接线保护的动作情况是（　　）。

A. 有 2/3 机会只切除一条线路 B. 有 1/3 机会只切除一条线路
C. 100% 切除两条故障线路 D. 不动作即两条故障线路均不切除

11. 采用 90°的功率方向元件在哪种情况下不能动作？（　　）

A. 正方向出口三相短路 B. 正方向出口两相短路
C. 正方向线路末端三相短路 D. 正方向线路末端两相短路

12. 采用 90°接线的相间功率方向继电器在正向发生各种相间故障时都能动作的条件是：继电器内角应在（　　）。

A. 45°～60° B. 30°～45° C. 30°～60° D. 60°～90°

13. 在大接地电流系统中，线路始端发生两相金属性短路接地时，零序方向过电流保护中的方向元件将（　　）。

A. 因短路相电压为零而拒动 B. 因感受零序电压最大而灵敏动作
C. 因短路零序电压为零而拒动 D. 因感受零序电压最大而拒动

14. 中性点非直接接地电网中单相接地故障特点以下描述正确的是（　　）。

A. 非故障支路首端零序电流最大
B. 故障支路首端零序电流是全网所有支路零序电流之和
C. 非故障支路首端零序电流方向是线路指向母线

D. 故障支路首端零序电流方向是线路指向母线

15. Yd11 接线的变压器，当角侧发生两相短路时，星形侧电流最大相是（　　）。
   A. 同名故障相中的超前相　　　B. 同名故障相中的滞后相
   C. 非故障相　　　　　　　　　D. 同名故障相

16. 当保护安装地点背后的零序阻抗角为 80°时，其零序功率方向继电器正确动作的最灵敏角 $\varphi_{\text{sen}}=$（　　）。
   A. $-100°$　　　B. $100°$　　　C. $-80°$　　　D. $80°$

17. 在双侧电源系统中，采用方向元件是为了保证保护的（　　）。
   A. 方向性　　　B. 可靠性　　　C. 灵敏性　　　D. 选择性

18. 哪些情况下可以不加装方向元件（　　）。
   A. 最大反向短路电流小于保护装置的启动电流时
   B. 当保护的动作时限较长时
   C. 当保护的动作时间较短时
   D. 当电流Ⅱ段保护定值小时

19. 中性点不直接接地系统中，线路上发生 B 相单相接地故障时，零序电压表示为（　　）。
   A. $-\dot{E}_A$　　　B. $-\dot{E}_B$　　　C. $\dot{E}_B$　　　D. $-\dot{E}_{AB}$

20. 中性点经装设消弧线圈接地后，若接地故障的电感电流大于电容电流，此时补偿方式为（　　）。
   A. 全补偿方式　　B. 欠补偿方式　　C. 过补偿方式　　D. 不能确定

二、填空题

1. 继电器是一种能自动执行＿＿＿＿＿＿的部件。

2. 使继电器刚好动作的最小电流称为＿＿＿＿＿＿；使继电器刚好返回的最大电流称为＿＿＿＿＿＿。

3. 继电器的返回系数是指＿＿＿＿＿＿与＿＿＿＿＿＿的比值，一切过量动作的继电器返回系数恒＿＿＿＿＿＿1。

4. 运行中应特别注意电流互感器二次侧不能＿＿＿＿＿＿；电压互感器二次侧不能＿＿＿＿＿＿。

5. 系统发生相间短路时，短路电流工频周期分量近似计算式为＿＿＿＿＿＿。

6. 电流保护的最大运行方式是指流过＿＿＿＿＿＿电流最大时对应的系统运行方式，该方式一般对应的短路类型为＿＿＿＿＿＿，系统等效电源电抗为＿＿＿＿＿＿。

7. 电流速断保护在整定动作值时，应考虑系统处于＿＿＿＿＿＿运行方式，以保证＿＿＿＿＿＿要求。

8. 电流速断保护装置中一般考虑到防止线路中避雷器的放电引起保护误动作，需要在保护出口中加装＿＿＿＿＿＿继电器，该继电器作用是一方面＿＿＿＿＿＿，另一方面＿＿＿＿＿＿。

9. 三段式电流保护中，_____段灵敏度最高，_____段灵敏度最低。

10. 电流Ⅱ段保护不满足灵敏性要求时通常考虑降低其整定值，即将其动作值改为与_____配合，从继电保护四个基本要求关系来看，这是为了提高灵敏性而牺牲了_____。

11. 定时限过电流保护的动作时限整定原则是_____，按该原则整定过电流保护时越靠近电源侧，短路电流越大，而动作时限_____。

12. 电流保护采用两相星形接线方式，在正常运行情况下，中线上流过的电流为_____；当采用三相星形接线时，发生接地故障时中线上流过的电流为_____。

13. 在中性点非直接接地系统中，在并联线路上发生跨线两点异相接地故障时，采用两相星形接线方式，可以保证_____机会只切除一回线路。

14. 35kV 线路电流保护Ⅰ段一般采用_____接线方式。

15. 采用两相不完全星形接线方式，当 Yd11 接线变压器后发生两相短路时，常常造成保护_____不满足要求的问题，此时可改用_____接线方式。

16. 用以判别功率方向或测定电流、电压间相位角的元件称为_____，该元件只有当功率方向为_____才动作。

17. 方向性电流保护接线时，相电流继电器与对应功率方向元件之间要求_____。

18. 若线路电抗角 $\varphi_k = 50°$，微机型功率方向继电器应选择的内角 $\alpha =$_____，最大灵敏角 $\varphi_{sen} =$_____，其比相式动作方程为_____。

19. 按 90°接线的功率方向继电器，若 $\dot{U}_r = \dot{U}_{AC}$，则 $\dot{I}_r =$_____。

20. 保护对功率方向元件的基本要求是：应具有明确的_____，正方向故障时有足够的_____。

21. 中性点直接接地电网中零序电流的分布主要取决于输电线路的零序阻抗和_____零序阻抗，而与_____无关。

22. 中性点直接接地电网中接地故障后_____处零序电压最高，_____处零序电压最低。

23. 零序电流互感器与零序电流滤过器相比，主要优点是没有_____，接线简单。

24. 在中性点直接接地系统中发生接地故障时，故障线路上零序功率实际方向是_____。

25. 零序过电流保护与相间短路的过电流保护相比较，优点是动作电流_____，灵敏度_____，动作时限_____。

26. 架空线路上的零序电流滤过器，可通过将三个单相电流互感器采用_____接线方式构成，当发生接地故障时在中性线上所流过的电流是_____。

27. 在中性点非直接接地系统中，采用消弧线圈是为了抑制_____；消弧线圈采用过补偿方式是为了防止_____。

28. 中性点不直接接地系统中单相接地故障的常用保护措施有_____、_____及_____三种。

三、名词解释

1. 动作电流
2. 继电特性
3. 灵敏系数
4. 分支系数
5. 系统最大（最小）运行方式
6. 电流保护接线方式
7. 方向性电流保护
8. 90°接线方式
9. 功率方向继电器最灵敏角
10. 过补偿方式

四、问答题

1. 三段式电流保护各段是如何保证选择性的？
2. 电流保护整定计算中为什么需要引入可靠系数？
3. 在电流保护整定计算中，确定最大和最小运行方式时应考虑哪些因素？
4. 在定时限过电流保护整定中，为什么必须考虑返回系数？在整定电流Ⅰ、Ⅱ段时是否需要考虑？为什么？
5. 为什么中性点非直接接地电网中相间短路电流保护常采用不完全星形接线，而不采用完全星形接线方式？
6. 试回答双侧电源供电网络中方向性电流保护的工作原理。
7. 功率方向继电器 90°接线有哪些优、缺点？
8. 功率方向判别元件实质是在判别什么？为什么会存在"死区"？
9. 方向性电流保护为什么要采用按相启动的接线方式？
10. 试回答三段式电流保护是否加装功率方向元件的判据。
11. 大接地电流系统发生接地短路时，零序电气量有何特点？
12. 大接地电流系统中的变压器中性点有的接地、有的不接地，取决于什么因素？
13. 零序电压的获取方法有哪些？
14. 零序电流保护灵敏Ⅰ段和不灵敏Ⅰ段的整定原则是什么？为什么在单相重合闸启动时，灵敏Ⅰ段应退出？
15. 中性点直接接地系统中，为什么有时要加装方向继电器构成零序电流方向保护？
16. 与电流保护相比较，阶段式零序电流保护有何优点？
17. 中性点不直接接地系统中发生单相接地故障时电气量有哪些特点？为什么发生单相接地故障后，可以继续运行 1~2h？
18. 中性点非直接接地系统绝缘监视装置的作用是什么？是如何实现的？
19. 小接地电流系统中，在中性点装设消弧线圈的目的是什么？通常采用哪种补偿方式，为什么？

20. 35kV 电压等级系统中线路保护的常用保护措施有哪些？

五、分析与计算题

1. 如图 2-23 所示网络，已知电源等值电抗为：$X_{G1}=X_{G2}=8\Omega$、$X_{G3}=6\Omega$，线路 L1 的长度为 50km、线路 L2 和 L3 的长度为 60km、线路 L4 的长度为 30km，线路单位电抗为 $0.4\Omega/km$。假设要求该系统最多三台机组、最少 1 台机组运行，试确定图中保护 1 对应的系统最大、最小运行方式下的等值电抗。

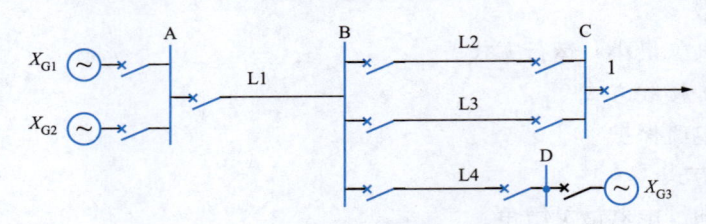

图 2-23 习题 1 网络图

2. 如图 2-24 所示网络，试求线路 AB 保护 1 的电流速断保护（即电流Ⅰ段）的动作电流，并进行灵敏性（保护范围）校验。已知线路阻抗为 $0.4\Omega/km$，可靠系数 $K_{rel}^{I}=1.3$，电源等值电抗 $X_{s,min}=5\Omega$，$X_{s,max}=12\Omega$。如线路长度减小到 50km、25km，重复上述计算，并分析计算结果，可得出什么结论？

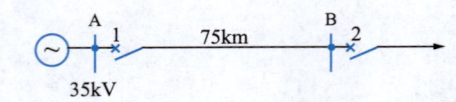

图 2-24 习题 2 网络图

3. 如图 2-25 所示网络，试对保护 1 进行电流Ⅰ段、Ⅱ段、Ⅲ段的整定计算，并画出时限特性曲线。若电流互感器二次侧星形接线，计算保护 1 三段保护的二次动作电流。已知：线路阻抗取 $0.4\Omega/km$，可靠系数 $K_{rel}^{I}=1.3$，$K_{rel}^{II}=1.1$，$K_{rel}^{III}=1.2$，返回系数 $K_{re}=0.85$，自启动系数 $K_{ss}=1.5$，电源等值电抗：$X_{s,min}=5.5\Omega$，$X_{s,max}=6.7\Omega$，流过 AB 线路的最大负荷电流为 400A。

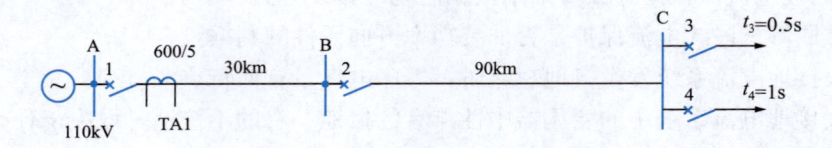

图 2-25 习题 3 网络图

4. 如图 2-26 所示网络，试对保护 1 的电流Ⅲ段进行整定计算。已知：电源等值电抗 $X_{s,max}=4\Omega$，$X_{s,min}=3\Omega$；功率因数 $\cos\varphi=0.9$；$K_{rel}^{III}=1.2$，$K_{ss}=1.5$，$K_{re}=0.85$，线路单位阻抗 $z_1=0.4\Omega/km$，$t_6=0.5s$，$t_7=1s$。变压器为 Yd11 接线，等值阻抗为 $Z_T=15\Omega$。

5. 表 2-4 按两种方案给出图 2-27 所示网络图中各负荷引出线的动作时间，两种方案彼此独立，取 $\Delta t=0.5s$。试求：

(1) 整定保护 1~6 的定时限过电流保护的动作时间 t_1、t_2、t_3、t_4、t_5、t_6。

第二章 电网的电流保护　　45

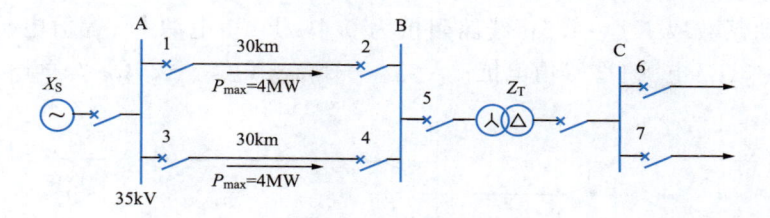

图 2-26 习题 4 网络图

（2）在 k1 点发生短路时，按照方案 1，哪些保护开始动作并使其时间继电器启动？最后由哪个保护动作于断路器跳闸？

（3）如果保护 3 的动作时间 t_3 比整定时间缩短 0.5s，其余的不变，试分析两种情况下，在线路 L6 和线路 L7 上发生故障时，保护 3 动作情况会有何改变？

表 2-4　　　　　　　　习题 5 中负荷引出线保护的动作时间　　　　　　　　单位：s

方案	t_{l1}	t_{l2}	t_{l3}	t_{l4}	t_{l5}	t_{l6}	t_{l7}	t_{l8}	t_{l9}	t_{l10}	t_{l11}
1	1	1	2.5	0.5	1	0	0	1	0.5	0.5	1.5
2	1.5	2	2	1	2.5	1	1.5	1.5	1.5	1	0.5

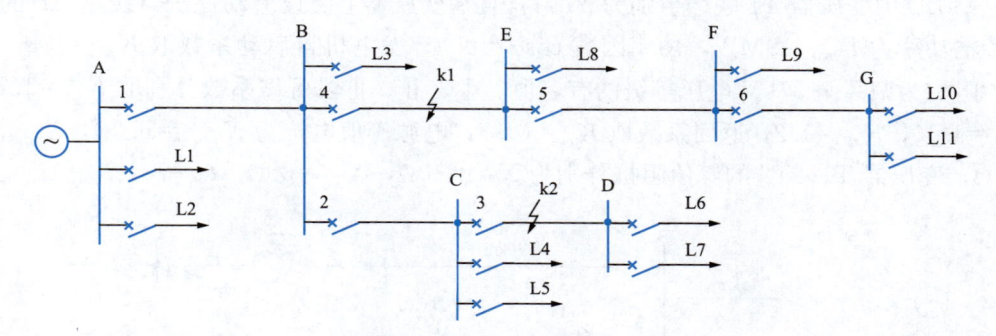

图 2-27 习题 5 网络图

6. 在图 2-28 所示 35kV 单侧电源电网中，已知线路 AB 的最大负荷电流 $I_{L,max}=189A$，可靠系数取 $K_{rel}^{Ⅲ}=1.2$，电动机自启动系数 $K_{ss}=1.2$，返回系数 $K_{re}=0.85$。保护 1 电流互感器变比为 200/5。在最小运行方式下，变压器低压侧 k 点三相短路归算至线路侧的短路电流 $I_{k,min}^{(3)}=460A$，保护 1 装有相间短路的过电流保护，采用两相不完全星形接线。试求：

（1）线路 AB 上保护 1 的过电流保护的动作电流 I_{set1} 及继电器的启动电流 I_{op}。

（2）试推导变压器低压侧 D 母线短路时，保护 1 过电流保护的远后备灵敏系数 K_{sen} 的计算公式，并求出 K_{sen} 的数值，判断其是否符合要求？

（3）若求出的 K_{sen} 不符合要求，试问保护的接线方式应如何改进？改进后的 K_{sen} 等于多少？

7. 如图 2-29 所示网络，试对保护 1 进行三段式电流保护的整定计算，已知Ⅰ段、Ⅱ段、Ⅲ段的可靠系数分别为 $K_{rel}^{Ⅰ}=1.3$、$K_{rel}^{Ⅱ}=1.1$、$K_{rel}=1.2$，返回系数取 $K_{re}=$

0.85，自启动系数取 $K_{ss}=1.5$，线路阻抗为 $0.4\Omega/\text{km}$；电源 G1 等值电抗：$X_{s1,\min}=2\Omega$，$X_{s1,\max}=3\Omega$，电源 G2 等值电抗：$X_{s2,\min}=15\Omega$，$X_{s2,\max}=20\Omega$，$t_6=1\text{s}$。

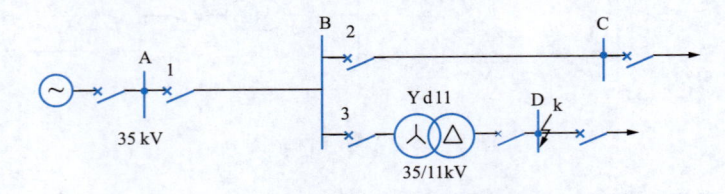

图 2-28 习题 6 网络图

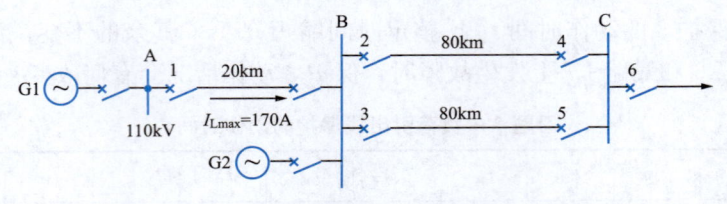

图 2-29 习题 7 网络图

8. 如图 2-30 所示 35kV 单侧电源辐射网络，试确定线路 AB 的保护方案。已知：变电站 BD 中变压器 T1 联结组别为 Yd11，且在变压器上装设差动保护，线路 AB 的最大传输功率为 $P_{\max}=9\text{MW}$，功率因数 $\cos\varphi=0.9$，发电机自启动系数取 $K_{ss}=1.3$。网络中阻抗为归算至 37kV 电压等级的有名值。Ⅰ、Ⅱ、Ⅲ段可靠系数分别取 $K_{rel}^{I}=1.25$，$K_{rel}^{II}=1.15$，$K_{rel}=1.2$，返回系数取 $K_{re}=0.85$，电源等值电抗为 $X_{s,\min}=6.3\Omega$，$X_{s,\max}=9.4\Omega$。变压器 T1、T2 的等值阻抗分别为 $X_{T1}=30\Omega$，$X_{T2}=30\Omega$。$t_6=1\text{s}$，$t_5=1\text{s}$。

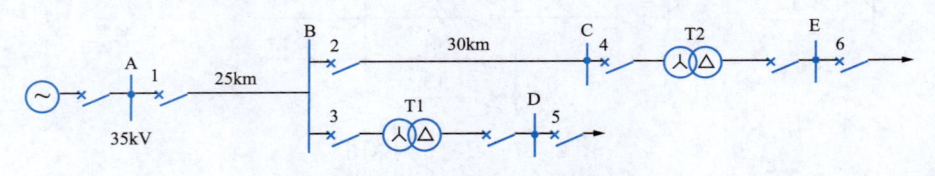

图 2-30 习题 8 网络图

9. 图 2-31（a）为电流保护两相三个继电器不完全星形接线的原理接线图，图中电流互感器变比为 $n_{TA}=100/5$，问：

（1）当一次侧三相电流分别为 $\dot{I}_A=100e^{j0°}\text{A}$、$\dot{I}_B=100e^{-j120°}\text{A}$、$\dot{I}_C=100e^{j120°}\text{A}$ 时，三个继电器中电流 I_{r1}、I_{r2}、I_{r3} 各为多少？

（2）当有一台电流互感器（例如 C 相）二次极性接反，如图 2-31（b）所示，此时 I_{r1}、I_{r2}、I_{r3} 又将为多少？

10. 如图 2-32 所示网络，试对保护 2 的进行电流Ⅰ段和Ⅲ段整定计算。已知：保护 2 拟采用两相不完全星形接线，电源电抗为 $X_{G1}=15\Omega$，$X_{G2}=12\Omega$，$X_{G3}=10\Omega$，且最多三台运行，最少两台运行；$K_{rel}^{I}=1.3$，$K_{rel}^{III}=1.2$，$K_{ss}=1.5$，$K_{re}=0.85$，线路单位电抗取 $0.4\Omega/\text{km}$。流过线路 BC 的最大负荷电流为 $I_{L,\max}=120\text{A}$。两台变压器型号一

致，且均为 Yd11 接线，每台变压器等值电抗为 $Z_T=20\Omega$，$t_6=0.5s$，$t_7=1s$。

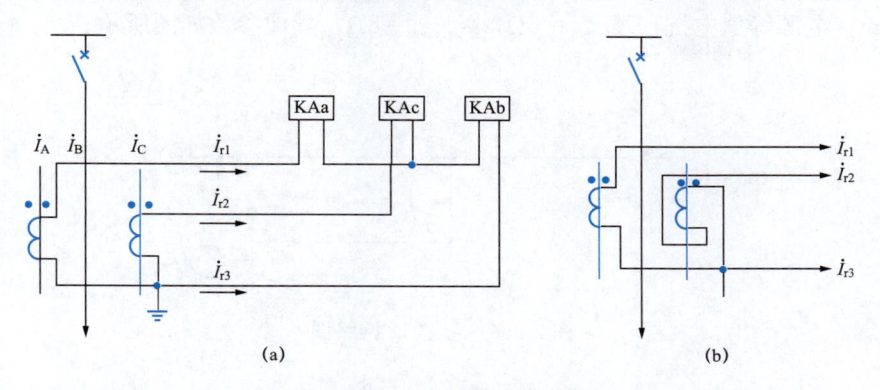

图 2-31 习题 9 原理接线图
(a) 电流保护两相三个继电器不完全星形接线原理接线图；(b) C 相电流互感器二次极性接反的接线图

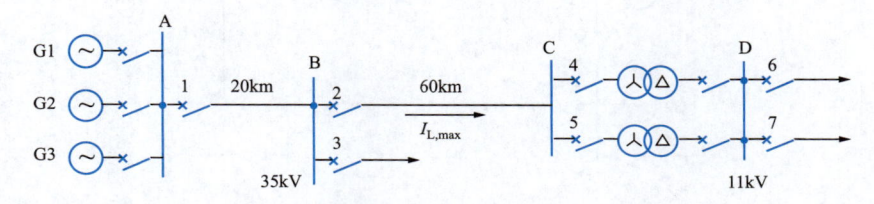

图 2-32 习题 10 网络图

11. 试对图 2-33 网络中整定过电流保护（1～4）的动作时间，并判断哪些保护需要加装功率方向判别元件。已知：$t_5=1.2s$，$t_6=0.5s$，$t_7=1.5s$，$t_8=1.5s$。（设电源处故障均有瞬动保护；时间阶段 Δt 取为 0.5s）。

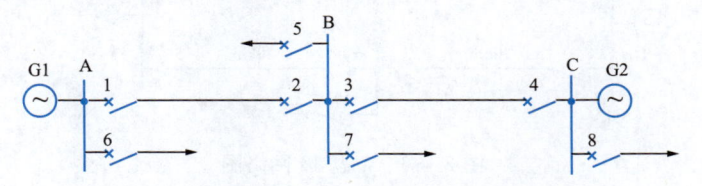

图 2-33 习题 11 网络图

12. 如图 2-34 为一具有三个电源的网络，试求其中过电流保护 1～6 整定动作时间。并指出哪套保护应装方向元件？Δt 取为 0.5s，各引出线（L1～L4）保护的动作时间 $t_{L1}=1s$，$t_{L2}=1.5s$，$t_{L3}=2s$，$t_{L4}=1s$。选择动作时间的原则是，除了保证选择性以外，尚应：(1) 使故障切除时间为最短；(2) 需装设功率方向元件的保护数为最少。

13. 如图 2-35 中性点直接接地电网中的单电源环网的接线图，网络各线路装设有方向性电流保护，QF1 为分段母线的断路器，试分析当断路器 QF1 投入和断开时保护 2 动作时限的选择条件。

14. 图 2-36 所示系统为单电源环网，各断路器处均装有电流速断和定时限过电流保护，从保证选择性出发，试求环网中各电流速断保护的动作电流和各过电流保护的动作时间，并判断哪些电流速断保护和哪些过电流保护可以不装方向元件。已知：可靠系

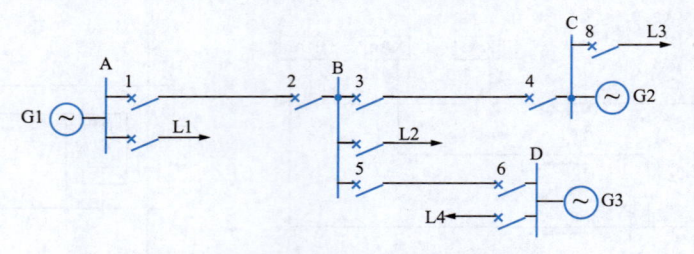

数 $K_{rel}^{I}=1.3$，$K_{rel}^{III}=1.2$，返回系数 $K_{re}=0.85$，自启动系数 $K_{ss}=1.5$，线路阻抗为 $0.4\Omega/km$；电源等值电抗：$X_{s,min}=5\Omega$，$X_{s,max}=8\Omega$，其他参数如图所示。

图 2-34 习题 12 网络图

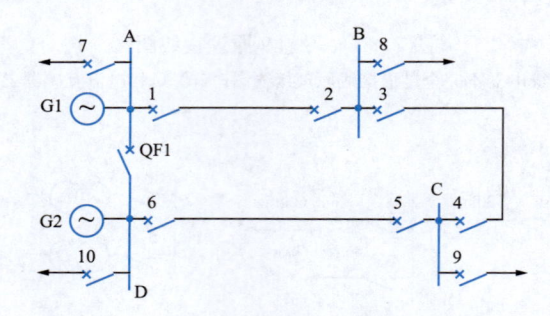

图 2-35 习题 13 网络图

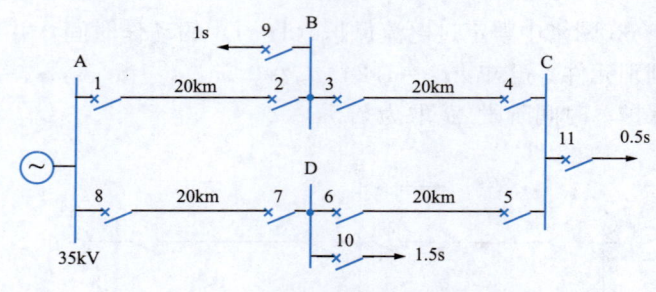

图 2-36 习题 14 网络图

15. 试根据 LG-11 整流型功率方向继电器特性实验内容，完成图 2-37 实验接线（即将端线 1、2、3 连接到对应位置）。若实验测量到继电器动作区域的临界角分别为 $\varphi_1=36°$，$\varphi_2=-127°$，则该功率方向继电器的最灵敏角 φ_{sen} 应为多少？对应内角 α 为对大？

16. 如图 2-38 所示网络，若保护 3 出口发生 BC 两相短路，假定取 $\alpha=30°$，线路阻抗角和系统阻抗角均为 $70°$，对系统 G1 而言 k 点相当于较远处短路，短路时负荷电流可忽略不计。试用相量图分析：

(1) 保护 1、2 和 3 的按 90°接线的三只功率方向继电器的动作情况。

(2) 若保护 3 电流互感器采用两相不完全星形接线，且电流互感器安装在 A、C 相上，当 C 相功率方向继电器电压极性接反，试分析该情况下保护 3 的动作情况。

图 2-37 习题 15 网络图

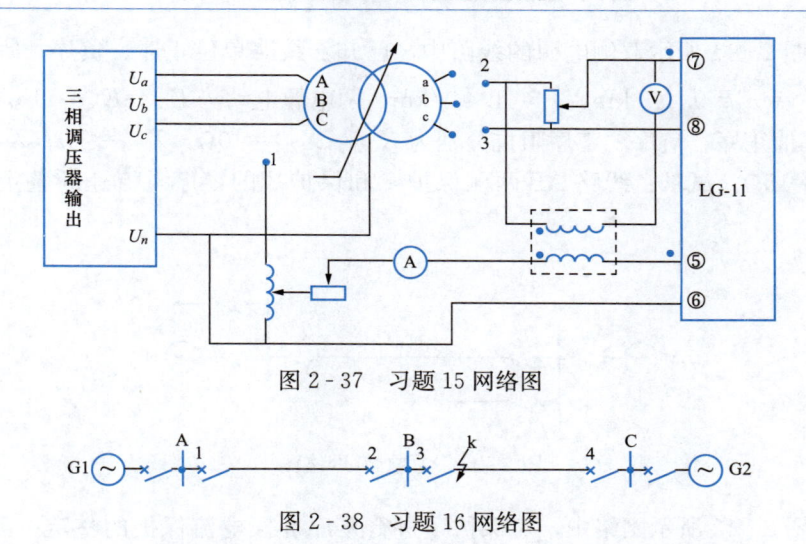

图 2-38 习题 16 网络图

17. 已知如图 2-39 所示功率方向判别元件的集成电路实现框图，若图中 $\alpha=30°$，当 U_5 持续时间超过 6ms 时才可使 U_7 为高电平，试结合各输出电压的输出波形关系分析该功率方向元件的动作方程。

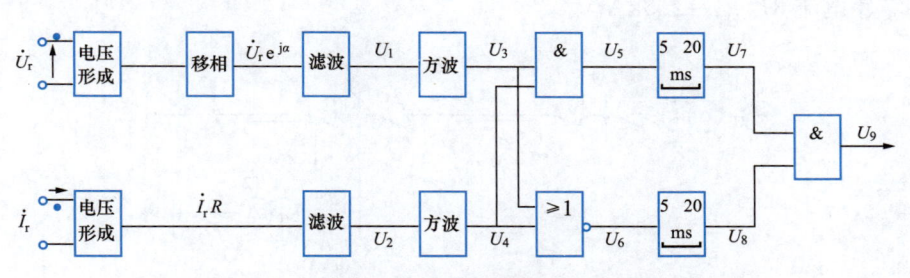

图 2-39 功率方向判别元件集成电路实现框图

18. 已知线路阻抗角为 $\varphi_k=70°$，采用 90°接线的微机型功率方向继电器的内角 α 选择为多少最为合适？此时对应的最灵敏角 φ_{sen} 是多少？并写出对应的功率形式动作方程和比相式动作方程，在复平面上画出动作区域。

19. 如图 2-40 网络中，拟在断路器 QF1～QF5 处装设相间过电流保护并在 QF2～QF5 处装设接地零序过电流保护，已知 $\Delta t=\Delta t_0=0.5s$，试确定：

（1）相间短路过电流保护和接地零序过电流保护的动作时间。

（2）比较两种保护的时限特性的不同。

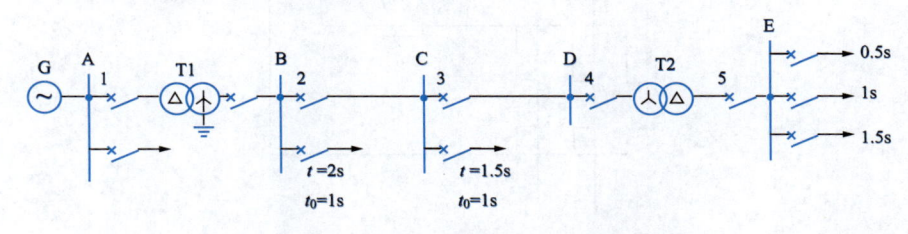

图 2-40 习题 19 网络图

20. 如图 2-41 所示双侧电源的线路中，已知：线路单位正序、负序、零序等值阻抗分别为 $x_1=x_2=0.4\Omega/\text{km}$，$x_0=1.4\Omega/\text{km}$，两电源电动势 $E_\text{M}=E_\text{N}=115/\sqrt{3}\,\text{kV}$；电源 M、N 等值正序、负序、零序阻抗分别为 $X_{1\text{M}}=X_{2\text{M}}=10\Omega$，$X_{0\text{M}}=8\Omega$；$X_{1\text{N}}=X_{2\text{N}}=30\Omega$，$X_{0\text{N}}=15\Omega$。试求：线路 AB 两侧保护 1 和保护 2 的零序电流速断整定值及保护范围。

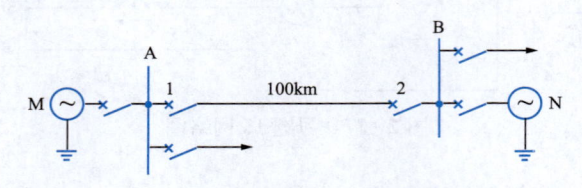

图 2-41 习题 20 网络图

21. 在图 2-42 所示网络中，对保护 1 进行零序 Ⅱ 段电流保护的整定。已知保护 3 零序 Ⅰ 段的动作电流 $I_{\text{set}3}^{\text{I}}=1.2\,\text{kA}$，动作时限 $t_3=0\,\text{s}$；k2 点为保护 3 零序 Ⅰ 段实际保护范围末端，当该点发生接地短路时，零序电流的分布如图所示，其中括号内为断路器 QF4 断开时的数值，括号上方为所有断路器全投入时的数值；k1 点接地时流过保护 1 的最小零序电流 $3I_{0,\min}=2.5\,\text{kA}$。

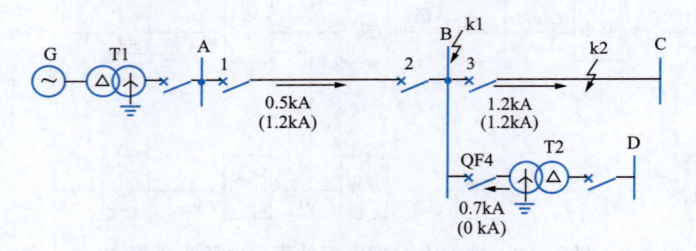

图 2-42 习题 21 网络图

22. 中性点直接接地电网中采用零序电流滤过器获取零序电流，试问：

(1) 若 A 相电流互感器极性接反，接线图如图 2-43 所示，则正常运行时保护能否误动？为什么？

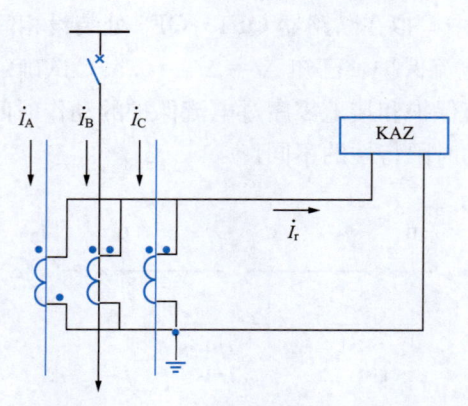

图 2-43 零序电流保护接线图

(2) 若 A 相电流互感器二次断线，正常运行时保护能否误动作？为什么？已知正常时线路上流过一次负荷电流 450A，电流互感器变比为 600/5，零序电流继电器 KAZ 的动作电流 $I_{0,\mathrm{op}}=3\mathrm{A}$。

参 考 答 案

一、选择题

1. C 2. A 3. A 4. A 5. B 6. C 7. D 8. C 9. B 10. A
11. A 12. C 13. B 14. D 15. B 16. A 17. D 18. A 19. B 20. C

二、填空题

1. 断续控制

2. 启动电流、返回电流

3. 返回电流、启动电流、小于

4. 开路、短路

5. $I_{\mathrm{k}}=K_{\mathrm{ph}}\dfrac{E_{\mathrm{ph}}}{Z_{\mathrm{s}}+Z_{\mathrm{k}}}$

6. 保护安装处、三相短路、最小

7. 最大、选择性

8. 中间、提供延时、扩大触点容量

9. Ⅲ、Ⅰ

10. 相邻线路电流Ⅱ段、速动性

11. 阶梯时限原则、越长

12. $\dot{I}_{\mathrm{A}}+\dot{I}_{\mathrm{C}}=-\dot{I}_{\mathrm{B}}$、$3\dot{I}_{0}$

13. 2/3

14. 两相星形接线

15. 灵敏度、两相三个继电器

16. 功率方向元件、母线流向线路

17. 按相启动，触点串联

18. $40°$、$-40°$、$-130°\leqslant\arg\dfrac{\dot{U}_{\mathrm{r}}}{\dot{I}_{\mathrm{r}}}\leqslant 50°$

19. $-\dot{I}_{\mathrm{B}}$

20. 方向性、灵敏度

21. 中性点接地变压器、电源的数目和位置

22. 故障点、变压器中性点接地点处

23. 不平衡电流

24. 线路指向母线

25. 小、高、短

26. 三相星形，$3\dot{I}_0$。

27. 故障点弧光过电压、谐振过电压

28. 零序电压保护（绝缘监视装置）、零序电流保护、零序功率方向保护

三、名词解释

1. 动作电流：是使继电器刚好动作时的最小电流（又称为启动电流）。

2. 继电特性：是指无论启动和返回，继电器的动作行为都是明确干脆的，不会停留在某一中间位置。

3. 灵敏系数：是指保护范围内发生金属性短路时故障参数的计算值与保护装置的动作参数值的比值。

4. 分支系数：指故障线路流过的短路电流与前一级保护所在线路上流过的短路电流的比值。

5. 系统最大（最小）运行方式：指对于某一套保护装置来说，当流过该保护安装处的电流最大（最小）时对应的系统运行方式。

6. 电流保护接线方式：是指电流继电器与电流互感器二次绕组之间的连接关系。

7. 方向性电流保护：在电流保护的基础上，通过增设功率方向判别元件来判别故障方向，正方向故障时允许保护动作，反方向故障时将保护闭锁，以保证双侧电源系统中有选择性地切除故障而实现的一种保护原理。

8. 90°接线方式：是指三相对称，功率因数 $\cos\varphi=1$ 时，加入功率方向继电器的电流超前电压 90°的接线方式。

9. 功率方向继电器最灵敏角：功率方向继电器的动作量最大、制动量最小时，继电器动作最灵敏，此时继电器输入电压与电流之间的夹角即称为功率方向继电器最灵敏角。

10. 过补偿方式：当消弧线圈的电流大于全系统对地电容电流时的补偿方法，补偿后残余电流是感性电流。

四、问答题

1. 答：电流保护Ⅰ段是靠电流动作值来实现选择性的；电流保护Ⅱ段是通过动作电流和动作时限共同保证选择性的；电流保护Ⅲ段则主要依靠动作时限实现选择性的，因为为了保证灵敏性，起到远后备作用，电流保护Ⅲ段动作值通常较小，保护范围外故障后启动概率高，因此主要依靠动作时限保证选择性。

2. 答：电流保护各段定值整定计算中，所考虑的定值计算依据对应的等值数学模型一般无法计及过渡电阻对短路电流的影响、短路电流近似计算引起的实际短路电流大于计算值、实际电流互感器的测量误差、保护上下级配合时互感器和继电器特性很难一致、保护装置中继电器实际启动误差等众多误差因素的影响，因此为了从最不利情况出发，充分考虑各种实际误差因素带来的影响，保证预定范围外保护不误动作，必须引入可靠系数。

3. 答：最大（最小）运行方式是指故障后流过所整定保护的电流最大（最小）情况下对应的系统运行方式，而不是故障点处电流的最大（最小）所对应的系统运行方

式。在确定最大和最小运行方式时应考虑以下因素：

（1）短路类型，通常三相短路时对应最大运行方式，而两相短路时则对应最小运行方式。

（2）系统等值电源电抗大小，通常系统等值电源电抗最小时对应最大运行方式，而等值电源电抗最大时则对应最小运行方式。

（3）对于不同安装地点的保护装置，还应充分考虑网络接线的实际情况，如并列运行线路在停运一条线路和两条线路都运行时可出现最大或最小运行方式。该因素必须具体问题具体分析，没有确定的对应关系。

4. 答：定时限过电流保护在整定动作电流时，不仅应大于该线路可能出现的最大负荷电流，同时还应考虑在外部短路切除后，保护装置应能可靠返回，即外部故障时，该保护在短路电流下（大于正常负荷电流）也应可靠返回（不会动作跳闸）。因此，电流保护Ⅲ段过电流保护应考虑返回系数。返回电流值越高，越能够可靠返回。

根据电流保护Ⅰ、Ⅱ段的整定原则可知，它们的定值较高，在外部故障时Ⅰ段根本就不能启动，电流保护Ⅱ段即使启动，在外部故障切除后，电动机自启动电流下也会因其较高的定值而可靠返回，所以电流保护Ⅰ、Ⅱ段的整定不需要考虑返回系数。

5. 答：①不完全星形接线比三相完全星形接线构成简单、经济；②中性点非直接接地网中线路并列运行方式较串联运行方式更为广泛，且在发生两点跨线异相接地故障时，采用两相不完全星形接线可保证有 2/3 机会只切除一条线路，其停电范围较三相完全星形接线小。

6. 答：方向性电流保护利用短路时功率方向的特征，当短路功率由母线流向线路时表明故障点在线路方向上，是保护该动作的方向，允许保护动作；反之，不允许保护动作。用短路时功率方向的特征解决了仅用电流幅值特征不能区分故障位置的问题，在功率方向这一特征的基础上，对同一方向保护按照单电源的配合方式整定配合即可满足选择性要求。

7. 答：①优点：任何情况的两相短路无死区，适当选择内角可以保证动作的可靠性；②缺点：在保护出口处三相短路时有电压死区，由于功率方向继电器与电流继电器触点串联，将导致整套系统拒动。

8. 答：功率方向判别元件实质是判别加入继电器的电压和电流之间的相位关系，并根据相位比较式动作方程或幅值比较式动作方程来判别出短路功率的方向。为了进行相位比较，需要加入继电器的电压、电流信号具有一定的幅值（在数字式保护中进行相量计算、在模拟式保护中则通过形成方波实现）且有最小的动作电压和电流要求。当短路点无限靠近保护安装处发生三相短路时，加入到继电器的测量电压近乎为零，当小于最小动作电压时，就出现了电压死区。

9. 答：由于非故障相电流的影响可能造成方向电流保护误动，因此方向电流保护要采用按相启动的接线方式，这样，当反方向发生不对称短路时，即使非故障相电流使方向元件误动，也会因为非故障相电流元件不动作而使保护不会误动。

10. 答：（1）电流速断保护可取消功率方向元件的情况是当反向最大短路电流小于保护装置定值时，可不加功率方向元件，否则必须加。

(2) 限时电流速断保护原则是在同一母线上动作时间短，且在同一线路上动作值小的保护上需要加装功率方向元件。

(3) 过电流保护基本原则是处于同一母线上保护时限唯一最长的一个保护可以不加功率方向元件，其中负荷分支永不加方向元件，但参与时间比较。

11. 答：大接地电流系统发生接地短路时，零序电气量具有以下特点：

(1) 零序电压：故障点的零序电压最高，系统中距离故障点越远处的零序电压越低，变压器接地中性点的电压最低。

(2) 零序电流：由故障点的零序电压产生，其大小取决于输电线路的零序阻抗和中性点接地变压器的零序阻抗，与电源的数目和位置无关。

(3) 零序功率：对于故障线路，两端零序功率的方向与正序功率方向相反，是由线路流向母线。

(4) 零序电压、电流相位关系：零序电压和零序电流之间的相位差与被保护线路的零序阻抗和故障点的位置无关。

(5) 零序网结构特点：变压器中性点接地分布情况决定了零序网络结构，系统运行方式对零序等效网没有直接影响，只会影响正、负零序电压之间的分配。

12. 答：变压器中性点是否接地一般考虑以下因素：

(1) 保证零序保护有足够的灵敏度和较好的选择性，保证接地短路电流的稳定性。

(2) 为防止过电压损坏设备，应保证在各种操作和自动掉闸使系统解列时，不致造成部分系统变为中性点不接地系统。

(3) 变压器绝缘水平及结构决定的接地点。

13. 答：利用①三个单相式电压互感器；②三相五柱式电压互感器；③接于发电机的中性点的电压互感器；④集成电路和微机保护中合成零序电压。

14. 答：零序电流保护灵敏Ⅰ段的整定原则是：①躲过下级线路出口发生单相或两相接地短路时流过本线路的最大零序电流；②躲过由于断路器三相触头不同期合闸时所出现的最大零序电流。

零序电流保护不灵敏Ⅰ段的整定原则是当线路采用单相重合闸时，按躲过本线路非全相运行状态下又发生系统振荡时出现的最大零序电流。

由于采用以上原则灵敏Ⅰ段定值小于本线路非全相振荡时出现的零序电流，为防止误动，在单相重合闸启动时应退出运行。

15. 答：中性点直接接地系统中，当线路两端的变压器中性点都接地时，若发生接地故障，故障点与各变压器中性点之间都有零序电流流过。此时，为了保证各零序电流保护有选择性动作，就必须加装方向继电器，利用正方向和反方向故障时零序功率方向的差别，来闭锁可能误动作的保护。

16. 答：(1) 由于单位零序阻抗比正阻抗大，因此与电流保护Ⅰ段相比，零序电流保护Ⅰ段动作曲线陡，保护范围大，灵敏系数易满足。

(2) 零序电流保护Ⅲ段考虑的是相间短路后的最大不平衡电流整定，与过电流保护相比定值更小、灵敏度高，且动作时限不需要与星角接线变压器后的保护相配合，动作时限短。

(3) 零序电流保护不受系统某些不正常影响状态的影响，如系统振荡、三相对称过负荷等。

(4) 因为故障点处零序电压最高，零序方向电流保护出口短路时无电压死区，而方向性电流保护出口三相短路有电压死区。

(5) 有可能加速保护动作。

17. 答：中性点不直接接地系统中发生单相接地故障时具有以下特点：

(1) 非故障支路（发电机）首端的零序电流是本支路对地电容电流，方向为母线→线路。

(2) 故障线路首端的零序电流是全网所有非故障支路对地电容电流之和，方向为线路→母线。

(3) 故障点的零序电流是全网各支路对地电容电流之和。

(4) 发生单相接地时全系统都将出现零序电压。故障点零序电压等于故障相电压取反号。

根据小接地电流系统单相接地时的特点，由于故障点电流很小，而且三相之间的线电压仍然对称，对负荷的供电没有影响，因此在一般情况下都允许再继续运行 1～2h，不必立即跳闸，这也是采用中性点非直接接地运行的主要优点。但在单相接地以后，其他两相对地电压升高 $\sqrt{3}$ 倍，为了防止故障进一步扩大成两点、多点接地短路，应及时发出信号，以便运行人员采取措施予以消除。

18. 答：绝缘监视装置的作用是监视该装置所在电网是否发生接地故障。通过发电厂或者变电站母线上的三相五柱式电压互感器二次侧开口三角形所接的过电压继电器，来获取接地故障时出现的零序电压，并动作于信号。

19. 答：小接地电流系统发生单相接地故障时，接地点通过的电流是对应电压等级电网的全部对地电容电流，并联支路越多，则此电容电流越大，有可能在接地点产生间歇性电弧，引起过电压，从而使非故障相对地电压极大增加，可能导致绝缘损坏，造成多点接地。因此，在中性点装设消弧线圈的目的是利用消弧线圈的感性电流补偿接地故障的电容电流，使接地故障电流减少，以致自动熄弧，保证继续供电。

通常采用过补偿。因为完全补偿和欠补偿都有可能由于消弧线圈电流和系统对地电容电流相同而引起串联谐振，易造成中性点过电压。

20. 答：(1) 相间故障时，单侧电源网络采用阶段式电流保护，多电源系统采用方向性电流保护。

(2) 单相接地故障时，常采用绝缘监视装置（即零序电压保护），零序电流保护和方向性零序电流保护由于灵敏性较差和在采用消弧线圈后难于实现故障选线，不常采用。

五、分析与计算题

1. 答：最大运行方式是当三台发电机都投入运行，平行双回线 L2、L3 都投入运行时，此时系统等值阻抗为 22.3Ω；最小运行方式是当发电机 X_{G1}（或 X_{G2}）单独运行，同时平行双回线 L2 或 L3 单线运行时，此时系统等值阻抗为 52Ω。

2. 答：$L=75\text{km}$：$I_{\text{set1}}^{\text{I}}=0.79\text{kA}$，$L_{\min}\%=38\%$；$L=50\text{km}$：$I_{\text{set1}}^{\text{I}}=1.11\text{kA}$，$L_{\min}\%=23\%$；$L=25\text{km}$：$I_{\text{set1}}^{\text{I}}=1.85\text{kA}$，$L_{\min}\%=0$。可见，线路越短，保护范围越小，甚至没有保护范围。

3. 答：电流Ⅰ段：$I_{\text{set1}}^{\text{I}}=4.93\text{kA}$，$t_1^{\text{I}}=0\text{s}$，$L_{\min}=12.4\text{km}$，$L_{1\min}\%=41.3\%>15\%$；系统最大运行方式下对应电流Ⅰ段的最大保护范围为 $L_{\max}=19.9\text{km}$。

电流Ⅱ段：$I_{\text{set1}}^{\text{II}}=1.77\text{kA}$，$t_1^{\text{II}}=0.5\text{s}$，$K_{\text{sen}}=1.73$；电流Ⅲ段：$I_{\text{set1}}^{\text{III}}=847\text{A}$，$t_1=2\text{s}$，$K_{\text{sen(n)}}=3.63$，$K_{\text{sen(f)}}=1.24$；电流Ⅰ段和Ⅱ段时限特性曲线如图 2-44 所示。启动电流：$I_{\text{op}}^{\text{I}}=41.08\text{A}$，$I_{\text{op}}^{\text{II}}=14.75\text{A}$，$I_{\text{op}}^{\text{III}}=7.06\text{A}$。

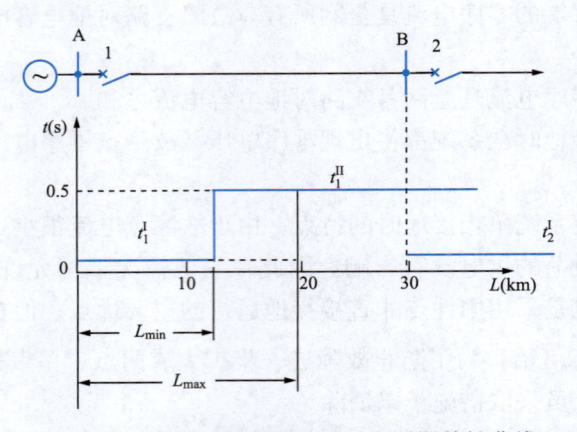

图 2-44 习题 3 电流Ⅰ段和Ⅱ段时限特性曲线

4. 答：$I_{\text{set1}}^{\text{III}}=0.345\text{kA}$，灵敏系数：$K_{\text{sen(n)}}=2.68$，$K_{\text{sen(f)}}=1.24$，均满足要求，$t_1=2\text{s}$。

5. 答：(1) 保护 1~6 的定时限过电流保护的动作时间整定结果见表 2-5。

表 2-5　　　　　保护 1~6 的定时限过电流保护的动作时间整定结果　　　　　单位：s

方案	t_1	t_2	t_3	t_4	t_5	t_6
1	3.5	1.5	0.5	3.0	2.5	2.0
2	3.5	3.0	2.0	2.5	2.0	1.5

(2) k1 点故障时，保护 1、4 启动，保护 4 跳闸；k2 点故障时，保护 1、2、3 均启动，保护 3 跳闸。

(3) 保护 3 动作时间 t_3 比整定时间缩短 0.5s，其余不变时：①方案 1 时：当线路 L6、L7 上发生故障时，保护 3 会瞬时动作，越级跳闸，属于误动作。②方案 2 时：当线路 L7 上发生故障时，保护 3 会与线路 L7 的保护同时动作，越级跳闸，属于误动作；而线路 L6 上故障时，由于 L6 的保护动作时间比保护 3 短，保护 3 不会误动作。

6. 答：(1) $I_{\text{set1}}=320\text{A}$，$I_{\text{op}}=8\text{A}$。

(2) $K_{\text{sen}}=\dfrac{I_{k,\min}^{Y}}{I_{\text{set1}}}$，而 $I_{k,\min}^{Y}=\dfrac{1}{2}I_{k,\min}^{(3)}$，故 $K_{\text{sen}}=\dfrac{230}{320}=0.72$，不满足要求。

式中，$I_{k,min}^Y$ 为变压器低压侧发生两相短路时归算到变压器 Y 侧后三相中电流最小的一相短路电流。由于采用两相不完全星形接线方式，校验灵敏性须考虑可能的最不利情况，故在上述校验灵敏性的计算公式中只能取 $I_{k,min}^Y$，而不能取 $2I_{k,min}^Y$。

（3）将题设接线改为两相三个继电器接线，此时可用 $2I_{k,min}^Y$ 校验灵敏性，即灵敏性可提高 1 倍，即 $K_{sen}=1.44$，满足要求。

7. 答：电流 Ⅰ 段：$I_{set1}^I=8.63kA$，$L_{min}\%=45.8\%$，$t_1^I=0s$；电流 Ⅱ 段：最小分支系数 $K_{b,min}=0.955$，$I_{set1}^{II}=2.62kA$，$K_{sen}=1.99$，$t_1^{II}=0.5s$；电流 Ⅲ 段：$I_{set}=360A$，$K_{sen(n)}=14.5$，$K_{sen(f)}=2.4$，$t_1=2.0s$。

8. 答：对 AB 线路保护 1 的配置方案为三段式电流保护，其中电流 Ⅰ 段和 Ⅱ 段做主保护，电流 Ⅲ 段做后备保护。其动作值、灵敏度和动作时间分别为：电流 Ⅰ 段：$I_{set1}^I=1.638kA$，$L_{min}\%=18.9\%$，$t_1^I=0s$；电流 Ⅱ 段：$I_{set1}^{II}=0.663kA$，$K_{sen}=1.44$，$t_1^{II}=1s$；电流 Ⅲ 段：$I_{set1}^{III}=0.336kA$，近后备灵敏系数 $K_{sen}=2.84$，远后备灵敏系数分别为 $K_{sen(BC)}=1.75$，$K_{sen(BD)}=1.29$，$t_1=2.5s$。

9. 答：（1）$I_{r1}=5A$，$I_{r2}=5A$，$I_{r3}=5A$。

（2）$I_{r1}=5A$，$I_{r2}=5A$，$I_{r3}=8.66A$。

10. 答：对保护 2 而言，将等值电源折算至母线 B 处，对应最大、最小等值电抗分别为：$X_{s,max}=14.67\Omega$，$X_{s,min}=12\Omega$。电流 Ⅰ 段：动作电流 $I_{set2}^I=0.77kA$，最小保护范围 $L_{min}\%=69.5\%$，动作时限 $t_2^I=0s$；电流 Ⅲ 段：动作电流 $I_{set2}^{III}=0.25kA$，近后备灵敏系数 $K_{sen(n)}=1.9$ 满足要求，远后备 $K_{sen(f)}=0.72$ 不满足要求，可改为两相三个继电器接线，动作时限 $t_2=2s$。

11. 答：$t_1=2.5s$，$t_2=1.0s$，$t_3=2.0s$，$t_4=2.0s$，保护 2 应装方向元件。

12. 答：答案见表 2-6。

表 2-6　　　　　　　　　习题 12 保护动作时限　　　　　　　　　单位：s

t_1	t_2	t_3	t_4	t_5	t_6	应装方向元件的保护
3.0	1.5	2.5	2.0	1.5	3.0	2、4、5

13. 答：当 QF1 投入时，为单电源环网，此时保护 2 动作时限可整定为 $t_2=0s$；当 QF1 断开时，变为双电源辐射网，此时 $t_2=t_7+\Delta t$。

14. 答：电流速断保护的动作电流：$I_{set1}^I=I_{set8}^I=2.14kA$，$I_{set3}^I=I_{set6}^I=1.32kA$，$I_{set4}^I=I_{set5}^I=0.96kA$。保护 2 和 7 不需要加装电流速断保护，只装设功率方向元件即可。过电流保护动作时间：$t_1=3.0s$，$t_2=0s$，$t_3=2.5s$，$t_4=1.5s$，$t_5=2.0s$，$t_6=2.0s$，$t_7=0s$，$t_8=2.5s$；电流速断保护 4 和保护 5 应装方向元件，但如将定值提高到与保护 3 和保护 6 的相等，则可不装方向元件；过电流保护 2、4、7 应装方向元件。

15. 答：（1）端子 1 和端子 2、3 对应连接方式有三种：①端子 1 接到 U_a，端子 2 接到 b，端子 3 接到 c；②端子 1 接到 U_b，端子 2 接到 c，端子 3 接到 a；③端子 1 接到 U_c，端子 2 接到 a，端子 3 接到 b。

（2）$\varphi_{sen}=-45.5°$，$\alpha=45°$。

16. 答：(1) 保护 1：B、C 相功率方向元件测量角度分别为 $\varphi_{rB}=-50°$，$\varphi_{rC}=10°$，B、C 相对应功率方向元件动作；保护 2：B、C 相功率方向元件测量角度 $\varphi_{rB}=160°$，$\varphi_{rC}=160°$，三个功率方向元件均不动作；保护 3：B、C 相功率方向元件测量角度 $\varphi_{rB}=-20°$，$\varphi_{rC}=-20°$，B、C 相对应功率方向元件动作。

(2) 保护 3 的 C 相功率方向继电器电压极性接反，即 $\dot{U}_{rC}=\dot{U}_{BA}$，此时对应功率方向元件测量角度为 $\varphi_{rC}=160°$。此时 A 相由于是非故障相，电流继电器不启动，故不能启动保护跳闸；B 相由于没有安装电流继电器，故虽然功率方向元件启动，但最终也不能启动保护跳闸；C 相虽然故障相电流继电器启动，但由于功率方向继电器判别为反方向，也不能输出，最终不能启动保护跳闸。因此，这种情况下保护 3 出现拒动。

17. 答：有 U_5 持续时间为 6ms 时，说明 U_3 与 U_4 方波差 4ms，即 U_1 与 U_2 的角度差为 72°，故对应比相式方程为：$-72°\leqslant\arg\dfrac{\dot{U}_r e^{j\alpha}}{\dot{I}_r}\leqslant 72°$，或者 $-102°\leqslant\arg\dfrac{\dot{U}_r}{\dot{I}_r}\leqslant 42°$。

18. 答：$\alpha=20°$，$\varphi_{sen}=-20°$，功率形式动作方程：$P_r=U_r I_r \cos(\varphi_r+20°)\geqslant 0$，比相式动作方程：$-110°\leqslant\arg\dfrac{\dot{U}_r}{\dot{I}_r}\leqslant 70°$，功率方向元件动作区域如图 2-45 所示。

19. 答：(1) 相间短路过电流保护的动作时限：$t_1=3.5s$，$t_2=3s$，$t_3=2.5s$，$t_4=2s$；接地零序过电流保护的动作时限：$t_{02}=1.5s$，$t_{03}=0.5s$，$t_{04}=0s$。

(2) 一般情况，因在 Yd 接线变压器低压侧的任何故障都不能在高压侧引起零序电流，因此零序过电流保护动作时间比相间短路过电流保护小很多。

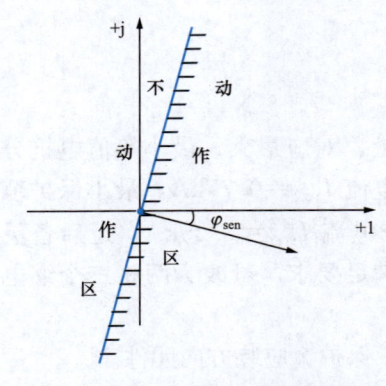

图 2-45 习题 18 功率方向元件动作区域

20. 答：$I_{0,set1}^{I}=I_{0,set2}^{I}=0.468\text{kA}$，保护范围 $L_1\%=94\%$，$L_2\%=92\%$。

21. 答：$I_{0,set1}^{II}=1.32\text{kA}$，$K_{sen}^{II}=1.9$，$t_{01}^{II}=0.5s$。

22. 答：(1) 当 A 相 TA 极性接反时：$\dot{I}_r=-\dot{I}_a+\dot{I}_b+\dot{I}_c=-2\dot{I}_a$，$I_r=2I_a=2\times\dfrac{450}{600/5}=7.5\text{A}>I_{0.op}$，故误动作。

(2) 当 A 相 TA 断线时，$\dot{I}_r=\dot{I}_b+\dot{I}_c=-\dot{I}_a$，$I_r=I_a=\dfrac{450}{600/5}=3.75\text{A}>I_{0.op}$，故误动作。

第三章

电 网 的 距 离 保 护

第一部分　基本内容与知识要点

由于电流保护的瞬时动作保护范围短，并且其灵敏性受系统运行方式影响较大，一般难以满足 66kV 及以上电压等级复杂电网快速、有选择性切成故障的要求。距离保护是利用短路后，通过测量阻抗来反应故障点至保护安装地点之间的距离（阻抗），并根据距离的远近而确定动作时间的一种保护。与电流保护相比，距离保护受系统运行方式的变化影响小、保护区稳定、灵敏度高，是高压、超高压输电线上应用最广泛的一种保护原理。

距离保护装置的核心元件是它的测量元件，该测量元件在传统的模拟式保护中是实现故障距离测量和比较的电路元件——阻抗继电器，在数字式保护中则是对应的软件算法实现的被称为"阻抗元件（或阻抗继电器）"的软件模块。本章首先介绍了阻抗继电器的接线方式（三相系统中测量电压和测量电流的选取），各类阻抗继电器的动作特性、动作方程，阻抗继电器的实现方法；在此基础上，介绍了阶段式距离保护的整定计算原则，以及影响距离保护正确工作的各类因素与解决办法。此外，还对现场被数字式快速距离保护Ⅰ段和纵联保护方向元件所广泛采用的工频故障分量距离保护工作原理及特点进行了介绍。

本章知识结构总结如下：

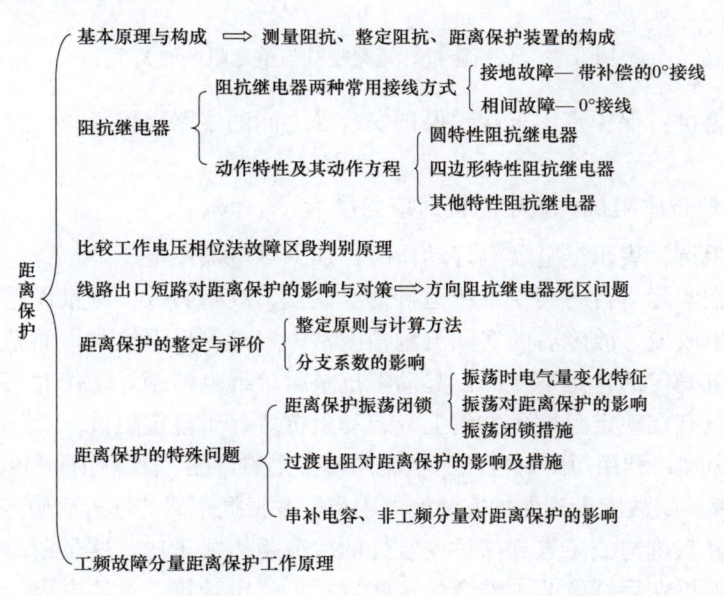

$$
\text{距离保护}
\begin{cases}
\text{基本原理与构成} \Rightarrow \text{测量阻抗、整定阻抗、距离保护装置的构成} \\[4pt]
\text{阻抗继电器}
\begin{cases}
\text{阻抗继电器两种常用接线方式}
\begin{cases}
\text{接地故障——带补偿的0°接线} \\
\text{相间故障——0°接线}
\end{cases} \\
\text{动作特性及其动作方程}
\begin{cases}
\text{圆特性阻抗继电器} \\
\text{四边形特性阻抗继电器} \\
\text{其他特性阻抗继电器}
\end{cases}
\end{cases} \\[4pt]
\text{比较工作电压相位法故障区段判别原理} \\[4pt]
\text{线路出口短路对距离保护的影响与对策} \Rightarrow \text{方向阻抗继电器死区问题} \\[4pt]
\text{距离保护的整定与评价}
\begin{cases}
\text{整定原则与计算方法} \\
\text{分支系数的影响}
\end{cases} \\[4pt]
\text{距离保护的特殊问题}
\begin{cases}
\text{距离保护振荡闭锁}
\begin{cases}
\text{振荡时电气量变化特征} \\
\text{振荡对距离保护的影响} \\
\text{振荡闭锁措施}
\end{cases} \\
\text{过渡电阻对距离保护的影响及措施} \\
\text{串补电容、非工频分量对距离保护的影响}
\end{cases} \\[4pt]
\text{工频故障分量距离保护工作原理}
\end{cases}
$$

一、距离保护的基本原理与构成

1. 距离保护的基本原理

双侧电源系统如图 3-1 所示。

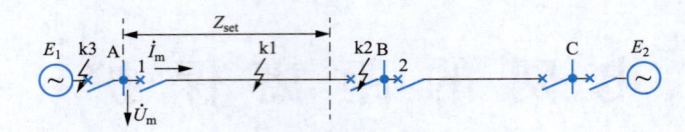

图 3-1 双侧电源系统

（1）测量阻抗：加入到保护安装处阻抗继电器的测量电压 $\dot{U}_m$ 与测量电流 $\dot{I}_m$ 之比。

正常时为负荷阻抗：$Z_m = Z_L$

测量阻抗角为功率因数角：$\varphi_m = \varphi_L$

短路时为短路阻抗：$Z_m = Z_k = z_1 L_k = (r_1 + x_1) L_k$

测量阻抗角为短路阻抗角：$\varphi_m = \varphi_k$

负荷阻抗、短路阻抗与整定阻抗的关系如图 3-2 所示。由图 3-2 可见，在不同位置发生故障时，对应测量阻抗不仅能反应故障距离的远近，还能表征出故障的正、反方向。

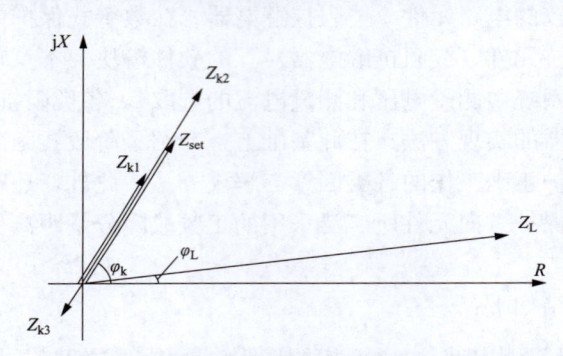

图 3-2 负荷阻抗、短路阻抗与整定阻抗的关系

（2）整定阻抗：保护范围末端到保护安装处之间的线路阻抗。

$$Z_{set} = z_1 L_{set}$$

式中：z_1 为单位正序阻抗，整定阻抗对应角度为 $\varphi_{set} = \varphi_k$。

（3）起动阻抗：表示继电器刚好动作时，加入继电器中电压 $\dot{U}_m$ 和 $\dot{I}_m$ 的比值。

测量阻抗在实际运行时会受系统运行情况改变、线路参数、测量误差、接线方式等因素影响而发生改变，故障后的实际测量角度不一定是测量阻抗角，而整定阻抗的角度是依照线路阻抗确定的，是不变的。起动阻抗是阻抗继电器刚好动作时特性区域边界上的测量阻抗，只有在整定阻抗角方向上，起动阻抗才等于整定阻抗。

（4）基本原理：利用短路时电压、电流同时变化的特征，测量电压和电流的比值构成的测量阻抗能够反映故障点到保护安装处的距离，并根据距离的远近而确定动作时间。

短路时测量阻抗与故障点到保护安装处的故障距离成正比，这是距离保护实现的关键。本章距离保护在后续章节中涉及的接线方式、整定计算、过渡电阻、系统振荡等内容，都是围绕实现距离保护的这一关键问题，考量如何解决对测量阻抗的影响，以保证距离保护的可靠动作而展开。

2. 三相系统中测量电压和测量电流的选取

距离保护两种常用接线方式，见表 3-1。

表 3-1 距离保护两种常用接线方式

接线方式 测量	接地短路带零序电流补偿的 0°接线方式			相间短路 0°接线方式		
	A 相	B 相	C 相	AB 相间	BC 相间	CA 相间
$\dot{U}_m$	$\dot{U}_A$	$\dot{U}_B$	$\dot{U}_C$	$\dot{U}_{AB}$	$\dot{U}_{BC}$	$\dot{U}_{CA}$
$\dot{I}_m$	$\dot{I}_A+K\times3\dot{I}_0$	$\dot{I}_B+K\times3\dot{I}_0$	$\dot{I}_C+K\times3\dot{I}_0$	$\dot{I}_A-\dot{I}_B$	$\dot{I}_B-\dot{I}_C$	$\dot{I}_C-\dot{I}_A$

注 $K=\dfrac{z_0-z_1}{3z_1}$，为零序补偿系数。

三相系统中测量电压和测量电流的选取，其核心是找到一个电压量和电流量，使其比值构成的阻抗量满足与短路点到保护安装处的距离成正比，并且尽可能的适合于各种故障类型。可借助故障环路的概念或利用电力系统故障分析中的序分量法建立数学模型进行推导分析。

二、阻抗继电器及其动作特性

（1）阻抗继电器动作区域的概念和意义。

（2）三种常用圆特性阻抗继电器的动作方程、动作特性及特点比较。

1) 三种圆特性阻抗继电器动作区域如图 3-3 所示。

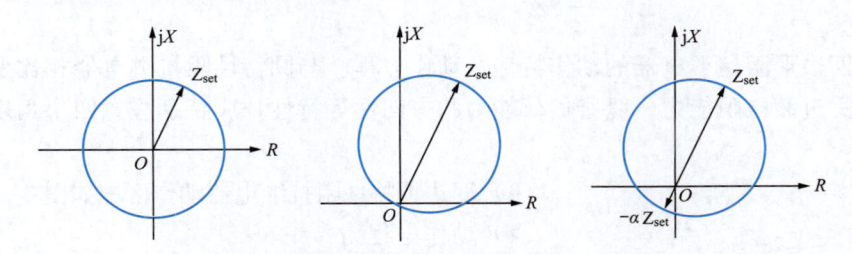

图 3-3 三种圆特性阻抗继电器动作区域

2) 三种圆特性阻抗继电器阻抗形式动作方程见表 3-2。

表 3-2 三种圆特性阻抗继电器阻抗形式动作方程

阻抗继电器	比幅式动作方程	比相式动作方程
全阻抗继电器	$\|Z_m\|\leqslant\|Z_{set}\|$	$90°\leqslant\arg\dfrac{Z_m+Z_{set}}{Z_m-Z_{set}}\leqslant270°$
方向阻抗继电器	$\left\|Z_m-\dfrac{1}{2}Z_{set}\right\|\leqslant\left\|\dfrac{1}{2}Z_{set}\right\|$	$90°\leqslant\arg\dfrac{Z_m}{Z_m-Z_{set}}\leqslant270°$
偏移特性阻抗继电器	$\left\|Z_m-\dfrac{1}{2}(1-\alpha)Z_{set}\right\|\leqslant\dfrac{1}{2}\|(1+\alpha)Z_{set}\|$	$90°\leqslant\arg\dfrac{Z_m+\alpha Z_{set}}{Z_m-Z_{set}}\leqslant270°$

以偏移特性阻抗继电器为例，电压表示形式的动作方程为

比幅式动作方程为

$$\left| \dot{U}_\mathrm{m} - \frac{1}{2}(1-\alpha) Z_\mathrm{set} \dot{I}_\mathrm{m} \right| \leqslant \frac{1}{2} \left| (1+\alpha) Z_\mathrm{set} \dot{I}_\mathrm{m} \right|$$

比相式动作方程为

$$90° \leqslant \arg \frac{\dot{U}_\mathrm{m} + \alpha Z_\mathrm{set} \dot{I}_\mathrm{m}}{\dot{U}_\mathrm{m} - Z_\mathrm{set} \dot{I}_\mathrm{m}} \leqslant 270°$$

当 $\alpha = 1$ 为全阻抗继电器动作方程，$\alpha = 0$ 为方向阻抗继电器动作方程。

3) 三种圆特性阻抗继电器特点总结。全阻抗继电器在保护出口短路时最灵敏，没有动作死区，但不具有方向性；方向阻抗继电器动作具有方向性，但是在出口发生短路时由于测量阻抗近乎为零，可能出现正方向出口短路时拒动或反方向出口短路时误动的情况；偏移特性阻抗继电器具有不完全的方向性，出口没有动作死区。

(3) 绝对值比较式和相位比较式动作方程的互换关系。

1) 绝对值比较动作条件一般表达式为

$$|Z_\mathrm{B}| \leqslant |Z_\mathrm{A}|$$

2) 相位比较动作条件一般表达式为

$$90° \leqslant \arg \frac{Z_\mathrm{C}}{Z_\mathrm{D}} \leqslant 270°$$

3) 两者互换关系为

$$\begin{cases} Z_\mathrm{A} = \frac{1}{2}(Z_\mathrm{C} - Z_\mathrm{D}) \\ Z_\mathrm{B} = \frac{1}{2}(Z_\mathrm{C} + Z_\mathrm{D}) \end{cases}, \quad \begin{cases} Z_\mathrm{C} = Z_\mathrm{B} + Z_\mathrm{A} \\ Z_\mathrm{D} = Z_\mathrm{B} - Z_\mathrm{A} \end{cases}$$

(4) 四边形阻抗继电器的动作特性及动作方程。与圆特性阻抗继电器相比所具有的良好的耐受过渡电阻能力、躲避负荷能力和方向性等特性，应特别注意四个角度偏移的意义。

1) 四边形特性阻抗继电器动作区域如图 3-4 所示。

2) 动作方程为

直线 1： $-90° - \alpha_4 \leqslant \arg \dfrac{Z_\mathrm{m} - \mathrm{j}X_\mathrm{set}}{-\mathrm{j}X_\mathrm{set}} \leqslant 90° - \alpha_4$

直线 2： $-180° + \alpha_3 \leqslant \arg \dfrac{Z_\mathrm{m} - R_\mathrm{set}}{-R_\mathrm{set}} \leqslant \alpha_3$

折线 azb： $-\alpha_1 \leqslant \arg \dfrac{Z_\mathrm{m} - Z_\mathrm{set2}}{R_\mathrm{set}} \leqslant 90° + \alpha_2$

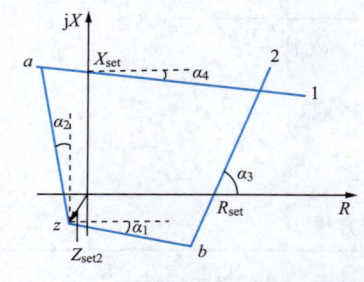

图 3-4 四边形特性阻抗继电器动作区域

3) 四个角度偏移的意义。

α_1：是本线路出口经过渡电阻接地时，保证保护能够可靠动作。

α_2：考虑保护范围内发生金属性短路时，动作特性有一定的裕度，以保证可靠动作。

α_3：提高长线路避越负荷阻抗的能力。

α_4：防止双侧电源系统中相邻线路出口经过渡电阻接地时的超越（即误动作）。

(5) 了解其他苹果形特性、橄榄形特性等阻抗继电器的特点。

三、比较工作电压相位法实现的故障区段判别原理

比较工作电压相位法实现的故障区段判别原理,是利用距离保护反映电压关系特征来构成动作判据,其中定义:

(1) 补偿电压(工作电压):$\dot{U}_{op} = \dot{U}_m - \dot{I}_m Z_{set}$,是从保护安装处推算到(或补偿到)保护范围末端的虚拟残余电压。

(2) 参考电压 $\dot{U}_m$:保护安装处母线电压。

理想情况下,在区内故障时,$\dot{U}_{op}$ 与 $\dot{U}_m$ 反向,相差 180°;正方向区外和反方向区外时,$\dot{U}_{op}$ 与 $\dot{U}_m$ 同向,相差 0°。比较工作电压相位法故障区段判别如图 3-5 所示。考虑非金属性接地短路、测量误差、系统参数等因素,构造实际动作判据为

$$90° \leqslant \arg \frac{\dot{U}_m}{\dot{U}_m - \dot{I}_m Z_{set}} \leqslant 270°$$

该方程恰好与方向阻抗继电器电压形式方程相同。

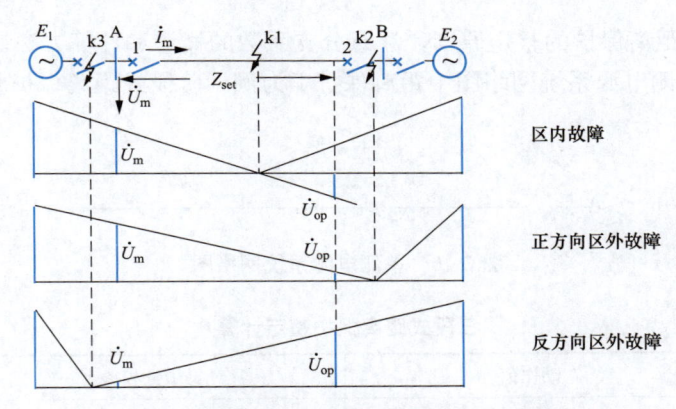

图 3-5 比较工作电压相位法故障区段判别

四、线路出口短路时距离保护的分析与对策

方向阻抗继电器电压形式的比相式特性方程

$$90° \leqslant \arg \frac{\dot{U}_m}{\dot{U}_m - \dot{I}_m Z_{set}} \leqslant 270°$$

1. 方向阻抗继电器死区产生的原因

线路出口短路时,由于故障后保护处参考电压 $\dot{U}_m$ 为零,导致方向阻抗继电器出现电压死区。

2. 消除方向阻抗继电器死区的措施

(1) 引入非故障相电压;(2) 采用记忆回路;(3) 采用高品质因数 Q 值的 50Hz 带通有源滤波器;(4) 以正序电压为参考电压;(5) 采用辅助保护电流 I 段。

其中,以正序电压为参考电压的对应方程为

$$90° \leqslant \arg \frac{\dot{U}_{\text{ref}}}{\dot{U}_{\text{m}} - \dot{I}_{\text{m}} Z_{\text{set}}} \leqslant 270°$$

$\dot{U}_{\text{ref}}$ 的选择原则：

(1) 接地短路距离保护的相电压和具有 $K3\dot{I}_0$ 补偿相电流接线方式：$\dot{U}_{\text{ref}}$ 相位为对应故障相正序电压相位，并与该相故障前电压同相位，仅幅值大小不同。

(2) 相间短路距离保护的 0°接线方式：$\dot{U}_{\text{ref}}$ 相位为对应故障相间正序电压差的相位，并与该故障前对应相间电压同相位，仅幅值大小不同。

以上方法都是考虑如何在出口故障时使参考电压不为零，同时还要保证其他位置故障时仍要保持方向阻抗继电器的原有比相关系。因此需要验证改变参考电压后对阻抗继电器动态特性。

五、距离保护的整定计算与对距离保护的评价

(1) 阶段式距离保护的配置方案，注意距离保护Ⅰ段和距离保护Ⅱ段可采用方向圆特性阻抗继电器自身的方向性来保证多电源电网中有选择性地切除故障，而无需再添加方向判别元件。

(2) 阶段式距离保护的整定原则，注意分支系数的概念和计算方法。

以图 3-6 单侧电源系统网络图中距离保护 1 为例，阶段式距离保护整定计算总结见表 3-3。

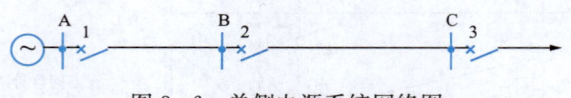

图 3-6 单侧电源系统网络图

表 3-3　　　　　　　　　　三段式距离保护整定计算

保护	动作值	灵敏性校验	动作时限
距离保护Ⅰ段	$Z_{\text{set1}}^{\text{I}} = K_{\text{rel}}^{\text{I}} Z_{\text{AB}}$	保护范围：线路全长的 80%～85%	$t_1^{\text{I}} = 0\text{s}$
距离保护Ⅱ段	$Z_{\text{set1}}^{\text{II}} = K_{\text{rel}}^{\text{II}} (Z_{\text{AB}} + K_{\text{b,min}} Z_{\text{set2}}^{\text{I}})$	$K_{\text{sen}} = \dfrac{Z_{\text{set1}}^{\text{II}}}{Z_{\text{AB}}} \geqslant 1.25$	$t_1^{\text{II}} = 0.5\text{s}$
距离保护Ⅲ段	$Z_{\text{set1}}^{\text{III}} = \dfrac{K_{\text{rel}}}{K_{\text{ss}} K_{\text{re}}} Z_{\text{L,min}}$ $Z_{\text{L,min}} = \dfrac{\dot{U}_{\text{L,min}}}{\dot{I}_{\text{L,max}}} = \dfrac{(0.9 \sim 0.95) \dot{U}_{\text{N}}}{\dot{I}_{\text{L,max}}}$	近后备：$K_{\text{sen}} = \dfrac{Z_{\text{set1}}^{\text{III}}}{Z_{\text{AB}}} \geqslant 1.5$ 远后备：$K_{\text{sen}} = \dfrac{Z_{\text{set1}}^{\text{III}}}{Z_{\text{AB}} + K_{\text{b,max}} Z_{\text{next}}} \geqslant 1.2$	阶梯原则

注　$K_{\text{b,min}}$、$K_{\text{b,max}}$ 为最小、最大分支系数，可根据具体系统不同的运行方式进行计算。

分支系数问题是距离保护整定计算中的一个难点问题。助增分支是使故障线路电流增大的支路，它使保护感受到测量阻抗变大，保护范围缩小，可能出现拒动；外汲分支是使故障线路电流减小的支路，它使保护感受到测量阻抗变小，保护范围扩大，可能出现误动。分支系数改变了故障时测量阻抗大小，会影响距离保护的正确工作，因此在整定计算中必须充分考虑分支影响。典型系统分支系数如图 3-7 所示，对应分支系数计

算公式见表 3-4。

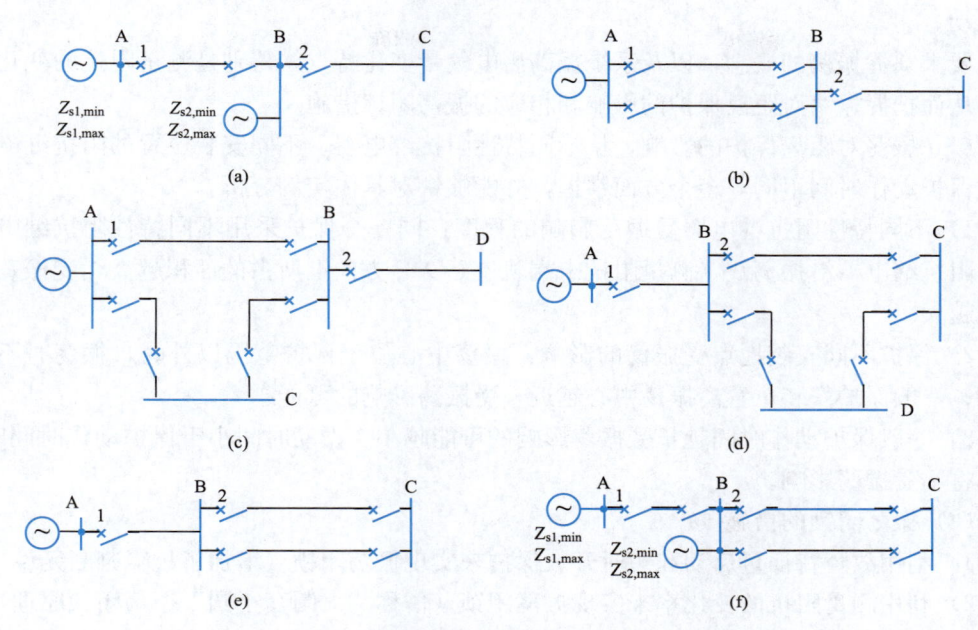

图 3-7 典型系统分支系数

表 3-4 分支系数的计算

分支	典型例图	最小分支系数 $K_{b,min}$	最大分支系数 $K_{b,max}$
助增分支	图 3-7 (a)	$1+\dfrac{Z_{s1,min}+Z_{AB}}{Z_{s2,max}}$	$1+\dfrac{Z_{s1,max}+Z_{AB}}{Z_{s2,min}}$
	图 3-7 (b)	1	2
	图 3-7 (c)	1	$l_{\Sigma环}/(l_{\Sigma环}-l_{AB})$
外汲分支	图 3-7 (d)	$1-\dfrac{K_{rel}^{I} l_{BC}}{l_{\Sigma环}}$	1
	图 3-7 (e)	$1-\dfrac{K_{rel}^{I}}{2}$	1
既有助增又有外汲分支	图 3-5 (f)	$K_{b,min(增)}$ $K_{b,min(汲)}$	$K_{b,max(增)}$ $K_{b,max(汲)}$

注 各图中所求分支系数，均为当保护 1 与保护 2 配合时，对保护 1 进行整定计算时的分支系数。

距离保护是 66kV 和 110kV 线路的主保护，但由于是单端量阶段式保护，不能保证全线瞬动，所以只能作为 220kV 及以上电压等级线路的后备保护。距离保护是我国电网中应用最为广泛的一种保护，注意距离保护的特点评价，以及与阶段式电流保护的特点比较。

六、距离保护的振荡闭锁

电力系统振荡是指并联运行的电力系统或发电厂之间出现功率角大范围周期性变化的现象。振荡发生后会引起电气量周期性变化，可能造成保护误动作扩大停电事故。振荡发生后可通过自动装置调节使系统自动恢复同步，或者在预定的解列点由振荡解列装置操作解除已经失步的系统。振荡属于不正常运行状态，必须采取振荡闭锁措施防止保护误动。

要求掌握振荡的概念，以及系统振荡后电气量变化特点，特别是测量阻抗的变化规律。从而把握振荡对距离保护的影响和相应的振荡闭锁措施。

(1) 振荡对距离保护的影响，从不同特性阻抗继电器、不同安装位置的阻抗继电器以及保护动作时间不同等多个方面掌握，并能够针对具体实例分析。

1) 不同特性阻抗继电器受振荡影响的程度：同一个保护采用不同特性阻抗继电器时，阻抗继电器沿振荡线（测量阻抗末端轨迹 OO'）方向上所占的面积越大，受振荡的影响越大。

2) 保护不同安装地点受振荡的影响：振荡中心位于保护范围以外时，振荡时不会误动；一般保护安装位置离振荡中心越近，受振荡影响的可能越大。

3) 一般保护动作时间越长受振荡影响的可能越小，误动时间小于保护动作时间时，保护将不受振荡影响。

(2) 振荡闭锁的措施。

1) 利用故障特征量启动和短时开放保护来实现振荡闭锁（增加了故障判断元件）。

2) 利用测量阻抗的变化率来实现振荡闭锁（俗称"大圆套小圆"振荡闭锁原理）。

3) 利用动作的延时防止振荡引起阻抗元件误动。

七、距离保护的其他特殊问题分析

(1) 过渡电阻的概念和分类。

(2) 过渡电阻对距离保护的影响及措施。可借助动作特性区域来分析，注意单侧电源网络和双侧电源网络中过渡电阻对距离保护影响的差别。

(3) 采用线路串联补偿电容的意义，以及它对距离保护的影响及采取的措施。

(4) 短路电压、电流中非工频分量对距离保护的影响。

八、工频故障分量距离保护

(1) 工频故障分量的概念：故障分量中所包含的工频稳态成分称为工频故障分量或工频突变量，记为：$\Delta \dot{U}$、$\Delta \dot{I}$。

(2) 工频故障分量距离保护的工作原理、动作判据和动作特性。工频故障分量距离保护是一种通过反应工频故障分量电压、电流而工作的距离保护。通过定义工作电压：$\Delta \dot{U}_{op} = \Delta \dot{U} - \Delta \dot{I} Z_{set}$，将工作电压与故障前母线处的工频故障电压分量进行幅值比较，对应动作判据为：$|\Delta \dot{U}_{op}| \geqslant U^{[0]}$（$U^{[0]}$ 为保护安装处故障前的记忆电压）。

(3) 工频故障分量距离保护特点评价。

1) 有明确的方向性，动作无死区和超越问题；2) 动作速度快；3) 具有很强的承受过渡电阻的能力；4) 具有很强的自适应能力；5) 不受系统负荷状态和系统振荡的影响，不需要振荡闭锁装置；6) 自身具有较好的选相能力。工频故障分量距离保护可以与普通距离保护相配合，作为快速距离保护加速距离Ⅰ段范围或线路出口附近的故障，此外还可以作为纵联保护的方向元件。

工频故障分量距离保护由我国保护专家于1982年首次提出，工频故障分量保护相

第二部分 典型例题

[例1] 有一方向阻抗继电器，其整定阻抗为 $Z_{set}=6e^{j70°}\Omega$，试问当测量阻抗分别为 $Z_{m1}=4e^{j10°}\Omega$、$Z_{m2}=2e^{-j70°}\Omega$ 时，该继电器是否能够动作？若是整定阻抗为 $Z_{set}=6e^{j70°}\Omega$ 的全阻抗继电器对应以上两个测量阻抗时，动作情况又如何？

解 根据方向阻抗继电器的动作方程，画出动作区域圆如图 3-8 中所示小圆。

（1）根据几何关系，图中 $\triangle ABO$ 为直角三角形，其中 $|OB|=6\cos(70°-10°)=3\Omega$，可见测量阻抗 $Z_{m1}=4e^{j10°}\Omega$ 落在圆外，因此方向阻抗继电器不动作。

（2）当测量阻抗为 $Z_{m2}=2e^{-j70°}\Omega$，如图中所示位置，在动作区域外，因此不能动作。

（3）整定阻抗为 $Z_{set}=6e^{j70°}\Omega$ 的全阻抗继电器如图 3-8 中所示大圆，此时直接比较测量阻抗与整定阻抗幅值即可，显然两个测量阻抗都落入圆内，均动作。

[例2] 如图 3-9 所示网络，线路上均装设了距离保护Ⅰ段和距离保护Ⅱ段，且均采用 0°接线的方向阻抗继电器。已知线路单位阻抗为 $z_1=0.4e^{j60°}\Omega/km$，可靠系数 $K_{rel}^{I}=0.85$，$K_{rel}^{II}=0.8$。试求：

（1）保护 1 距离Ⅰ段、Ⅱ段的动作值。

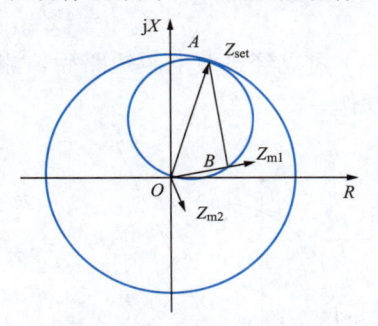

图 3-8 [例1] 运作特性圆

（2）当线路 AB 距 A 母线 50km、70km 和 90km 处（即图中 k1、k2、k3 点）发生金属性相间短路时，分析保护 1 距离Ⅰ段和Ⅱ段的动作情况。

（3）若在距离 A 母线 30km 处发生经弧光电阻 $R=20\Omega$ 的相间短路故障，分析保护 1 距离Ⅰ段的动作情况。

（4）若通过线路 AB 的负荷功率因数为 0.9，当负荷电流达到多少时，保护 1 的距离Ⅱ段才会误动作？

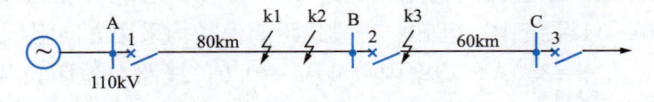

图 3-9 [例2] 网络图

解 （1）距离Ⅰ段动作值为
$$Z_{set1}^{I}=K_{rel}^{I}Z_{AB}=0.85\times80\times0.4=27.2(\Omega)$$
距离Ⅱ段动作值为
$$Z_{set1}^{II}=K_{rel}^{II}(Z_{AB}+Z_{set2}^{I})=0.8\times(80\times0.4+0.85\times60\times0.4)=41.92(\Omega)$$

（2）根据保护 1 的距离Ⅰ段和距离Ⅱ段动作值可知对应保护范围分别为

距离Ⅰ段距 A 母线：　　　　27.2/0.4＝68(km)
距离Ⅱ段距 A 母线：　　　　41.92/0.4＝104.8(km)

根据短路点与保护范围的关系，可知在发生金属性短路时：1) k1 点短路距离Ⅰ段阻抗元件启动，k2、k3 点短路距离Ⅰ段阻抗元件不启动；2) k1、k2、k3 点短路时距离Ⅱ段阻抗元件均能启动。

依据动作时限配合关系：k1 点短路时，由距离Ⅰ段 0s 动作切除故障；k2 点短路时，由距离Ⅱ段 0.5s 动作切除故障；而 k3 点短路时，虽然保护 1 的距离Ⅱ段阻抗元件启动，但由于在相邻线路保护 2 的Ⅰ段范围内，最终应由保护 2 距离Ⅰ段 0s 动作切除故障。

(3) 距离 A 母线 30km 处发生经弧光电阻 $R=20\Omega$ 的相间短路故障时，若按照 0°接线方式，对应故障环路中的测量阻抗为

$$Z_m = (30 \times 0.4)e^{j60°} + 20/2 = 16 + j10.39 = 19.08e^{j33°}(\Omega)$$

而保护 1 距离Ⅰ段对应角度为 33°的启动阻抗为

$$|Z_{op}| = |Z_{set1}^I|\cos(60°-33°) = 27.2\cos27° = 24.2(\Omega)$$

可见经过渡电阻短路后，测量阻抗仍然在动作区域内，保护 1 距离Ⅰ段的仍能正确动作。

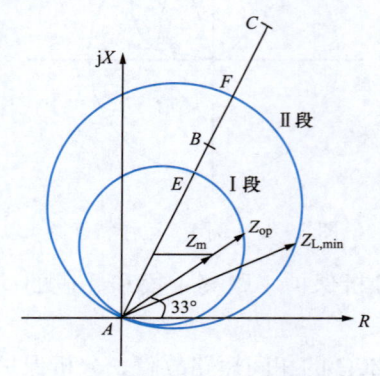

在复平面上动作区域与测量阻抗的关系如图 3-10 所示。

(4) 负荷功率因数为 0.9 对应负荷阻抗恰好落在Ⅱ段阻抗圆边界上时，对应负荷阻抗为图 3-10 中 $Z_{L,min}$。

按照三角函数关系，可知

$$|Z_{L,min}| = Z_{set1}^{II}\cos(60°-\arccos0.9)$$
$$= 41.92\cos(60°-25.84°)$$
$$= 34.7(\Omega)$$

图 3-10 测量阻抗与动作区域关系

对应最大负荷电流为

$$I_{L,max} = \frac{U_{L,min}}{Z_{L,min}} = \frac{0.9 \times 110/\sqrt{3}}{34.7} = 1.65(kA)$$

可见，AB 线路上所通过的负荷电流超过 1.65kA 时，保护 1 的距离Ⅱ段会误动作。

[例 3] 如图 3-11 系统中，已知：三段式距离保护均采用方向阻抗继电器。线路 AB 最大负荷电流为 $I_{LAB,max}=350A$，功率因数 $\cos\varphi=0.9$，线路单位阻抗为 $z_1=0.4\Omega/km$，线路电抗角为：$\varphi_k=70°$，电动机自启动系数 $K_{ss}=1.2$，可靠系数取 $K_{rel}^I=0.85$，$K_{rel}^{II}=0.8$，$K_{rel}^{III}=0.85$，返回系数 $K_{re}=1.15$。电源 G1 等值电抗 $Z_{s1,max}=25\Omega$，$Z_{s1,min}=20\Omega$，电源 G2 等值电抗 $Z_{s2,max}=30\Omega$，$Z_{s2,min}=25\Omega$，变压器额定容量 $S_B=31.5MVA$，$U_k\%=10.5\%$。负荷支路Ⅲ段动作时限为 $t_8=0.5s$，$t_{10}=1.5s$。

试求：(1) 对保护 1 的距离保护Ⅰ、Ⅱ、Ⅲ段进行整定计算。
(2) 为了快速切除线路上的各种短路故障，该系统中距离保护应采用何种接线方式？
(3) 图中距离 B 母线 10km 处 k 点发生短路后，保护 1 的距离Ⅱ段是否启动？

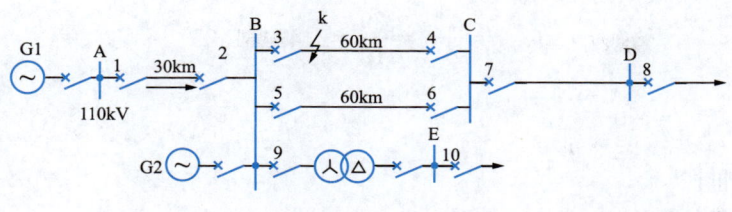

图 3-11 [例 3] 网络图

解 （1）对保护 1 距离保护整定如下。

距离 Ⅰ 段：

动作值 $Z_{set1}^{I}=K_{rel}^{I}z_1 l_{AB}=0.85\times0.4\times30=10.2(\Omega)$

保护范围 $\alpha=85\%$

动作时限 $t_1^{I}=0s$

距离 Ⅱ 段：

首先与相邻线路 BC 保护 3 的 Ⅰ 段配合（与保护 5 配合相同）。

本网络既有助增又有外汲，因此最小分支系数为

$$K_{b,min}=K_{b,min(in)}K_{b,min(out)}=2.07\times0.575=1.19$$

其中助增电源最小分支系数为

$$K_{b,min(in)}=1+\frac{Z_{s1,min}+Z_{AB}}{Z_{s2,max}}=1+\frac{20+0.4\times30}{30}=2.07$$

外汲支路最小分支系数为

$$K_{b,min(out)}=\frac{2-K_{rel}^{I}}{2}=\frac{2-0.85}{2}=0.575$$

保护 1 与保护 3 配合的 Ⅱ 段动作值为

$$Z_{set1}^{II}=K_{rel}^{II}(Z_{AB}+K_{b,min}Z_{set3}^{I})=K_{rel}^{II}(Z_{AB}+K_{b,min}K_{rel}^{I}Z_{BC})$$
$$=0.8\times(12+1.19\times0.85\times24)=29(\Omega)$$

再与相邻变压器所在支路保护 9 配合。

此时只有助增电源影响，分支系数为

$$K_{b,min(in)}=2.07$$

变压器等值电抗为

$$Z_T=U_k\%\frac{U_B^2}{S_B}=0.105\times\frac{110^2}{31.5}=40.3(\Omega)$$

保护 1 与保护 9 配合的 Ⅱ 段动作值为

$$Z_{set1}^{II}=K_{rel}^{II}(Z_{AB}+K_{b,min}Z_T)=0.7\times(12+2.07\times40.3)=66.79(\Omega)$$

此处由于变压器等值电抗误差较大，因此取 $K_{rel}^{II}=0.7$。

以上两者取小作为保护 1 的 Ⅱ 段定值，即

$$Z_{set1}^{II}=29\Omega$$

灵敏系数为

$$K_{sen}=\frac{Z^{\mathrm{II}}_{set1}}{Z_{AB}}=\frac{29}{12}=2.42>1.25$$

满足要求。

动作时限 $t^{\mathrm{II}}_1=0.5\mathrm{s}$。

距离保护Ⅲ段：

最小负荷阻抗为

$$Z_{L,min}=\frac{U_{L,min}}{I_{LAB,max}}=\frac{0.9\times\frac{110}{\sqrt{3}}}{0.35}=163.3(\Omega)$$

由于选用方向阻抗继电器，因此Ⅲ段动作值为

$$Z^{\mathrm{III}}_{set1}=\frac{K^{\mathrm{III}}_{rel}Z_{L,min}}{K_{re}K_{ss}\cos(\varphi_{sen}-\varphi_L)}=\frac{0.85\times163.3}{1.15\times1.2\times\cos(70°-25.8°)}=140(\Omega)$$

近后备灵敏系数为

$$K_{sen(n)}=\frac{Z^{\mathrm{III}}_{set1}}{Z_{AB}}=\frac{140}{12}=11.7>1.5$$

满足要求。

做保护 3（或保护 5）的远后备时有最大分支系数为

$$K_{b,max}=K_{b,max(in)}K_{b,max(out)}=2.48$$

式中　$K_{b,max(in)}$——助增电源最大分支系数，$K_{b,max(in)}=1+\frac{Z_{s1,max}+Z_{AB}}{Z_{s2,min}}=1+\frac{25+0.4\times30}{25}=2.48$；

$K_{b,max(out)}$——外汲支路最大分支系数，$K_{b,max(out)}=1$。

灵敏系数校验：

做保护 3 或保护 5 远后备时

$$K_{sen(far)}=\frac{Z^{\mathrm{III}}_{set1}}{Z_{AB}+K_{b,max}Z_{BC}}=\frac{140}{12+2.48\times24}=1.96>1.2$$

满足要求。

做变压器的远后备时有

$$K_{sen(far)}=\frac{Z^{\mathrm{III}}_{set1}}{Z_{AB}+K_{b,max(in)}Z_T}=\frac{140}{12+2.48\times40.3}=1.25>1.2$$

满足要求。

动作时限 $t_1=2.5\mathrm{s}$。

（2）由于该系统是 110kV 系统，因此为了快速切除线路上的各种短路故障，系统中距离保护应同时配置反应相间故障的 0°接线与反应接地故障的相电压和具有零序补偿相电流的接线方式。

（3）k 点短路后保护 1 的测量阻抗计算公式为

$$Z_m=Z_{AB}+K_bZ_k$$

分支系数对应最大、最小运行方式下分别为

1) 最小分支系数为
$$K_{b,\min}=\left(1+\frac{Z_{s1,\min}+Z_{AB}}{Z_{s2,\max}}\right)\left(1-\frac{l_k}{2l_{BC}}\right)=\left(1+\frac{20+12}{30}\right)\times\left(1-\frac{10}{2\times 60}\right)=1.89$$

2) 最大分支系数为
$$K_{b,\max}=1+\frac{Z_{s1,\max}+Z_{AB}}{Z_{s2,\min}}=1+\frac{25+12}{25}=2.48$$

因此，保护1处的测量阻抗最小、最大值分别为
$$Z_{m,\min}=Z_{AB}+K_{b,\min}Z_k=12+1.89\times 4=19.6(\Omega)$$
$$Z_{m,\max}=Z_{AB}+K_{b,\max}Z_k=12+2.48\times 4=21.9(\Omega)$$

而保护1距离Ⅱ段动作值为 $Z_{set1}^{Ⅱ}=29\Omega$，可见保护1的最大测量阻抗仍小于动作值，因此，短路点在保护1的距离Ⅱ段范围内，保护1的距离Ⅱ段能够启动。

[**例4**] 如图3-12所示系统，已知保护1距离Ⅲ段采用整定阻抗为 $Z_{set1}^{Ⅲ}=80e^{j25°}\Omega$ 的全阻抗圆继电器，线路单位阻抗为 $Z_1=0.4e^{j70°}\Omega/km$，电源G1等值阻抗 $Z_{s1}=4\Omega$，电源G2等值阻抗 $Z_{s2,\max}=20\Omega$，$Z_{s2,\min}=5\Omega$，系统阻抗角均为70°，图中距离B母线80km处k点发生金属性短路时，试计算：

(1) 保护1距离Ⅲ段的测量阻抗。

(2) 判断保护1距离Ⅲ段的全阻抗继电器是否动作？若改为方向阻抗继电器是否动作？

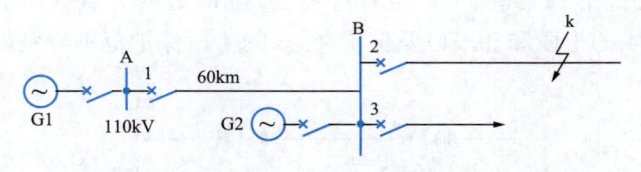

图3-12 [例4]网络图

解 (1) k点金属性短路时，对应保护1的距离Ⅲ段的测量阻抗应考虑助增电源的影响。保护1的测量阻抗为 $Z_m=Z_{AB}+K_bZ_k$。

1) 最小分支系数为
$$K_{b,\min}=1+\frac{Z_{s1,\min}+Z_{AB}}{Z_{s2,\max}}=1+\frac{4+24}{20}=2.4$$

2) 最大分支系数为
$$K_{b,\max}=1+\frac{Z_{s1,\max}+Z_{AB}}{Z_{s2,\min}}=1+\frac{4+24}{5}=6.6$$

3) 对应保护1处的最小测量阻抗为
$$Z_{m,\min}=Z_{AB}+K_{b,\min}Z_k=24+2.4\times 32=100.8(\Omega)$$

最大测量阻抗为
$$Z_{m,\max}=Z_{AB}+K_{b,\max}Z_k=24+6.6\times 32=235.2(\Omega)$$

(2) 由于最小、最大测量阻抗均在全阻抗继电器的动作区域外，因此全阻抗继电器不能动作。若改为方向阻抗继电器，则方向阻抗继电器的直径为 $80/\cos(70°-25°)=$

113Ω，即方向阻抗继电器整定阻抗为 $Z_{\text{set1}}^{\text{III}}=113e^{j70°}Ω$。此时，在最小分支系数时，保护 1 距离 III 段动作；最大分支系数时，保护 1 距离 III 段不动作。

[**例 5**] 如图 3-13 所示系统，各线路均配置了阶段式距离保护。已知：线路和电源阻抗角相等，且 $z_1=0.4e^{j70°}Ω/\text{km}$。电源 E_M、E_N 等值阻抗为 $Z_M=Z_N=20Ω$，I 段可靠系数 $K_{\text{rel}}^{\text{I}}=0.85$，距离 II 段灵敏系数为 $K_{\text{sen}}=1.5$，II 段动作时限为 $t_1^{\text{II}}=0.5\text{s}$，振荡周期 $T_s=2\text{s}$。若系统发生振荡，试问：

(1) 指出振荡中心位于何处？
(2) 分析保护 1、4 的 I 段和 II 段以及保护 2、3 的 I 段中有哪些保护要受振荡影响？
(3) 求可能使保护 1 距离 II 段的测量元件误动作角的范围及其误动作时间，确认该段保护能否误动作？

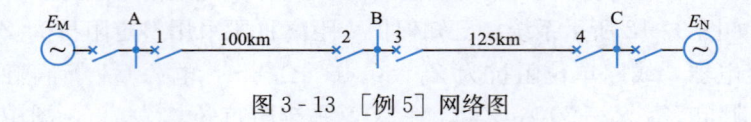

图 3-13 [例 5] 网络图

解 (1) 因为 $E_M=E_N$，且全系统阻抗角相等，所以，振荡中心始终位于 $\frac{1}{2}Z_\Sigma$ 处。

$$\frac{1}{2}Z_\Sigma=\frac{1}{2}(20+40+50+20)=65Ω$$

即：振荡中心位于 BC 线路上，距 B 母线 12.5km 处的 Z 点（如图 3-14 所示）。

(2) 保护 1、4 的 I 段和 II 段以及保护 2、3 的 I 段保护范围分别如图 3-14 所示。

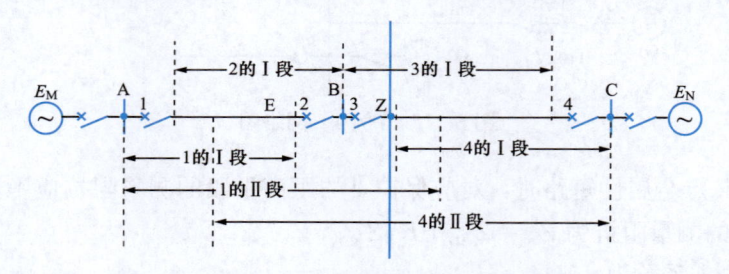

图 3-14 [例 5] 各段保护的保护范围示意图

保护 1 的 I 段保护范围为距 A 母线 85km；保护 2 的 I 段保护范围为距 B 母线 85km；保护 3 的 I 段保护范围为距 B 母线 106.25km；保护 4 的 I 段保护范围为距 C 母线 106.25km。

保护 1 的 II 段保护范围可有灵敏系数反推定值为

$$K_{\text{sen}}=\frac{Z_{\text{set1}}^{\text{II}}}{Z_{\text{AB}}}=1.5 \Rightarrow Z_{\text{set1}}^{\text{II}}=K_{\text{sen}}Z_{\text{AB}}=1.5\times0.4\times100=60(Ω)$$

即保护 1 的 II 段保护范围为距离 A 母线 150km 处。

同理，可得保护 4 的 II 段保护范围为距离 C 母线 187.5km 处。

根据保护 1~4 距离 I、II 段保护范围与振荡中心的位置关系（如图 3-14 所示），按照当振荡中心在阻抗继电器动作区域外时不对阻抗继电器产生影响，可有结论：保护

1的Ⅰ段、保护4的Ⅰ段、保护2的Ⅰ段不受振荡的影响；保护3的Ⅰ段、保护1的Ⅱ段、保护4的Ⅱ段受振荡的影响。

(3) 如图3-15所示保护1的距离Ⅱ段阻抗继电器动作区域与振荡中心关系。

图中 $MA=20\Omega$，$AB=40\Omega$，$MZ=65\Omega$，$AZ=45\Omega$，$ZD=AD-AZ=60-45=15\Omega$

得 $ZE=\sqrt{AZ\times ZD}=\sqrt{45\times 15}=25.98\Omega$

测量元件误动的角的范围为 $[\delta,\delta']$，其中：

$$\delta=2\arctan^{-1}\frac{MZ}{ZE}=2\arctan^{-1}\frac{65}{25.98}=136.4°$$

$$\delta'=360°-\delta=360°-136.4°=223.6°$$

误动时间：

$$\frac{\Delta\delta}{360°}T_s=\frac{\delta'-\delta}{360°}T_s=\frac{223.6°-136.4°}{360°}\times 2$$

$$=0.48s<0.5s$$

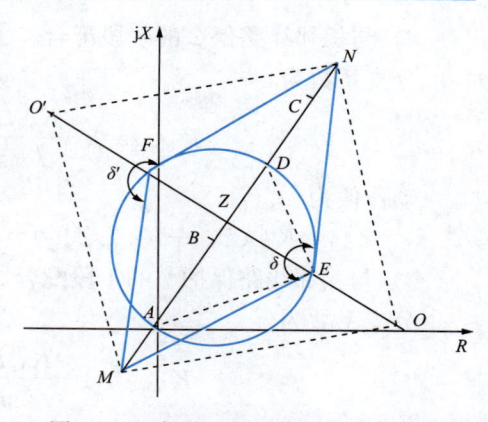

图3-15 保护1的距离Ⅱ段阻抗继电器动作区域与振荡中心关系

可见，保护装置不会误动。

[**例6**] 试对图3-16中保护1进行距离Ⅰ、Ⅱ、Ⅲ段整定计算。已知：AB线路上 $I_{L,max}=300A$，可靠系数取 $K_{rel}^{Ⅰ}=0.85$，$K_{rel}^{Ⅱ}=0.8$，$K_{rel}^{Ⅲ}=0.8$，电动机自启动系数 $K_{ss}=2$，返回系数 $K_{re}=1.17$。线路单位阻抗为 $z_1=0.4\Omega/km$，线路电抗角为 $\varphi_k=75°$，功率因数 $\cos\varphi=0.9$，负荷支路距离Ⅲ段动作时限分别为：$t_9=0.5s$，$t_{11}=1.5s$，$t_{12}=2s$。

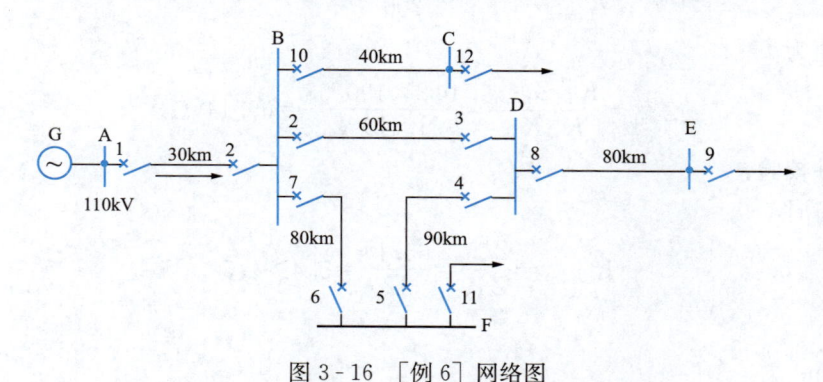

图3-16 [例6]网络图

解 (1) 距离Ⅰ段。

动作值 $Z_{set1}^{Ⅰ}=K_{rel}^{Ⅰ}Z_{AB}=0.85\times 30\times 0.4=10.2(\Omega)$

保护范围 $\alpha=85\%$

动作时限 $t_1^{Ⅰ}=0s$。

(2) 距离Ⅱ段。

1) 与相邻线路保护10的Ⅰ段配合，动作值为

$$Z_{set1}^{Ⅱ}=K_{rel}^{Ⅱ}(Z_{AB}+K_{b,min}Z_{set.10}^{Ⅰ})=0.8\times(12+1\times 0.85\times 16)=20.48(\Omega)$$

2) 与相邻线路保 2 的 I 段配合。

分支系数为

$$K_{b,\min} = 1 - \frac{K_{\text{rel}}^{\text{I}} l_{BD}}{l_{\Sigma\text{环}}} = 1 - \frac{0.85 \times 60}{60+80+90} = 0.78$$

动作值为

$$Z_{\text{set1}}^{\text{II}} = K_{\text{rel}}^{\text{II}}(Z_{AB} + K_{b,\min} Z_{\text{set2}}^{\text{I}}) = 0.8 \times (12 + 0.78 \times 0.85 \times 24) = 22.33(\Omega)$$

3) 与相邻线路保护 7 的 I 段配合。

分支系数为

$$K_{b,\min} = 1 - \frac{K_{\text{rel}}^{\text{I}} l_{BF}}{l_{\Sigma\text{环}}} = 1 - \frac{0.85 \times 80}{60+80+90} = 0.7$$

动作值为

$$Z_{\text{set1}}^{\text{II}} = K_{\text{rel}}^{\text{II}}(Z_{AB} + K_{b,\min} Z_{\text{set7}}^{\text{I}}) = = 0.8 \times (12 + 0.7 \times 0.85 \times 32) = 24.83(\Omega)$$

以上三者取小作为保护 1 的 II 段定值，即 $Z_{\text{set1}}^{\text{II}} = 20.48\Omega$。

灵敏系数为

$$K_{\text{sen}} = \frac{Z_{\text{set1}}^{\text{II}}}{Z_{AB}} = \frac{20.48}{12} = 1.71 > 1.25$$

满足要求。

动作时限 $t_1^{\text{II}} = 0.5\text{s}$。

(3) 距离 III 段。

最小负荷等值阻抗为

$$Z_{L,\min} = \frac{U_{L,\min}}{I_{L,\max}} = \frac{0.9 \times 110/\sqrt{3} \times 10^3}{300} = 190.53(\Omega)$$

动作值为

$$Z_{\text{set1}}^{\text{III}} = \frac{K_{\text{rel}}^{\text{III}} Z_{L,\min}}{K_{\text{re}} K_{\text{ss}}} = \frac{0.8 \times 190.53}{1.17 \times 2} = 65.14(\Omega)$$

灵敏性校验：

近后备时

$$K_{\text{sen(n)}} = \frac{Z_{\text{set1}}^{\text{III}}}{Z_{AB}} = \frac{65.14}{12} = 5.4 > 1.5$$

满足要求。

远后备：

1) 做 BC 线路远后备时 $K_{b,\max} = 1$

$$K_{\text{sen(f)}} = \frac{Z_{\text{set1}}^{\text{III}}}{Z_{AB} + K_{b,\max} Z_{BC}} = \frac{65.14}{12+16} = 2.33 > 1.2$$

满足要求。

2) 做 BD 线路远后备时 $K_{b,\max} = 1$

$$K_{\text{sen(f)}} = \frac{Z_{\text{set1}}^{\text{III}}}{Z_{AB} + K_{b,\max} Z_{BD}} = \frac{65.14}{12+24} = 1.81 > 1.2$$

满足要求。

3) 做 BF 线路远后备时 $K_{b,max}=1$

$$K_{sen(f)}=\frac{Z_{set1}^{III}}{Z_{AB}+K_{b,max}Z_{BF}}=\frac{65.14}{12+32}=1.48>1.2$$

满足要求。

动作时限 $t_1=3s$。

[**例 7**] 如图 3-17 所示系统，各保护均配置了阶段式距离保护。已知：全系统阻抗角均为 70°，线路单位阻抗为 $z_1=0.4\Omega/km$，两侧电源电动势 $E_M=E_N$，电源等值阻抗 $Z_M=18\Omega$，$Z_N=20\Omega$，距离 II 段均采用方向阻抗继电器，II 段灵敏系数为 $K_{sen}=1.5$。试求：

(1) 保护 3 距离 II 段的动作阻抗，并写出其比相式和比幅式动作方程。

(2) 当保护 3 距离 II 段采用带记忆回路的方向阻抗继电器时，求正、反方向 $t=0s$ 短路时的动态特性表达式，并在复平面上画出动作区域。

```
E_M  A              B           C              D  E_N
~||─1──30km──2─|3──100km──4─|5──50km──6─||~
```

图 3-17 [例 7] 网络图

解 (1) II 段灵敏系数为 $K_{sen}=1.5$，得保护 3 距离 II 段动作值为

$$Z_{set3}^{II}=K_{sen}Z_{BC}=1.5\times100\times0.4=60(\Omega)$$

对应方向圆特性的动作方程如下：

比相式动作方程为

$$90°\leqslant\arg\frac{Z_m}{Z_m-60e^{j70°}}\leqslant270°$$

比幅式动作方程为

$$|Z_m-30e^{j70°}|\leqslant30$$

(2) 当采用记忆回路后，$t=0s$ 正、反方向短路时，对应动作特性分别变为：

正方向短路时

$$90°\leqslant\arg\frac{Z_m+Z_S}{Z_m-Z_{set}}\leqslant270° \qquad (3-1)$$

反方向短路时

$$90°\leqslant\arg\frac{Z_m-Z_S'}{Z_m-Z_{set}}\leqslant270° \qquad (3-2)$$

式中 Z_S——保护背后系统等值阻抗，$Z_S=Z_M+Z_{AB}=(18+30\times0.4)e^{j70°}=30e^{j70°}$；

Z_S'——保护正方向对应系统等值阻抗，即 N 侧电源归算到保护所在 B 母线的等值阻抗 $Z_S'=Z_{BC}+Z_{CD}+Z_N=(150\times0.4+20)e^{j70°}=80e^{j70°}$。

分别带入式（3-1）和式（3-2）可得：

1) 正方向短路时动作方程为

$$90°\leqslant\arg\frac{Z_m+30e^{j70°}}{Z_m-60e^{j70°}}\leqslant270°$$

2) 反方向短路时动作方程为

$$90°\leqslant \arg\frac{Z_m-80e^{j70°}}{Z_m-60e^{j70°}}\leqslant 270°$$

由绝对值表达式和相位表达式 $|Z_B|\leqslant |Z_A|$ 和 $90°\leqslant \arg\frac{Z_C}{Z_D}\leqslant 270°$ 的互换关系，可得：正方向短路时比幅式表达式为 $|Z_m-15e^{j70°}|\leqslant 45$，即圆心在 $15e^{j70°}$，半径为 45 的偏移圆；反方向短路时比幅式表达式为 $|Z_m-70e^{j70°}|\leqslant 10$，即圆心在 $70e^{j70°}$，半径为 10 的上抛圆。

做动作区域如图 3-18 所示，其中虚线圆为原来的方向圆，实线圆为正、反方向的动态特性圆。

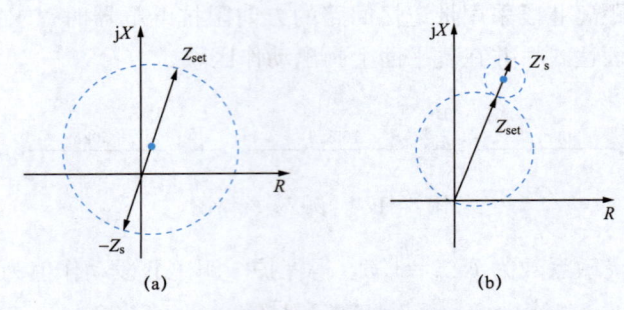

图 3-18 采用记忆回路后的动作特性圆
(a) 正方向短路；(b) 反方向短路

[例 8] 如图 3-19 所示，已知线路长度为 $l=80\text{km}$，线路单位阻抗为 $z_1=0.4e^{j70°}\Omega/\text{km}$，110kV 线路距离 A 母线 60km 处 k 点发生单相接地故障，且故障点处过渡电阻为 $R_g=10\Omega$。若两侧电源 $\dot{E}_N=\dot{E}_M e^{j30°}$，两侧电源等值阻抗分别为 $Z_M=6\Omega$，$Z_N=7\Omega$，电源阻抗角均为 $70°$。试问：

（1）此时两侧保护的测量阻抗分别为多少？

（2）若距离 I 段可靠系数取 $K_{rel}^{I}=0.85$，与 k 点发生金属性接地短路相比，此时经过渡电阻接地后，保护 1 和保护 2 的距离保护 I 段动作情况有何变化？

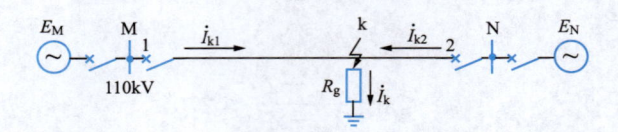

图 3-19 [例 8] 网络图

解 （1）若短路点至保护 1 的线路阻抗表示为 Z_k，则

$$Z_k=0.4e^{j70°}\times 60=24e^{j70°}\Omega$$

保护 1 的测量阻抗为

$$Z_{m1}=\frac{\dot{U}_{m1}}{\dot{I}_{m1}}=\frac{\dot{I}_{k1}Z_k+(\dot{I}_{k1}+\dot{I}_{k2})R_g}{\dot{I}_{k1}}=Z_k+\frac{\dot{I}_{k1}+\dot{I}_{k2}}{\dot{I}_{k1}}R_g=Z_k+\left(1+\frac{\dot{I}_{k2}}{\dot{I}_{k1}}\right)R_g \quad (3-3)$$

设故障点处的短路电压为 $\dot{U}_k$，则

$$\dot{I}_{k1}=\frac{\dot{E}_M-\dot{U}_k}{Z_M+Z_k}=\frac{\dot{E}_M-\dot{U}_k}{(6+24)\mathrm{e}^{\mathrm{j}70°}}=\frac{\dot{E}_M-\dot{U}_k}{30\mathrm{e}^{\mathrm{j}70°}} \tag{3-4}$$

$$\dot{I}_{k2}=\frac{\dot{E}_N-\dot{U}_k}{Z_N+Z_{AB}-Z_k}=\frac{\dot{E}_N-\dot{U}_k}{(7+32-24)\mathrm{e}^{\mathrm{j}70°}}=\frac{\dot{E}_M\mathrm{e}^{\mathrm{j}30°}-\dot{U}_k}{15\mathrm{e}^{\mathrm{j}70°}} \tag{3-5}$$

式中

$$\dot{U}_k=(\dot{I}_{k1}+\dot{I}_{k2})R_g=\left(\frac{\dot{E}_M-\dot{U}_k}{30\mathrm{e}^{\mathrm{j}70°}}+\frac{\dot{E}_N-\dot{U}_k}{15\mathrm{e}^{\mathrm{j}70°}}\right)\times10$$

$$=\frac{\dot{E}_M-\dot{U}_k}{3\mathrm{e}^{\mathrm{j}70°}}+\frac{\dot{E}_M\mathrm{e}^{\mathrm{j}30°}-\dot{U}_k}{1.5\mathrm{e}^{\mathrm{j}70°}} \tag{3-6}$$

将式 (3-6) 试两侧同除 $\dot{U}_k$，可得

$$1=\frac{(\dot{E}_M/\dot{U}_k)-1}{3\mathrm{e}^{\mathrm{j}70°}}+\frac{(\dot{E}_M/\dot{U}_k)\mathrm{e}^{\mathrm{j}30°}-1}{1.5\mathrm{e}^{\mathrm{j}70°}}$$

从而解得

$$\frac{\dot{E}_M}{\dot{U}_k}=\frac{3\mathrm{e}^{\mathrm{j}70°}+3}{2\mathrm{e}^{\mathrm{j}30°}+1}=\frac{4.03+2.82\mathrm{j}}{2.73+\mathrm{j}}=1.69\mathrm{e}^{\mathrm{j}14.85°}$$

进而推导得

$$\frac{\dot{I}_{k2}}{\dot{I}_{k1}}=\left(\frac{\dot{E}_M\mathrm{e}^{\mathrm{j}30°}-\dot{U}_k}{15\mathrm{e}^{\mathrm{j}70°}}\right)\Big/\left(\frac{\dot{E}_M-\dot{U}_k}{30\mathrm{e}^{\mathrm{j}70°}}\right)=2\times\frac{\dot{E}_M\mathrm{e}^{\mathrm{j}30°}-\dot{U}_k}{\dot{E}_M-\dot{U}_k}=2\times\frac{\dot{E}_M/\dot{U}_k\mathrm{e}^{\mathrm{j}30°}-1}{(\dot{E}_M/\dot{U}_k)-1}$$

$$=2\times\frac{1.69\mathrm{e}^{\mathrm{j}14.85°}\times\mathrm{e}^{\mathrm{j}30°}-1}{1.69\mathrm{e}^{\mathrm{j}14.85°}-1}=\frac{0.396+\mathrm{j}2.384}{0.634+\mathrm{j}0.433}=3.15\mathrm{e}^{\mathrm{j}46.2°}$$

代入式 (3-3) 中得到保护 1 的测量阻抗为

$$Z_{m1}=Z_k+\left(1+\frac{\dot{I}_{k2}}{\dot{I}_{k1}}\right)R_g=24\mathrm{e}^{\mathrm{j}70°}+(1+3.15\mathrm{e}^{\mathrm{j}46.2°})\times10$$

$$=24\mathrm{e}^{\mathrm{j}70°}+39.09\mathrm{e}^{\mathrm{j}35.56°}=40+\mathrm{j}45.28=60.42\mathrm{e}^{\mathrm{j}48.5°}$$

同理，推导保护 2 的测量阻抗为

$$Z_{m2}=\frac{\dot{U}_{m2}}{\dot{I}_{m2}}=\frac{\dot{I}_{k2}(Z_{AB}-Z_k)+(\dot{I}_{k1}+\dot{I}_{k2})R_g}{\dot{I}_{k2}}=(Z_{AB}-Z_k)+\left(1+\frac{\dot{I}_{k1}}{\dot{I}_{k2}}\right)R_g$$

$$=(32\mathrm{e}^{\mathrm{j}70°}-24\mathrm{e}^{\mathrm{j}70°})+(1+\mathrm{e}^{-\mathrm{j}46.2°}/3.15)\times10$$

$$=8\mathrm{e}^{\mathrm{j}70°}+12.41\mathrm{e}^{-\mathrm{j}10.64°}=14.93+\mathrm{j}5.23=15.82\mathrm{e}^{\mathrm{j}19.3°}$$

根据以上计算可知：受电侧 $\dot{E}_M$ 处的保护 1 相当于增加了一个感性阻抗 $39.09\mathrm{e}^{\mathrm{j}35.56°}$，测量阻抗为 $60.42\mathrm{e}^{\mathrm{j}48.5°}$；送电侧 $\dot{E}_N$ 处的保护 2 相当于增加了一个容性阻抗 $12.41\mathrm{e}^{-\mathrm{j}10.64°}$，测量阻抗为 $15.82\mathrm{e}^{\mathrm{j}19.3°}$。

(2) 保护 1 距离 I 段阻抗继电器在测量角度为 48.5°时对应的起动阻抗为

$$Z_{\mathrm{op},m1}=0.85\times32\times\cos(70°-48.5°)=25.31(\Omega)$$

此时，测量阻抗 $Z_{m1} = 60.42\Omega > Z_{op.m1}$，保护不动作。

距离 M 母线 60km 处发生金属性短路时，在保护 1 距离Ⅰ段保护范围 $0.85 \times 80 = 68$（km）内，保护本应动作，可见经过渡电阻接地后，保护不动作属于拒动。即说明 M 侧电源滞后 N 侧电压，M 侧是受电侧，过渡电阻使测量阻抗变大，造成保护拒动。

保护 2 距离Ⅰ段阻抗继电器在测量角度为 19.3° 时对应的起动阻抗为

$$Z_{op.m2} = 0.85 \times 32 \times \cos(70° - 19.3°) = 17.22(\Omega)$$

此时，测量阻抗 $Z_{m1} = 15.82\Omega < Z_{op.m2}$，保护动作。

距离 M 母线 60km 处发生金属性短路时，相当于距 B 母线 20km 处短路，因此在保护 2 距离Ⅰ段保护范围 $0.85 \times 80 = 68$（km）内，保护本应动作，可见经过渡电阻接地后，保护 2 动作仍属于正常动作。

[例 9] 如图 3-20 所示网络，已知电源 E_M 和 E_N 的等值阻抗分别为 $Z_M = 4\Omega$，$Z_N = 8\Omega$，距离保护Ⅰ段可靠系数 $K_{rel}^{Ⅰ} = 0.85$，Ⅱ段可靠系数 $K_{rel}^{Ⅱ} = 0.8$，$|E_M| = |E_N|$，线路和电源阻抗角相等，且线路单位阻抗为 $z_1 = 0.4e^{j75°} \Omega/\text{km}$。若该系统配置了阶段式距离保护，当系统发生振荡，振荡周期为 $T_s = 2s$ 时，试求：

(1) 振荡中心的位置。

(2) 当保护 1 的距离Ⅱ段采用方向阻抗继电器时，分析保护 1 的距离Ⅱ段阻抗继电器受系统振荡影响，误动作的时间，并确认是否需要加装振荡闭锁措施？

(3) 分析 BC、CD 线路的保护是否需要加装振荡闭锁，为什么？

图 3-20 [例 9] 网络图

解 (1) 振荡中心应落在两个电源之间总等值阻抗的中心处，由

$$\frac{1}{2}Z_\Sigma = \frac{Z_M + Z_{AB} + Z_N}{2} = \frac{4 + 80 \times 0.4 + 8}{2} = 22(\Omega)$$

振荡中心位置 $\left(\frac{1}{2}Z_\Sigma - Z_M\right)/z_1 = (22-4)/0.4 = 45(\text{km})$，即距离 A 母线 45km 处。

(2) 本网络既有助增又有外汲，因此最小分支系数为

$$K_{b,\min} = K_{b,\min(in)} K_{b,\min(out)} = 5.5 \times 0.575 = 3.16$$

式中 $K_{b,\min(in)}$——助增电源最小分支系数，$K_{b,\min(in)} = 1 + \frac{Z_{M,\min} + Z_{AB}}{Z_{N,\max}} = 1 + \frac{4 + 0.4 \times 80}{8} = 5.5$；

$K_{b,\min(out)}$——外汲支路最小分支系数，$K_{b,\min(out)} = \frac{2 - K_{rel}^{Ⅰ}}{2} = \frac{2 - 0.85}{2} = 0.575$。

保护 1 的Ⅱ段动作值为

$$Z_{set1}^{Ⅱ} = K_{rel}^{Ⅱ}(Z_{AB} + K_{b,\min} Z_{set3}^{Ⅰ}) = 0.8(32 + 3.16 \times 13.6) = 60(\Omega)$$

$$Z_{\text{set3}}^{\text{I}} = K_{\text{rel}}^{\text{I}} Z_{BC} = 0.85 \times 0.4 \times 40 = 13.6(\Omega)$$

灵敏系数为

$$K_{\text{sen}} = \frac{Z_{\text{set1}}^{\text{II}}}{Z_{AB}} = \frac{60}{32} = 1.875 > 1.25$$

满足要求。

动作时限 $t_1^{\text{II}} = 0.5\text{s}$。

在复平面上画出动作区域及振荡中心关系如图 3-21 所示。图中，S 为振荡中心，A 为保护 1 所安装位置，AM 为电源 E_M 阻抗，NB 为电源 E_N 阻抗。过 S 点做保护 1 距离 II 段方向阻抗圆直径 AP 的垂直线 OO'，OO' 即为振荡线。因此得图中各线段长度（用阻抗表示）为

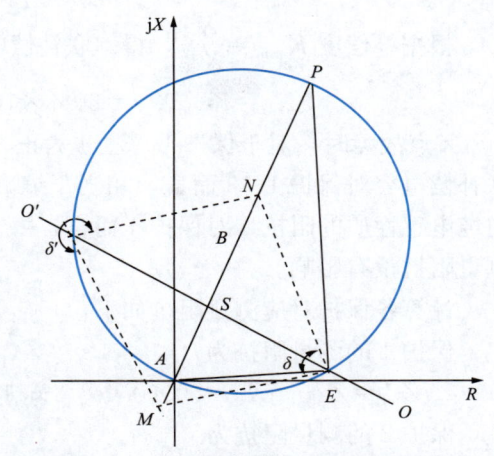

图 3-21 保护 1 的距离 II 段动作区域与振荡中心关系受振荡影响分析

$$AS = MS - MA = 22 - 4 = 18(\Omega)$$
$$SP = Z_{\text{set1}}^{\text{II}} - AS = 60 - 18 = 42(\Omega)$$

在直角三角形 △AEP 中三角形的高为

$$SE = \sqrt{AS \times SP} = \sqrt{18 \times 42} = 27.5(\Omega)$$

在直角三角形 △MSE 中

$$\delta = 2\arctan\frac{MS}{SE} = 2\arctan^{-1}\frac{22}{27.5} = 77.3°$$
$$\delta' = 360° - 77.3° = 282.7°$$

误动作时间为

$$t = \frac{\delta' - \delta}{360}T_s = \frac{282.7° - 77.3°}{360°} \times 2 = 1.14\text{s} > 0.5\text{s}$$

因此，保护 1 的距离 II 段将误动作，因此需要加装振荡闭锁措施。

(3) 不需要，因为对于线路 BC 和线路 CD 而言相当于单侧电源，保护所得出的测量阻抗不受振荡影响。

[例 10] 如图 3-22 所示网络，在线路 BC 出口处装设了串联补偿电容，补偿度为 BC 线路的 30%，系统中各线路均装有距离保护，且其测量元件均为方向阻抗继电器。若已知距离保护 I 段的保护范围为线路全长的 80%，线路单位阻抗为 $z_1 = 0.4e^{j80°}$ Ω/km，当系统中在 k 点发生故障时，距离保护 1、2、3、4 的 I 段工作情况是否会受串联补偿电容的影响？将如何动作？

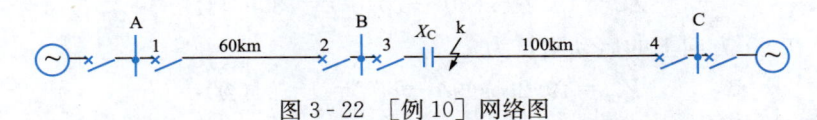

图 3-22 [例 10] 网络图

解 串联补偿电容是集中参数，它的存在影响保护测量阻抗的大小，因此，可能对保护的动作情况造成影响。

根据补偿度 $K_{com}=\dfrac{X_C}{X_{BC}}$，得串联补偿电容大小为

$$X_C = K_{com}X_{BC} = 30\% \times 100 \times 0.4 \times \sin 80° = 11.82(\Omega)$$

k 点故障时，对于保护 1、3、4 为正方向故障，对保护 2 为反方向故障。此时，串联补偿电容对保护 1、3 而言，相当于缩减了测量阻抗；而对保护 2 而言，则呈现正方向纯电感性质的阻抗，对保护 4 而言，由于串联补偿电容在正方向短路点外侧，故对其测量阻抗没有影响。

计算各保护对应测量阻抗如下：

保护 1 的测量阻抗为

$$Z_{m1} = Z_{AB} - jX_C = 60 \times 0.4e^{j80°} - j11.82 = (4.17 + j11.82) = 12.53e^{j70.6°}(\Omega)$$

保护 2 的测量阻抗为

$$Z_{m2} = -(-jX_C) = j11.82(\Omega)$$

保护 3 的测量阻抗为

$$Z_{m3} = j(0 - X_C) = -j11.82(\Omega)$$

保护 4 的测量阻抗为

$$Z_{m4} = Z_{BC} = 100 \times 0.4e^{j80°} = 40e^{j80°}(\Omega)$$

各保护测量阻抗与动作区域关系如图 3-23 所示。

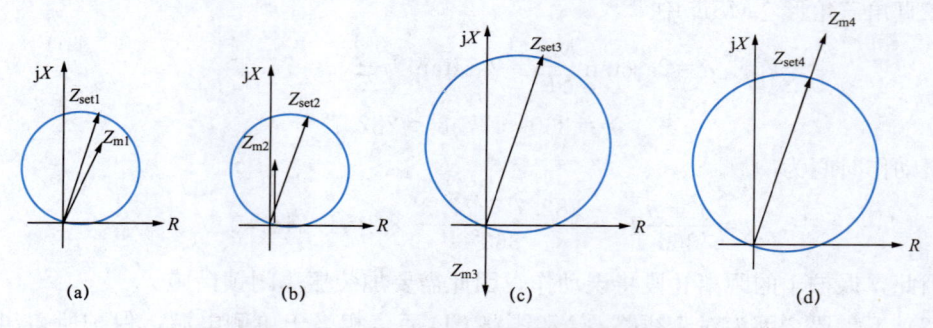

图 3-23 串联补偿电容对方向阻抗继电器工作的影响
(a) 保护 1；(b) 保护 2；(c) 保护 3；(d) 保护 4

根据距离 Ⅰ 段的保护范围为线路全长的 80%，图中各保护距离 Ⅰ 段的整定阻抗分别为

$$Z_{set1} = 19.2e^{j80°}\Omega, Z_{set2} = 19.2e^{j80°}\Omega, Z_{set3} = 32e^{j80°}\Omega, Z_{set4} = 32e^{j80°}\Omega。$$

其中，保护 1 在 70.6°方向上的启动阻抗为

$$Z_{op} = 19.2\cos(80° - 70.6°) = 18.94(\Omega)$$

保护 2 在 90°方向上的启动阻抗为

$$Z_{op} = 19.2\cos(90° - 80°) = 18.91(\Omega)。$$

由此可见，在串联补偿电容作用下，线路各保护距离 Ⅰ 段动作情况如下：

(1) 保护 1 测量阻抗由 $24e^{j80°}\Omega$ 变为 $12.53e^{j70.6°}\Omega$，测量阻抗减小，并进入动作区域内，保护将误动作。

(2) 保护 2 测量阻抗由 0 变为 j11.82Ω，并进入动作区域内，保护将误动作。
(3) 保护 3 测量阻抗由 0 变为 −j11.82Ω，在动作区域外，保护将拒动。
(4) 保护 4 测量阻抗不受串联补偿电容的影响。

第三部分 习 题

一、选择题

1. 正常运行时距离保护装置的测量阻抗为（　　）。
A. 线路阻抗　　　　B. 短路阻抗　　　　C. 负荷阻抗　　　　D. 整定阻抗
2. 当线路阻抗角为 $\varphi_k=65°$ 时，方向圆特性阻抗继电器的最灵敏角为（　　）。
A. 25°　　　　　　B. 65°　　　　　　C. −25°　　　　　　D. −65°
3. 距离保护装置构成中不包括（　　）组成。
A. 启动部分　　　　　　　　　　　B. 测量部分
C. 电压回路断线闭锁　　　　　　　D. 电流回路断线闭锁
4. 阻抗继电器采用 0°接线方式的目的是（　　）。
A. 消除出口三相短路死区　　　　　B. 消除出口两相短路死区
C. 正确反应故障点至保护安装点的距离　　D. 消除短路点过渡电阻的影响
5. 距离Ⅲ段保护，采用方向阻抗继电器比采用全阻抗继电器（　　）。
A. 灵敏度高　　　B. 灵敏性低　　　C. 灵敏性相同　　　D. 保护范围小
6. 系统发生振荡时，距离Ⅲ段不受系统振荡的影响，其原因是（　　）。
A. 保护动作时限小于系统的振荡周期的误动时间
B. 保护动作时限大于系统的振荡周期的误动时间
C. 保护动作时限等于系统的振荡周期的误动时间
D. 以上均不对
7. 与短路不同，系统振荡时电压，电流的变化是（　　）。
A. 缓慢而且与振荡周期无关　　　　B. 突变而且与振荡周期无关
C. 缓慢而且与振荡周期有关　　　　D. 突变而且与振荡周期有关
8. 单侧电源线路，距离保护受（　　）影响，测量阻抗将减小，保护范围增大。
A. 外汲电流　　　B. 助增电流　　　C. 助增电源　　　D. 过渡电阻
9. 电力系统振荡时，发生振荡的系统之间线路上的振荡电流（　　）。
A. 离振荡中心越近则越大　　　　　B. 与振荡中心位置无关
C. 随着振荡的发生逐渐增大　　　　D. 与振荡周期无关
10. 采用 0°接线的阻抗继电器，当内部发生金属相间短路时，其测量阻抗为（　　）。
A. $z_1 l_k + R_g$　　B. $z_1 l_k$　　　C. Z_L　　　　　D. R_g
11. 距离保护Ⅰ段二次整定阻抗值为 2Ω，若一次整定阻抗不变，电压互感器变比增大为原来的 2 倍，电流互感器变比缩小为原来的 0.5 倍，则二次整定阻抗值为（　　）。
A. 2　　　　　　　B. 0.25　　　　　C. 0.5　　　　　　D. 1
12. 双侧电源线路中配置阶段式距离保护，当距离Ⅰ段保护范围为 80% 时，全线路范围内短路故障时能够瞬动的范围为（　　　）。

  A. 80%　　　　B. 60%　　　　C. 100%　　　　D. 40%

13. 具有相同保护范围的全阻抗继电器、方向阻抗继电器、偏移阻抗继电器，受系统振荡影响最大的是（　　　）。

  A. 全阻抗继电器　　B. 方向阻抗继电器　　C. 偏移阻抗继电器　　D. 都一样

14. 距离Ⅱ段保护，防止过渡电阻影响的方法可采用（　　　）。

  A. 利用记忆回路　　　　　　　　B. 引入非故障相电压

  C. 利用瞬时测定回路　　　　　　D. 采用90°接线

15. 采用工频故障分量构成的距离保护（　　　）。

  A. 无需加振荡闭锁　　　　　　　B. 可以反映高次谐波分量

  C. 不具备选相能力　　　　　　　D. 可用于距离保护Ⅲ段

二、填空题

1. 距离保护一般由_____、_____、_____、_____、配合逻辑和出口等部分构成，其中_____是距离保护的核心。

2. 距离保护的广泛采用_____延时特性。

3. 方向阻抗继电器具有明确的_____，但当保护正方向出口及附近三相短路时有_____。

4. 复平面上以 $3e^{j70°}$ 为圆心，以 5 为半径的圆，属于_____特性阻抗圆。

5. 当发生 AB 两相短路接地时，采用 0°接线的距离保护 3 个测量元件中有_____个阻抗继电器动作；而带零序电流补偿的 0°接线的距离保护 3 个测量元件中有_____个阻抗继电器动作。

6. 当测量电流取 $\dot{I}_A - \dot{I}_C$ 时，采用 0°接线的阻抗继电器的测量电压应取_____。

7. 测量阻抗二次值 Z_{m2} 和一次值 Z_{m1} 的关系为_____。

8. 精工电流越_____，阻抗继电器性能越_____。

9. 整定阻抗相等的三种圆特性阻抗继电器中，受过渡电阻影响最大的是_____，而受系统振荡影响最大的是_____。

10. 电力系统振荡时，随着振荡电流增大，母线电压_____，阻抗元件的测量阻抗_____，可能造成距离保护的阻抗元件误动作。

11. 距离保护受系统振荡的影响与保护的_____地点有关，当振荡中心在_____或位于保护的_____时，距离保护就不会因振荡而误动。

12. 助增电源的存在使距离保护的测量阻抗_____，相当于保护范围_____，可能造成保护_____。

13. 外汲电流的存在使距离保护的测量阻抗_____，相当于保护范围_____，可能造成保护_____。

14. 双侧电源线路中配置阶段式距离保护，当距离Ⅰ段保护范围为 80% 时，全线路范围内短路故障时能够瞬动的范围为_____。

15. 当保护整定值不变时，分支系数越大，使保护范围_____，导致灵敏性_____。

16. 若距离保护Ⅱ段在整定时已考虑助增电流影响的情况，当在运行中助增电流消失后，测量阻抗将_____，相当于保护范围_____。

17. 双侧电源网络中过渡电阻可能使测量阻抗减小，从而引起保护_____，称为_____。

18. 与圆特性阻抗继电器相比，四边形阻抗继电器的优点是具有较强的_____和_____能力。

19. 双侧电源系统中，在过渡电阻的影响下，_____侧的距离保护可能因测量阻抗变大，而出现拒动问题。

20. 工频故障分量距离元件的动作判据可表示为_____，在微机保护中它一般适用距离保护_____段和纵联保护中的_____元件。

三、名词解释

1. 距离保护
2. 测量阻抗
3. 整定阻抗
4. 启动阻抗
5. 0°接线
6. 最小精确工作电流
7. 分支系数
8. 补偿电压
9. 振荡闭锁
10. 工频故障分量

四、问答题

1. 试回答距离保护的工作原理，并说明它与电流保护有何异同。
2. 什么是故障环路？相间短路与接地短路所构成的故障环路的最明显差别是什么？
3. 110kV 线路上为了切除线路上各种类型的短路故障，一般需要配置哪几种接线方式的距离保护协同工作？各接线方式对应测量电流、测量电压分别是怎样构成的？
4. 反应接地短路的阻抗继电器为什么要采用带零序电流补偿的 0°接线方式？
5. 分别画出三种常用圆特性阻抗继电器的动作区域，并写出动作方程，描述其优缺点。
6. 试在复平面上画出四边形特性阻抗继电器的动作区域，并回答四个倾斜角的意义。
7. 四边形特性阻抗继电器的阻抗动作特性向第Ⅱ、Ⅳ象限偏移的作用是什么？
8. 方向阻抗继电器为什么存在电压死区？可采用哪些方法消除死区？
9. 记忆回路作用对距离保护阻抗继电器动作特性有何影响？
10. 在整定距离保护Ⅱ段动作值时，为什么采用最小分支系数？在校验距离保护Ⅲ段远后备灵敏度时，为什么采用最大分支系数？

11. 影响阻抗继电器正确工作的因素有哪些？
12. 线路距离保护振荡闭锁的控制原则是什么？
13. 过渡电阻在单侧电源网络和双侧电源网络中对距离保护分别造成哪些影响？有何措施可以防止过渡电阻对距离保护的影响？
14. 串联补偿电容器对距离保护的正确工作有什么影响？如何克服这些影响？
15. 电力系统振荡对距离保护带来什么影响？可采取哪些振荡闭锁措施？
16. 故障选相元件的作用是什么？
17. 利用正序电压用作极化参考电压的好处是什么？
18. 电压互感器二次回路断线对距离保护有什么影响？如何防止？
19. 工频故障分量的距离保护有什么优点？
20. 什么是阻抗继电器的稳态超越和暂态超越？应采取哪些措施克服其影响？

五、分析与计算题

1. 已知线路单位阻抗为 $z_1=(0.1+j0.4)\Omega/km$，电流互感器变比为 $n_{TA}=600/5$，电压互感器变比为 $n_{TV}=110000/100$。如图3-24所示110kV线路，试计算：

(1) 在距离A母线20km处发生金属性短路时，距离保护1的一次侧和二次侧的测量阻抗。

(2) 在距离A母线40km处经过渡电阻为 $R_g=5\Omega$ 短路接地时，保护1的一次侧和二次侧的测量阻抗。

图3-24 习题1网络图

2. 采用0°接线的全阻抗继电器，因电压互感器误差，使二次电压减小了5%，当发生相间短路时，该情况使保护范围延长还是缩短？变化多少？为什么？

3. 试写出半径为3，圆心为 $2e^{j70°}$ 的阻抗继电器的绝对值比较和相位比较形式的动作方程，画出动作特性圆，并回答该属于什么特性的阻抗继电器。

4. 某方向阻抗继电器整定阻抗为 $Z_{set}=6e^{j75°}\Omega$，当继电器的测量阻抗为 $Z_m=4e^{j15°}\Omega$ 时，该继电器是否动作？为什么？

5. 如图3-25所示系统，各保护均配置了三段式距离保护。已知可靠系数 $K_{rel}^I=0.85$，$K_{rel}^{II}=0.8$，线路单位阻抗为 $z_1=0.4\Omega/km$，变压器短路电压为 $U_k\%=10.5\%$，额定容量为 $S_N=40MVA$，试对保护1的距离Ⅰ、Ⅱ段进行整定计算。

6. 如图3-26所示网络，已知：变压器额定容量为 $S_N=31.5MVA$，短路电压为 $U_k\%=10.5\%$，平行双回线 AB 每条线路的最大负荷电流为 $I_{L,max}=70A$，可靠系数 $K_{rel}^I=0.85$，$K_{rel}^{II}=0.8$，$K_{rel}^{III}=0.85$，返回系数 $K_{re}=1.17$，自启动系数 $K_{ss}=1.5$，线路单位阻抗为 $z_1=0.4\Omega/km$，$t_8=0.5s$，$t_9=1s$。试求：

(1) 对保护1进行阶段式距离保护整定计算。

(2) 分析图中距离 B 母线 20km 处 k 点短路后，可能有哪些阻抗元件启动？若保护 5 对应处的断路器 QF5 拒动，故障将如何切除？

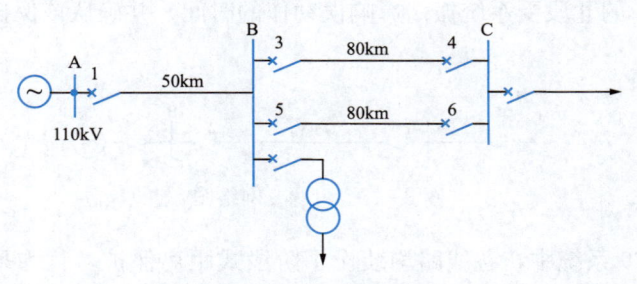

图 3-25 习题 5 网络图

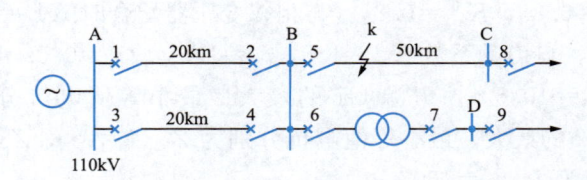

图 3-26 习题 6 网络图

7. 如图 3-27 所示网络中，保护 1 配置了阶段式距离保护，试对保护 1 的距离 II 段进行整定计算。已知：电源 G1 的最大、最小等值阻抗分别为 $Z_{s1,max}=25\Omega$，$Z_{s1,min}=15\Omega$；电源 G2 的最大、最小等值阻抗分别为 $Z_{s2,max}=20\Omega$，$Z_{s2,min}=12\Omega$；可靠系数 $K_{rel}^{I}=0.85$，$K_{rel}^{II}=0.8$，线路单位阻抗为 $z_1=0.4\Omega/km$。

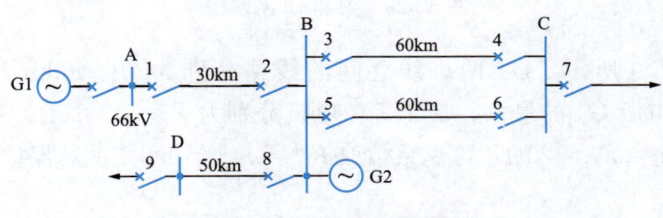

图 3-27 习题 7 网络图

8. 如图 3-28 所示网络，已知两侧电源等值阻抗分别为 $Z_M=20\Omega$，$Z_N=30\Omega$，线路 $L_{AB}=75km$，单位阻抗为 $z_1=0.4\Omega/km$，全系统阻抗角均为 75°，且 $|\dot{E}_M|=|\dot{E}_N|$，若保护 1 距离 II 段采用方向阻抗继电器，且整定阻抗为 45Ω。当系统发生振荡时，两侧电源相位差为 100°时，试求保护 1 距离 II 段的测量阻抗为多少？该阻抗继电器是否会误动作？

9. 如图 3-28 所示系统，若系统电压等级为 220kV，$L_{AB}=100km$，且 $|\dot{E}_M|=|\dot{E}_N|$，$Z_M=Z_N=10e^{j70°}$，线路电抗角 $\varphi_k=70°$，线路单位阻抗 $z_1=0.4\Omega/km$，振荡周期为 1.5s，线路 AB 两端均装有方向性距离保护 I 段和 II 段，距离 I 段的保护范围为 80%，距离 II 段的灵敏系数为 $K_{sen}=1.5$。如果系统发生振荡，试问：

（1）振荡中心的位置在何处？

(2) 在复平面上分析保护 1、2 的距离 Ⅰ 段和 Ⅱ 段的方向阻抗继电器受振荡影响的情况。

(3) 求保护 1 的 Ⅱ 段受系统振荡影响误动作的时间，并确认该保护是否会因振荡影响使断路器跳闸？

图 3-28 习题 8 网络图

10. 如图 3-29 系统中，各线路均装设了阶段式距离保护，且均采用方向阻抗继电器，试对保护 1 的三段式距离保护进行整定计算。已知：线路单位阻抗 $z_1=0.4e^{j70°}$ Ω/km，可靠系数 $K_{rel}^{I}=0.85$，$K_{rel}^{II}=0.8$，（与相邻变压器配合时 $K_{rel}^{II}=0.7$），$K_{rel}^{III}=0.85$，返回系数 $K_{re}=1.15$，自启动系数 $K_{ss}=1.5$，$t_9=1.5s$，$t_{10}=0.5s$，每台变压器容量为 $S_B=20MVA$，$U_k\%=10.5\%$，电源 G1 的最大、最小等值电抗分别为 $Z_{s1,max}=5Ω$，$Z_{s1,min}=3Ω$；电源 G2 的最大、最小等值电抗分别为 $Z_{s2,max}=\infty$，$Z_{s2,min}=20Ω$，流过保护 1 的最大负荷电流为 $I_{L,max}=160A$。

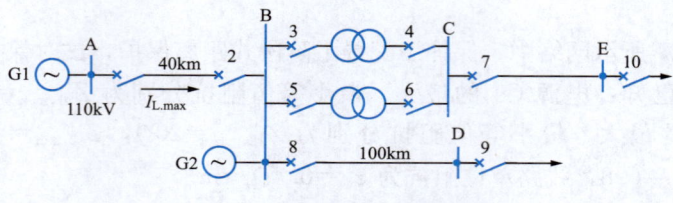

图 3-29 习题 10 网络图

11. 如图 3-30 所示，BC 两母线之间的线路分别为 70、80km，线路单位阻抗 $z_1=0.4Ω/km$，电源 G1 的最大、最小等值电抗分别为 $Z_{s1,max}=15Ω$，$Z_{s1,min}=10Ω$，电源 G2 的等值电抗为 $Z_{s2}=20Ω$，可靠系数取 $K_{rel}^{I}=K_{rel}^{II}=0.8$。试对保护 1 距离 Ⅱ 段进行整定计算。

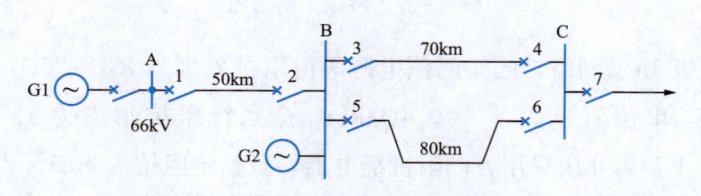

图 3-30 习题 11 网络图

12. 如图 3-31 所示，已知线路长度为 $L=60km$，线路单位阻抗为 $z_1=0.4e^{j70°}$ Ω/km，110kV 线路距离 A 母线 20km 处 k 点发生单相接地故障，且故障点处过渡电阻为 $R_g=4Ω$。若两侧电源流入到故障点的短路电流满足关系 $\dot{I}_{k2}=0.8\dot{I}_{k1}e^{j20°}$，则此时两侧保护的测量阻抗分别为多少？两侧保护距离 Ⅰ 段是否动作？

13. 如图 3-32 所示系统，假设全系统均配置了阶段式距离保护。已知：线路和电源阻抗角相等，且 $z_1=0.4e^{j70°}\Omega/\mathrm{km}$。电源 E_M、E_N 等值阻抗分别为 $Z_\mathrm{M}=10\Omega$，$Z_\mathrm{N}=14\Omega$，Ⅰ段可靠系数 $K_\mathrm{rel}^\mathrm{I}=0.85$，Ⅱ段可靠系数 $K_\mathrm{rel}^\mathrm{II}=0.8$，振荡周期 $T_\mathrm{s}=1.5\mathrm{s}$。试求：

(1) 图中距 B 母线 10km 处的 k 点金属性短路时，保护 1、2、3、4 距离Ⅰ段和Ⅱ段的动作情况？

(2) 若系统发生振荡，指出振荡中心位于何处？系统振荡时保护 1 距离Ⅱ段的测量元件开始误动时，两侧电源的夹角为多大？对应此时的测量阻抗大小是多少？保护 1 距离Ⅱ段是否会误跳闸？

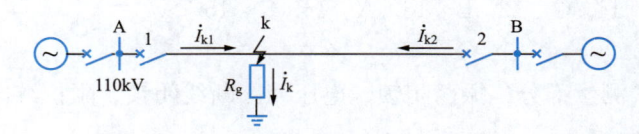

图 3-31 习题 12 网络图

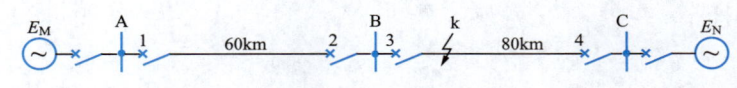

图 3-32 习题 13 网络图

14. 如图 3-33 所示网络，系统各元件阻抗角均为 80°，两侧等值电源 $|\dot{E}_1|=|\dot{E}_2|$，系统线路上均配置了阶段式距离保护，且距离Ⅰ、Ⅱ段都采用方向阻抗继电器。已知：$K_\mathrm{rel}^\mathrm{I}=0.85$，$K_\mathrm{rel}^\mathrm{II}=0.8$，$z_1=0.4\Omega/\mathrm{km}$，电源 $\dot{E}_1$ 侧最大、最小等值电抗分别为 $Z_{\mathrm{s1,max}}=8\Omega$，$Z_{\mathrm{s1,min}}=5\Omega$，电源 $\dot{E}_2$ 侧最大、最小等值电抗分别为 $Z_{\mathrm{s2,max}}=10\Omega$，$Z_{\mathrm{s2,min}}=7\Omega$，其他已知条件如图中所示。试求：

(1) 对保护 1 进行距离Ⅱ段整定计算。

(2) 若系统在最大运行方式时发生振荡（对应电源等值阻抗为 $Z_{\mathrm{s1,min}}$、$Z_{\mathrm{s2,min}}$），分析保护 1 和保护 4 的距离Ⅰ段阻抗继电器是否会误动？

(3) 若振荡周期 $T_\mathrm{s}=1.5\mathrm{s}$，分析振荡时保护 1 的距离Ⅱ段保护是否误动？

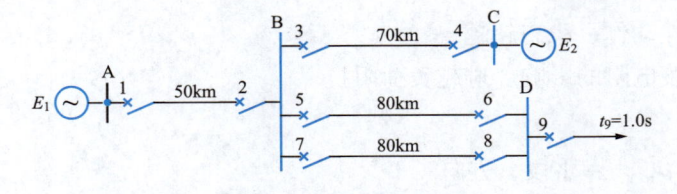

图 3-33 习题 14 网络图

15. 如图 3-34 所示网络，在线路 BC 出口处装设了串联补偿电容，补偿度为 BC 线路的 30%，系统中各线路均装设距离保护，且其Ⅰ段均采用方向阻抗元件。若已知距

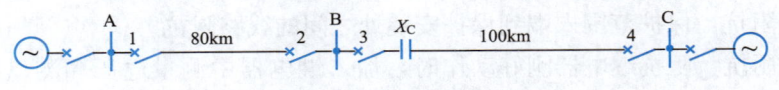

图 3-34 习题 15 网络图

离保护Ⅰ段的保护范围为线路全长的 80%，假定线路阻抗角为 90°，试分析系统中保护 1、2、3、4 的距离Ⅰ段受串联补偿电容的影响情况及对应范围。

参 考 答 案

一、选择题
1. C 2. B 3. D 4. C 5. A 6. B 7. C 8. A
9. B 10. B 11. C 12. B 13. A 14. C 15. A

二、填空题
1. 启动部分、测量部分、振荡闭锁、电压回路断线闭锁、阻抗继电器
2. 三段式阶梯
3. 方向性、电压死区
4. 偏移特性
5. 1、2
6. $\dot{U}_{AC}$
7. $Z_{m2} = Z_{m1} \dfrac{n_{TA}}{n_{TV}}$
8. 小、好
9. 方向阻抗继电器、全阻抗继电器
10. 降低、减小
11. 安装、保护范围外、反方向
12. 变大、缩小、拒动
13. 变小、扩大、误动
14. 60%
15. 越小、越低
16. 减小、变大
17. 无选择性动作、稳态超越
18. 抵抗过渡电阻的影响、避越负荷阻抗
19. 受电
20. $|\Delta \dot{U}_{op}| \geqslant U_k^{[0]}$、Ⅰ段、方向

三、名词解释
1. 距离保护：距离保护是利用故障后测量阻抗反应故障点至保护安装地点之间的距离（阻抗），并根据距离的远近而确定动作时间的一种保护。
2. 测量阻抗：是加入到阻抗继电器中测量电压与测量电流的比值的阻抗。
3. 整定阻抗：保护范围末端到保护安装处之间的线路阻抗。
4. 启动阻抗：阻抗继电器刚好动作时，加入继电器中测量电压和测量电流的比值的阻抗。

5. 0°接线：在三相对称下，当功率因数 $\cos\varphi=1$ 时，加入阻抗继电器的测量电压 $\dot{U}_\mathrm{m}$ 与测量 $\dot{I}_\mathrm{m}$ 相位差为 0°的接线方式。

6. 最小精确工作电流：当测量阻抗角度为最灵敏角时（$\varphi_\mathrm{m}=\varphi_\mathrm{set}$），动作阻抗 Z_op 与整定 Z_set 的误差小于 10%（$Z_\mathrm{op}=0.9|Z_\mathrm{set}|$）时，加入阻抗继电器的电流。

7. 分支系数：故障线路流过的短路电流与前一级保护所在线路上流过的短路电流之比。

8. 补偿电压：保护安装处测量电压 $\dot{U}_\mathrm{m}$ 与测量电流 $\dot{I}_\mathrm{m}$ 的线性组合，即 $\dot{U}_\mathrm{op}=\dot{U}_\mathrm{m}-\dot{I}_\mathrm{m}Z_\mathrm{set}$，它可看作是从保护安装处推算至保护范围末端的虚拟残余电压。

9. 振荡闭锁：用来防止系统振荡时保护误动的措施，称为振荡闭锁。

10. 工频故障分量：故障分量中所包含的工频稳态成分称为工频故障分量或工频突变量。

四、问答题

1. 答：距离保护是通过利用短路后测量阻抗反应故障点至保护安装处的距离，并根据距离的远近而确定保护动作时限的一种保护。

与电流保护的相同点：两者都属于单侧电气量的保护，都需要采用阶段式配置原则，其中的主保护必须依靠Ⅰ段和Ⅱ段共同承担，故不能实现全线瞬动切除故障。

与电流保护的差别：与电流保护相比优点是距离保护由于自身测量元件具有方向性，因此在多电源复杂电网中可以保证有选择性地切除故障；并且主保护瞬时动作Ⅰ段保护范围长且稳定，不受系统运行方式的影响；阶段式距离保护动作情况受电网运行方式变化影响小，灵敏度高。缺点是它比电流保护构成复杂，需要采取振荡闭锁、电压回路断线闭锁等措施，使保护可靠性不如电流保护。

2. 答：在电力系统发生故障时，故障电流流通的通路称为故障环路。

相间短路与接地短路所构成的故障环路的最明显差别是接地短路的故障环路为"相—地"故障环路，即短路电流在故障相与大地之间流通；对于相间短路，故障环路为"相—相"故障环路，即短路电流仅在故障相之间流通，不流向大地。

3. 答：一般需要同时配置接地短路的距离保护和相间短路的距离保护两种接线方式。

(1) 接地短路的相电压和具有零序电流补偿相电流的接线方式，适用于各种接地短路。由三组继电器构成，对应测量电压、测量电流分别为 $\dot{U}_\mathrm{A}$、$\dot{I}_\mathrm{A}+K\times3\dot{I}_0$，$\dot{U}_\mathrm{B}$、$\dot{I}_\mathrm{B}+K\times3\dot{I}_0$，$\dot{U}_\mathrm{C}$、$\dot{I}_\mathrm{C}+K\times3\dot{I}_0$。

(2) 相间短路的 0°接线，适用于各种相间短路。由三组继电器构成，对应测量电压、测量电流分别为 $\dot{U}_\mathrm{AB}$、$\dot{I}_\mathrm{A}-\dot{I}_\mathrm{B}$，$\dot{U}_\mathrm{BC}$、$\dot{I}_\mathrm{B}-\dot{I}_\mathrm{C}$，$\dot{U}_\mathrm{CA}$、$\dot{I}_\mathrm{C}-\dot{I}_\mathrm{A}$。

4. 答：由对称分量法分析得出当距离母线 l_k 位置发生短路后，保护安装处三相电压和电流的关系式为

$$\begin{cases} \dot{U}_\mathrm{A}=\dot{U}_{kA}+(\dot{I}_\mathrm{A}+K\times3\dot{I}_0)z_1L_k \\ \dot{U}_\mathrm{B}=\dot{U}_{kB}+(\dot{I}_\mathrm{B}+K\times3\dot{I}_0)z_1L_k \\ \dot{U}_\mathrm{C}=\dot{U}_{kC}+(\dot{I}_\mathrm{C}+K\times3\dot{I}_0)z_1L_k \end{cases}$$

当发生接地故障时，故障点的边界条件是对应接地故障相电压为零，此时若对应故障环路中故障相继电器动作，则必须要满足 $Z_\mathrm{m}=\dfrac{\dot{U}_\mathrm{m}}{\dot{I}_\mathrm{m}}=z_1 L_\mathrm{k} \propto L_\mathrm{k}$。

例如：A 相短路接地时，$\dot{U}_\mathrm{kA}=0$，此时，若选择 $\dot{U}_\mathrm{m}=\dot{U}_\mathrm{A}$、$\dot{I}_\mathrm{m}=\dot{I}_\mathrm{A}+K\times 3\dot{I}_0$，则满足上式关系，但若选择其他的电压、电流则均不能满足测量阻抗正比于短路点到保护安装处的距离关系，造成距离保护原理不能成立。因此，必须采用带零序电流补偿的 0°接线方式。

5. 答：三种常用圆特性阻抗继电器动作区域如图 3-35 所示：

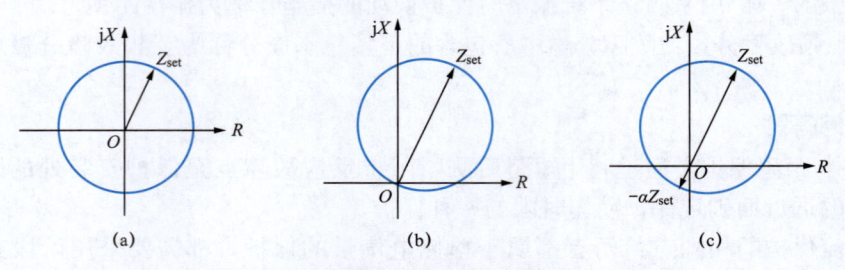

图 3-35　三种圆特性阻抗继电器动作区域
(a) 全阻抗圆特性阻抗继电器；(b) 方向圆特性阻抗继电器；(c) 偏移圆特性阻抗继电器

偏移特性阻抗继电器动作方程为：
1) 比相式方程为

$$90°\leqslant \arg\dfrac{Z_\mathrm{m}+\alpha Z_\mathrm{set}}{Z_\mathrm{m}-Z_\mathrm{set}}\leqslant 270°$$

2) 比幅式方程为

$$\left| Z_\mathrm{m}-\dfrac{1}{2}(1-\alpha)Z_\mathrm{set}\right|\leqslant \dfrac{1}{2}\left|(1+\alpha)Z_\mathrm{set}\right|$$

当 $\alpha=0$ 时，为方向阻抗继电器；当 $\alpha=1$ 时，为全阻抗继电器。

特点：
(1) 全阻抗圆特性阻抗继电器：动作没有方向性，没有保护死区。
(2) 方向圆特性阻抗继电器：动作具有方向性，只有正方向短路时才动作，反方向短路时不动作；存在正方向出口短路时拒动或反方向出口短路时误动的可能。
(3) 偏移圆特性阻抗继电器：具有不完全的方向性，保护出口没有动作死区，一般适合做距离保护的后备段。

6. 答：四边形特性阻抗继电器动作区域如图 3-36 所示。四个倾斜角分别为：
(1) α_1：是本线路出口经过渡电阻接地时，保证保护能够可靠动作而设计的。

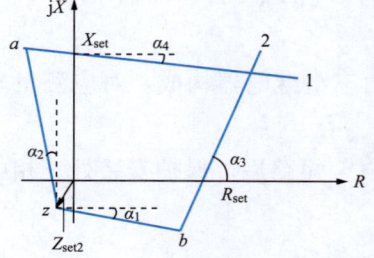

图 3-36　四边形特性阻抗继电器动作区域

(2) α_2：考虑保护范围内发生金属性短路时，动作特性有一定的裕度，以保证可靠动作。

(3) α_3：提高长线路避越负荷阻抗的能力。

(4) α_4：防止双侧电源系统中相邻线路出口经过渡电阻接地时的超越（即误动作）。

7. 答：向第二象限偏移的作用是防止纯金属性故障或远方故障时，启动阻抗角可能达到 90°，处在动作边缘，发生拒动现象；向第四象限偏移的作用是防止出口故障时，保护判断为纯电阻，处在动作边缘，发生拒动现象。

8. 答：由方向阻抗继电器电压形式的比相式特性方程为 $90° \leqslant \arg \dfrac{\dot{U}_\mathrm{m}}{\dot{U}_\mathrm{m} - \dot{I}_\mathrm{m} Z_\mathrm{set}} \leqslant 270°$。

可知当在保护出口短路时，极化参考电压 $\dot{U}_\mathrm{m} = 0$，上式失去比相依据，出现电压死区。

方向阻抗继电器消除死区有以下方法：

(1) 采用记忆回路。对应模拟式保护是利用串联谐振回路起到保持故障前参考电压相位的作用；对应微机保护则可利用计算机的记忆和存储功能实现记忆作用。

(2) 采用高 Q 值 50Hz 带通有源滤波器，利用滤波器响应特性的时间延迟起到记忆回路作用。

(3) 引入非故障相电压，但只能用于消除两相短路死区，三相短路时电压死区无法消除。

(4) 以正序电压为参考电压。①接地短路距离保护带零序电流补偿的 0°接线方式时，采用正序故障相电压作为参考电压；②相间短路距离保护的 0°接线方式时，采用正序故障相间电压差作为参考电压。该方法能用于消除单相短路、两相短路、两相短路接地的电压死区，三相短路时电压死区无法消除。

(5) 采用辅助保护电流速断保护消除死区。

9. 答：采用记忆回路后，$t = 0\mathrm{s}$（短路时刻），极化电压将记忆的是短路前负荷状态下母线电压 $\dot{U}_\mathrm{L}$ 的相位，此时继电器的动作特性方程表示为 $90° \leqslant \arg \dfrac{\dot{U}_\mathrm{L}}{\dot{U}_\mathrm{m} - \dot{I}_\mathrm{m} Z_\mathrm{set}} \leqslant 270°$。正、反方向短路时，记忆回路作用下方向圆特性阻抗继电器的动作特性变化如图 3-37 所示。其中虚线为原来的方向阻抗圆特性，实线为记忆回路作用下的动作特性。可见，正方向短路时，在记忆回路作用下扩大了动作范围而又不失去方向性，因此，消除死区的同时还减小了过渡电阻的影响；反方向短路时动作特性圆变为上抛圆，有更明显的方向性，不会发生误动作。

10. 答：在整定距离保护 Ⅱ 段时采用最小分支系数，是为了保证距离 Ⅱ 段保护动作的选择性。最小分支系数能保证保护的动作值整定为最小，这样才能保证距离 Ⅱ 段不超出所有相邻线路的距离 Ⅰ 段保护范围，从而保证有选择性动作。采用最大分支系数是为了保证距离保护 Ⅲ 段动作的灵敏性。在最大分支系数下校验保护远后备的灵敏性若能满足要求的话，在其他运行方式下也必然能满足要求。

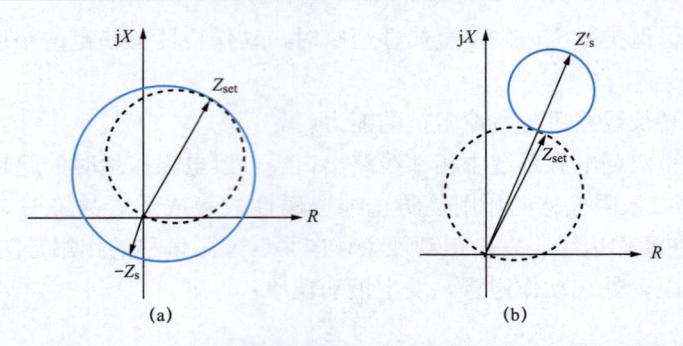

图 3-37 记忆回路作用下方向圆特性阻抗继电器的动作特性变化
(a) 正方向短路时；(b) 反方向短路时

11. 答：影响阻抗继电器正确工作的因素有：
(1) 故障点的过渡电阻。
(2) 保护安装处与故障点之间的助增、外汲支路。
(3) 电力系统振荡。
(4) 电压二次回路断线。
(5) 被保护线路的串联补偿电容。
(6) 短路电压、电流中的非工频分量。
(7) 测量互感器的误差。

12. 答：线路距离保护振荡闭锁的控制原则一般如下：
(1) 单侧电源线路和无振荡可能的双侧电源线路的距离保护不应经振荡闭锁。
(2) 35kV 及以下线路距离保护不考虑系统振荡误动问题。
(3) 预定作为解列点上的距离保护不应经振荡闭锁控制。
(4) 躲过振荡中心的距离保护瞬时段不宜经振荡闭锁控制。
(5) 动作时间大于振荡周期的距离保护段不应经振荡闭锁控制。
(6) 当系统最大振荡周期为 15s 时，动作时间不小于 0.5s 的距离保护 Ⅰ 段、不小于 1.0s 的距离保护 Ⅱ 段和不小于 1.5s 的距离保护 Ⅲ 段不应经振荡闭锁控制。

13. 答：(1) 过渡电阻对单侧电源网络中距离保护的影响：①过渡电阻存在使距离保护测量阻抗增大，测量阻抗角变小的影响，相当于缩短了保护范围；②短路点距保护安装处距离越近，受过渡电阻的影响越大；③动作特性在 $+R$ 轴面积越大，受过渡电阻的影响越小。

(2) 过渡电阻对双侧电源网络中距离保护的影响：送电侧的距离保护可能由于过渡电阻的存在，导致测量阻抗减小，保护可能误动作（稳态超越）；受电侧的距离保护则可能由于过渡电阻的存在，导致测量阻抗增大，保护可能拒动。

(3) 防止过渡电阻影响的办法：①采用能容许较大过渡电阻的阻抗继电器，如四边形特性阻抗继电器；②采用瞬时记忆回路。多用于距离Ⅱ段，主要针对相间短路变化的电弧性质的过渡电阻。

14. 答：在串联补偿电容前和串联补偿电容后发生短路时，短路阻抗将会发生突变，短路阻抗与短路距离的线性关系被破坏，将使距离保护无法正确测量故障距离。

减少串联补偿电容影响的措施通常有以下四种：

（1）用直线型动作特性克服反方向误动。

（2）用负序功率方向元件闭锁误动的距离保护。

（3）选取故障前的记忆电压为参考电压来克服串联补偿电容的影响。

（4）通过整定计算来减小串联补偿电容的影响。

15. 答：电力系统振荡造成距离保护的测量阻抗发生周期性变化，从而可能带来以下影响：

（1）同一个保护采用不同特性继电器时，阻抗继电器沿测量阻抗末端轨迹的方向上所占的面积越大，受振荡的影响越大。

（2）保护安装位置离振荡中心越近，受振荡影响越大。振荡中心位于保护范围以外时，不受振荡影响。

（3）保护动作时间越长受振荡影响越小。

振荡闭锁措施有：

（1）利用电流的负序、零序分量或突变量实现振荡闭锁。

（2）利用测量阻抗变化率的不同构成振荡闭锁，又称"大圆套小圆"振荡闭锁原理。

（3）利用动作时限的延时实现振荡闭锁，通常适用于距离保护Ⅲ段。

16. 答：在220kV及以上电压等级的超高压线路中，由于系统稳定的要求，需要实现分相跳闸，即单相故障只跳故障相，多相故障才跳三相，这也要求保护装置除能够测量出故障距离外，还应能选出故障的相别，故障选相元件就是用来选出故障的相别的元件。

17. 答：正序电压用作极化电压的好处如下。

（1）故障后各相正序电压的相位始终保持故障前的相位不变，与故障类型无关。作为工作电压要与它来比相的，作为参考标准的极化电压正需要这种相位始终不变的特性。

（2）除了三相短路以外，幅值一律不会降到零，较好解决了方向阻抗继电器出口死区。

（3）构成的元件性能好。例如方向元件的极化电压改用正序电压后，其选相性能大大改善，改用正序电压后，健全相的不会误动，具有较好的选相能力。

18. 答：由于熔断器熔断或二次侧自动开关跳闸等原因引起电压互感器二次回路断线，会使正常运行情况下系统中距离保护的阻抗元件，造成因电压回路断线失去电压信号，使测量阻抗小于整定阻抗，造成距离保护误动作。

为了防止距离保护误动作必须设置电压回路断线闭锁装置，目前广泛采用构成原理的是反应电压回路断线后出现零序电压而动作。

19. 答：（1）继电器以电力系统故障引起的故障分量电压电流为测量信号，不反应故障前的负荷量和系统振荡，动作性能不受非故障状态的影响，无需加振荡闭锁。

（2）继电器仅反应故障分量中的工频稳态量，不反应其中的暂态分量，动作性能较为稳定。

(3) 继电器的动作判据简单，因而实现方便，动作速度较快。

(4) 具有明确的方向性，因而既可以作为距离元件，又可以作为方向元件使用。

(5) 继电器本身具有较好的选相能力。

20. 答：在线路发生短路故障时，由于各种原因，会使得保护感受到的阻抗值比实际线路的短路阻抗值小，使得下一条线路出口短路（即区外故障）时，保护出现无选择性动作，即所谓超越。稳态超越是指在区外故障期间测量阻抗稳定地落入动作区内的动作现象，主要因双侧电源中送电侧保护受过渡电阻影响，导致保护测量阻抗变小，而引起保护误动作的现象；暂态超越则是指在线路故障时，由于暂态分量的存在而造成的保护误动作的现象，其暂态分量主要包括衰减直流分量、谐波及高频分量等。

克服稳态超越的措施是：采用能容许较大的过渡电阻而不至于拒动的测量元件。

克服暂态超越的措施是：①通过采用不受衰减直流分量影响的算法或采用滤除衰减直流分量的算法，以消除衰减直流分量引起的暂态超越；②消除谐波及高频分量对距离保护的影响的措施包括，采用傅氏算法消除各种整数次谐波，采用半波积分算法进行滤波。采用数字滤波可方便地滤除整数次谐波，对非整数次谐波也有一定的衰减作用，是消除谐波影响的主要措施。

五、分析与计算题

1. 答：(1) 一次侧测量阻抗为 $Z_{m1}=(2+j8)\Omega$，二次侧测量阻抗为 $Z_{m2}=(0.22+j0.87)\Omega$。

(2) 一次侧测量阻抗为 $Z_{m1}=(9+j16)\Omega$，二次侧测量阻抗为 $Z_{m2}=(0.98+j1.75)\Omega$。

2. 答：延长保护范围 5%。因为二次电压减小，使得测量阻抗减小，相当于保护范围扩大。

3. 答：绝对值比较动作方程为

$$|Z_m - 2e^{j70°}| \leqslant 3$$

相位比较动作方程为

$$90° \leqslant \arg \frac{Z_m + e^{j70°}}{Z_m - 5e^{j70°}} \leqslant 270°$$

该阻抗继电器为偏移特性阻抗继电器，动作区域如图 3-38 所示。

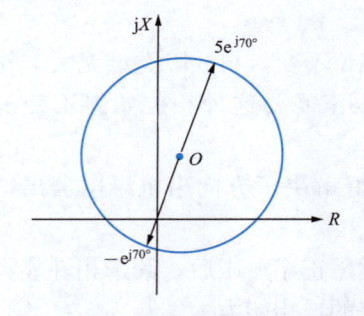

图 3-38 偏移特性阻抗继电器

4. 答：不动作，因为在 $\varphi_m = 15°$ 的启动阻抗为 3Ω，故 $Z_m = 4e^{j15°}\Omega$ 在动作区域外，不动作。

5. 答：$Z_{set1}^{I} = 17\Omega$，保护范围为 85%，动作时限 $t_1^{I} = 0s$；$Z_{set1}^{II} = 28.5\Omega$，$K_{sen} = 1.42$，$t_1^{II} = 0.5s$。

6. 答：(1) $Z_{set1}^{I} = 6.8\Omega$，保护范围为 85%，动作时限 $t_1^{I} = 0s$；$Z_{set1}^{II} = 20\Omega$，$K_{sen} = 2.5$，$t_1^{II} = 0.5s$；$Z_{set1}^{III} = 198\Omega$，做近后备时 $K_{sen} = 24$，做 BC 线路远后备时 $K_{sen} = 4.1$，做 BD 线路远后备时 $K_{sen} = 2.2$，灵敏性均满足要求，$t_1 = 2s$。

(2) 距离 B 母线 20km 处 k 点短路后，当 AB 线路双线运行时，保护 1 处最大测量阻抗为 $Z_{m1,max} = 24\Omega$，AB 线路单线运行时最小测量为 $Z_{m1,min} = 16\Omega$。因此 k 点短路后可能启动的保护为：保护 5 的距离 Ⅰ、Ⅱ、Ⅲ 段，保护 1、保护 3 的距离 Ⅱ、Ⅲ 段，（其中

第三章 电网的距离保护

保护 1、保护 3 的距离 Ⅱ 只在 AB 线路单线运行时启动）。若保护 5 处的断路器拒动，当 AB 线路双线运行时，将由保护 1 和保护 3 的距离 Ⅲ 段经 2s 切除故障；当 AB 线路单线运行时，将由保护 1 和保护 3 的距离 Ⅱ 段经 0.5s 切除故障。

7. 答：$Z_{set1}^{Ⅱ}=31.63Ω$，$K_{sen}=2.64$，$t_1^{Ⅱ}=0.5s$。

8. 答：测量阻抗为 $39.1e^{j15.8°}Ω$，由于测量阻抗角为 15.8°对应的启动阻抗为 23Ω，因此不会误动作。

9. 答：①振荡中心位于 AB 线路中点；②保护 1、2 的距离 Ⅰ、Ⅱ 段方向阻抗继电器均受振荡的影响；③保护 1 的 Ⅱ 段受系统振荡影响误动时间 $\Delta t=0.72s$，由于 $\Delta t=0.72s>0.5s$，该保护会因振荡影响使断路器跳闸。

10. 答：$Z_{set1}^{Ⅰ}=13.6Ω$，保护范围为 85%，动作时限 $t_1^{Ⅰ}=0s$；$Z_{set1}^{Ⅱ}=33.4Ω$，$K_{sen}=2.1$，$t_1^{Ⅱ}=0.5s$；$Z_{set1}^{Ⅲ}=176Ω$，做近后备时 $K_{sen}=11$，做 BC 线路远后备时 $K_{sen}=1.23$，做 BD 线路远后备时 $K_{sen}=1.8$，$t_1=2.5s$。

11. 答：$Z_{set1}^{Ⅱ}=44.1Ω$，$K_{sen}=2.2$，$t_1^{Ⅱ}=0.5s$。

12. 答：$Z_{m1}=13e^{j41°}$，$Z_{m2}=19.2e^{j43.7°}$，保护 1 距离 Ⅰ 段动作，保护 2 距离 Ⅰ 段不动作。

13. 答：(1) 保护 1 距离 Ⅱ 段动作值为 $Z_{set1}^{Ⅱ}=40.96Ω$，对应保护范围为距 A 母线 102.4km 处，保护 4 距离 Ⅰ 段保护范围为距 C 母线 68km 处。因此动作情况为：k 点短路有保护 3 的距离 Ⅰ 段 0s 动作，保护 4 距离 Ⅱ 段 0.5s 动作切除故障；若保护 1 的距离 Ⅰ 段由于判断为保护范围外故障而不启动，距离 Ⅱ 段阻抗元件启动后又返回；保护 2 判断为反方向故障因此距离 Ⅰ 段和 Ⅱ 段均不动作；保护 4 距离 Ⅰ 段判断为保护范围外故障而不启动。

(2) 振荡中心在距 B 母线 15km 处，两侧电源的夹角为 $\delta=131.2°$，测量阻抗 $Z_m=35.05Ω$，误动作时间为 0.41s 小于 Ⅱ 段动作时间 0.5s，因此不会误跳闸。

14. 答：(1) $Z_{set1}^{Ⅱ}=35.04Ω$，$K_{sen}=1.75$，$t_1^{Ⅱ}=0.5s$。

(2) 振荡中心在距离 B 母线右侧 12.5km 处，因此保护 1 的距离 Ⅰ 段不会误动，保护 4 的距离 Ⅰ 段会误动。

(3) 误动作角范围为 124.33°～235.67°，误动时间为 $t=0.464s<0.5s$，因此不会误跳闸。

15. 答：保护 1 的距离 Ⅰ 段在其正方向区外故障（BC 线路故障）时可能误动作，误动作区域为 14km。保护 2 的距离 Ⅰ 段在其反方向区外故障（BC 线路故障）时可能误动作，误动作区域为 30km。保护 3 的距离 Ⅰ 段在其正方向区外故障（BC 线路故障）时可能拒动，拒动区域为 30km。保护 4 的距离 Ⅰ 段在其正方向区外故障（AB 线路故障）时可能误动，误动作区域为 10km。

第四章

输电线路纵联保护

第一部分　基本内容与知识要点

电流保护和距离保护都是只利用单侧电气量构成的保护判据,这类保护由于无法区分本线路末端和相邻线路首端的故障,因而只能采用阶段式的配合关系,造成无法实现瞬时动作切除全线范围内故障。输电线路纵联保护是利用通信通道纵向连接线路两侧,将线路一侧电气量信息传送到另一侧并加以比较,实现了利用两侧电气量快速、可靠地区分本线路内部任意点短路与外部短路,达到快速、有选择性地切除全线范围内任意点故障的目的,被广泛用作 220kV 及以上电压等级输电线路的主保护。

据 2023 年统计,我国 220kV 及以上输电线路已经超过 92 万 km,相当于绕地球 23 圈。中国电网目前是世界上规模最大、结构最为复杂、控制难度最大的电网,继电保护可靠动作对电网安全稳定运行至关重要。具有绝对选择性、全线瞬动的纵联保护是高压、超高压、特高压输电线路最为重要的主保护。

输电线路在发生区内外故障时,两侧电气量的特点差异是构成纵联保护的基础。不同的电气量需要采用不同的通信方式传递到线路两侧,一个电气量又可以采用不同的信号方式来传递。因此在本章纵联保护中首先要清楚发生故障后区内、外故障电气量的差异,学习掌握纵联保护的通信方式,在此基础上利用不同的通信方式和电气量特点来实现纵联保护原理。本章重点介绍了闭锁式方向纵联、闭锁式距离纵联、纵联电流差动保护和纵联电流相位差动保护,四种常用的纵联保护原理。

一、纵联保护的基本原理与构成

纵联保护是利用通信通道纵向连接线路两端,通过比较输电线路两端电气量,判断是内或外部故障,从而确定是否切断保护线路。理论上纵联保护有绝对的选择性。输电线路纵联保护的结构框图如图 4-1 所示。输电线路短路时两侧电气量的特点见表 4-1。

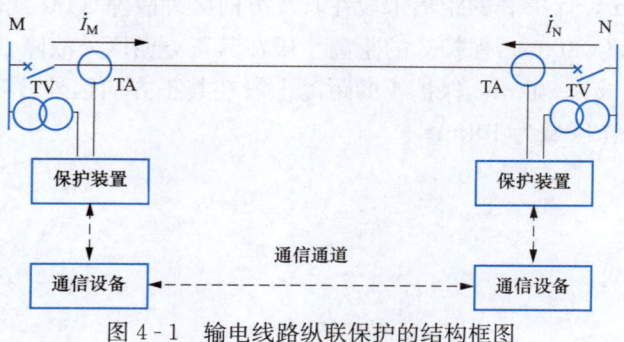

图 4-1　输电线路纵联保护的结构框图

第四章 输电线路纵联保护

表 4-1　　　　　　　　　　输电线路短路时两侧电气量的特点

电气量	区内	区外
两端电流相量和	$\sum \dot{I} = \dot{I}_M + \dot{I}_N = \dot{I}_K$	$\sum \dot{I} = \dot{I}_M + \dot{I}_N = 0$
两端电流相位	同相位（理想情况下）	相位差 180°（理想情况下）
两端功率方向	均为正方向	一正一负
两端测量阻抗	短路阻抗，两侧均为正的测量阻抗	短路阻抗，一正一负

二、纵联保护的通信方式

输电线路纵联保护常用的通信方式包括：导引线通信、电力线载波通信、微波通信和光纤通信四种通信方式。

1. 导引线通信

导引线通信是利用敷设在输电线路两端变电站之间的二次电缆来传递被保护线路各端信息的通信方式。常用的接线方式分为环流式和均压式两种。

导引线通信方式通道独立，不受电力系统振荡、非全相运行的影响，可以直接传输交流二次电量波形。但其投资与通信距离成正比关系，造价较高；并且保护装置的性能受导引线参数和使用长度影响，导引线越长，分布电容越大，则保护装置的安全可靠性越低。导引线通信一般用于发电机、变压器集中参数元件的纵差保护，或者较短线路的纵差保护。

2. 电力线载波通信

电力线载波通信是通过高频耦合设备将高频信号加载到输电线路上，利用输电线路本身作为高频信号的通道将高频载波信号传输到对端，对端再经过高频耦合设备将高频信号接收，而实现的一种通信方式。按照通道构成可分为"相-相"式和"相-地"式两种。其中"相-地"式通道由阻波器，耦合电容器，连接滤过器，高频收、发信机，接地开关和输电线路构成。

电力线载波通信具有无中继通信距离长，不需要再架设信道，经济、使用方便，工程施工简单等优点；但高压输电线路的电晕、短路、开关操作等对通信会有不同程度的影响，另外通信速率低，一般只用来传递状态信号，适用于间接比较两侧电气量的方向比较式纵联保护。

3. 微波通信

微波通信是利用电磁波进行无线通信的一种通信方式。微波通信由微波调制、解调单元、微波发射、接收设备、方向性天线、中继站、以及信息通过的天空组成。

微波通信具有以下特点：通道独立，不受输电线路自身参数和各种干扰的影响；通信频段宽，传递的信息容量大、传输速率快；受外界干扰较小，通信误码率低，可靠性高；但微波信号的损耗与天气有关，并且需要架设中继站，通道价格昂贵。

4. 光纤通信

光纤通信是通过将电信号调制成激光信号，通过光纤来传递信号的一种通信方式。光纤通信一般由光发射机、光纤、中继器和光接收机构成。其中光发射机的作用是把电信号转变为光信号，一般由电调制器和光调制器组成；光接收机的作用是把光信号转变为电信号，一般由光探测器和电解调器组成。

光纤通信具有通信容量大，保密性好，敷设方便，不怕雷击，抗腐蚀和不怕潮等优点；经济效益可观，可节约大量金属材料；并且最重要的是光纤无感应性能，通道极为可靠。光纤通信的主要缺点是通信距离还不够长，长距离通信时需要中继器（或光放大器）；并且光纤断裂时不易找寻或修复，一般电力系统中都装设备用光纤通道。光纤通信近年来发展最为迅速，光纤通信网正成为电力通信网的主干网和输电线路纵联保护的主要通信方式。

三、纵联保护的工作原理

纵联保护的工作原理根据间接或直接比较线路两端的电气量可分为方向比较式纵联保护和纵联电流差动保护两大类。其中，方向比较式纵联保护逻辑框图如图 4-2 所示，纵联电流差动保护逻辑框图如图 4-3 所示。

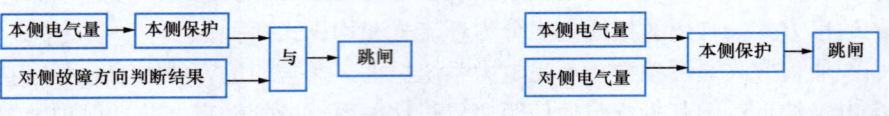

图 4-2　方向比较式纵联保护逻辑框图　　图 4-3　纵联电流差动保护逻辑框图

由图 4-2 可见，方向比较式纵联保护只是利用通信通道传送对侧故障方向判别结果的逻辑信号给本侧保护，而不是电气量本身，因此它是间接比较两端的电气量，这类保护又被称作"非单元式"保护。这类纵联保护传送的信息量较少，但对信息量可靠性要求很高，一般借助载波通道或微波通道实现。故障方向的判别可借助于故障分量方向元件、零序分量方向元件、负序分量方向元件和方向阻抗元件来实现。其中，现场微机保护广泛使用的是利用故障分量方向元件构成的方向纵联保护和利用方向阻抗元件实现故障方向判别的距离纵联保护。

由图 4-3 可见，纵联电流差动保护是利用通信通道将对侧电气量（电流的波形或者是代表电流相位的信号）传送到本侧，每侧保护根据对两侧电流波形和相位比较的结果区分区内还是区外故障。因此它是直接比较两端的电气量，这类保护又被称作单元式保护。其中，比较两侧电流波形的称为纵差动保护，比较两侧电流相位的称为纵联电流相位差动保护（或相位比较式纵联保护）。这类纵联保护传送的信息量较大，并且要求两侧信息同步采集，对通信通道要求较高。目前，光纤通信是输电线路纵联电流差动保护广泛选用的通信方式。

1. 闭锁式方向纵联保护

闭锁式方向纵联保护工作原理是根据发生短路后线路两端功率方向在内部短路的线路两侧方向为正，而外部短路的线路两侧方向一侧为正、另一侧为负的特点，并利用功率方向为负的一侧发出闭锁信号，闭锁外部故障线路的两侧保护，从而实现的一种方向比较式纵联保护。

闭锁式方向纵联保护原理接线图如图 4-4 所示，线路每侧保护需要由故障分量方向元件 KW、低定值的电流继电器 KA1、高定值电流继电器 KA2、瞬时动作延时返回元件 t_1 和延时动作瞬时返回元件 t_2，以及逻辑判断元件和通信通道等核心元件构成。

与门元件 Y2 能够输出跳闸命令的条件是：判断为正方向短路故障（KW 和 KA2 均启动，Y1 有输出时），且收信机没有收到闭锁命令。低定值的电流继电器 KA1 是启动发信元件，Y1 是停信元件，当 KA1 启动而 Y1 没有输出时才可以发出闭锁信号，否则不能发出闭锁信号，是停信还是保持发信状态关键在于本端故障方向元件 KW 判别的结果。时间元件 t_1 的作用是保证对端功率方向元件可靠返回，一般整定为 100ms；时间元件 t_2 的作用是等待对端传输闭锁信号的时间，一般整定为 4～16ms。

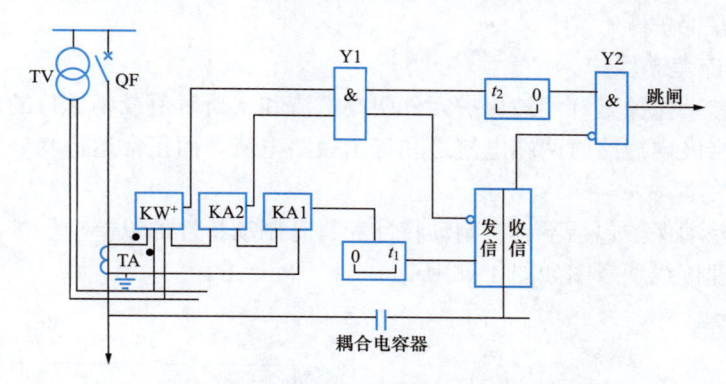

图 4-4 闭锁式方向纵联保护原理接线图

闭锁式方向纵联保护的主要优点是当采用电力线载波通信方式时，由于采用短期发闭锁信号，区内故障伴随有通道破坏时，两侧保护仍能可靠跳闸。其主要缺点是：由于外部故障时保护可靠不动作的必要条件是靠近故障点一端的高频发信机启动，如果两侧启动元件的灵敏度不相配合就可能造成误动作。另外，这种保护只能作为本线路的主保护，不能做相邻线路的后备保护。

2. 闭锁式距离纵联保护

闭锁式距离纵联保护是由两端完整的三段式距离保护附加高频通信部分组成，它以两端的距离保护Ⅲ段继电器作为故障启动发信元件，以两端的距离保护Ⅱ段为方向判别元件和停信元件，以距离保护Ⅰ段作为两端各自独立跳闸段，而实现的一种纵联保护。其核心是在阶段式距离保护的基础上增设了距离Ⅱ段瞬时动作跳闸回路，闭锁式距离纵联保护原理接线图如图 4-5 所示。

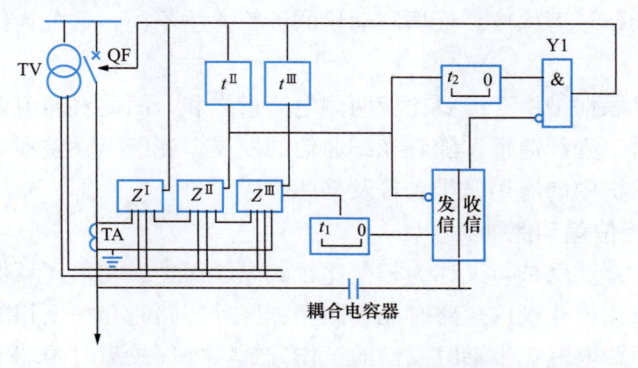

图 4-5 闭锁式距离纵联保护原理接线图

闭锁式距离纵联保护主要优点是由于距离元件不仅带有方向性，而且动作范围较固定，因此区外故障时方向元件启动次数少，可靠性高；并且该保护作为本线路全线瞬动的主保护的同时，又可作为相邻线路的后备保护。

根据方向元件的动作范围是否超出本线路全长，可分为超范围和欠范围两种方式。以上利用距离Ⅱ段方向元件构成的是一种超范围闭锁式距离纵联保护，另外还可以构成超范围解除闭锁式、欠范围直接跳闸式、欠范围允许跳闸式、超范围允许跳闸式等多种方式的距离纵联保护。

3. 纵联电流差动保护

纵联电流差动保护是利用被保护元件两端电流和（瞬时值或相量）的特征构成的一种纵联保护，当区内短路时两端电流之和等于短路电流，而正常运行和外部短路时两端电流之和几乎为零。

纵联电流差动保护包括不具有制动特性和具有制动特性的纵差动保护两种。纵联电流差动保护原理接线示意图如图 4-6 所示。

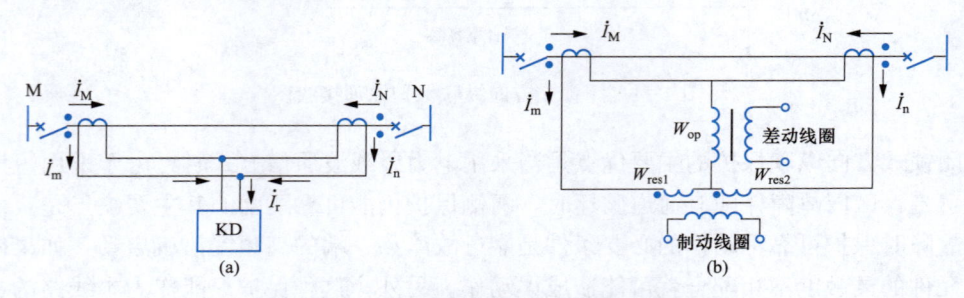

图 4-6 纵联电流差动保护原理接线
(a) 不具有制动特性；(b) 具有制动特性

如何防止区外故障时差动继电器中出现的不平衡电流引起的误动问题，是纵联电流差动保护在整定时需要考虑的核心问题。其中不具有制动特性纵差动保护整定计算中需要考虑最大不平衡电流的影响，一般定值较大，区内短路时灵敏度低；具有制动特性的纵差动保护是采用浮动门槛，根据短路电流的大小调整差动保护的动作值，灵敏度高。具有制动特性的纵差动保护以外部短路时穿过两侧电流互感器的实际短路电流为制动量，差动电流为动作量而构成。根据制动量的计算方法不同，常分为比率制动特性和标积制动特性两种。

另外，这种纵联保护由于需要比较两侧电流量之和，因此对通道要求较高，一般需要采用导引线通道或光纤通道。随着光纤通信的发展，光纤纵联差动保护（简称光纤纵差保护）在线路保护中的应用已步入普及推广阶段。

4. 纵联电流相位差动保护

纵联电流相位差动保护，又称为相位比较式纵联保护或相差高频保护，它是利用被保护元件两侧电流相位在区内短路时几乎同相、区外短路时几乎反相的特点构成的一种纵联保护。利用短路电流正半轴时发信的工作方式，外部故障时两端电流相位相反，则信号连续；内部故障时两端电流相位近似同相，则信号间断，利用这一特征来区分区内和区外故障。原理示意图如图 4-7 所示。

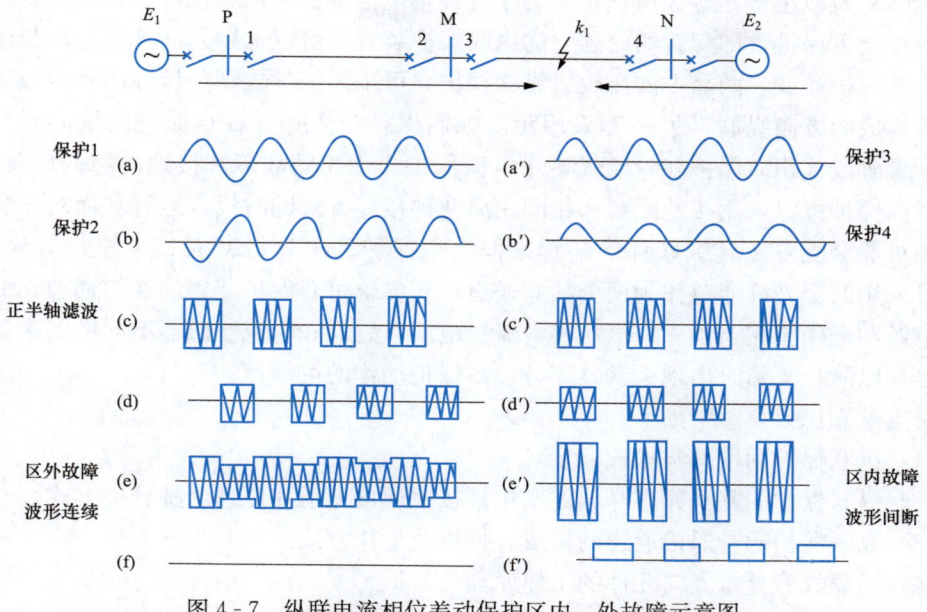

图 4-7 纵联电流相位差动保护区内、外故障示意图

由于系统运行时，线路两侧电动势的相位差、系统阻抗角的不同、电流互感器和保护装置的误差，以及高频信号从一端传送到对端的时间延迟等因素的影响，在内部故障时收信机所收到的两个高频信号并不能完全重叠，而在外部故障时，也不会正好连续。因此该种原理保护需要进行闭锁角的整定，即为了保证在任何外部短路条件下保护不误动，分析区外短路时两侧收到的高频电流之间可能出现的最大不连续时间，据此计算对应工频的相角差。

整定原则：为保证任何外部故障时保护不误动，区外故障时两侧收到高频信号的间隔角最小为 $180°\pm\left(7°+15°+\dfrac{L}{100}\times6°\right)$ 时，保护不应动作。其中，7°为两侧二次电流经互感器后最大误差角；15°为保护装置中的滤序器及收发信操作回路的角度误差最大值；L 为线路长度。

闭锁角：区外故障时可能出现的最大间断角，$\varphi_b=22°+\dfrac{L}{100}\times6°+\varphi_y$（一般裕度 $\varphi_y=15°$）。

动作判据：当区内故障时，间断角大于闭锁角动作。

纵联电流相位差动保护只反应故障时线路两端电流的相位，与电流的幅值基本无关，不需要引入电压量，不受电力系统振荡的影响，能允许较大的过渡电阻，在线路非全相运行状态下也能正确工作，结构简单，工作可靠；但也存在动作速度慢、长距离输电线路启动元件灵敏度不足、断线故障时断口一侧接地时可能拒动等一些缺点。我国采用微机式保护初期，由于采样率的问题一度影响了相位差动保护的性能。随着微机保护技术的发展，采用数字式微波或光纤分相相位差动的纵联电流相位差动保护具有优越的性能，具有广泛的应用前景。

220kV 及以上电压等级电网中，为了提高继电保护的可信赖性，通常输电线路需要采用双重化主保护，即配置两套独立的纵联保护装置。可以选用光纤分相差动与闭锁式距离纵联保护，或者两套方向比较式纵联保护（可采用工频故障分量方向元件或零序方向元件构成的方向纵联，另一套采用距离纵联保护，来弥补各自原理的缺陷）。同时，附加配置阶段式距离保护和阶段式零序电流保护作为相间故障和接地故障的后备保护，其中距离保护可以采用接地距离和相间距离两种接线方式同时投入运行。而对于特高压线路则可能会配置三套纵联保护装置来作为主保护。在 500kV 及以上电压等级线路，一般可采用两套光纤通道作为两个独立通道，还要求每套保护装置的通信通道、变电站直流电源和操作箱完全独立，电压和电流从电压互感器和电流互感器不同的二次绕组引入信号，以防止故障时出现拒动，充分提高保护动作的可靠性。

对本章知识要点总结如下。

(1) 纵联保护的概念与构成。
(2) 纵联保护的基本原理与分类（包括按照通信通道和原理两种分类方式）。
(3) 纵联保护四种通信通道的构成、特点及工作方式。
(4) 工频故障分量方向元件的工作原理。
(5) 闭锁式方向纵联保护的工作原理、构成、动作行为分析及特点。
(6) 闭锁式距离纵联保护的工作原理、构成、动作行为分析及特点。
(7) 影响方向比较式纵联保护正确工作的因素及应对措施。
(8) 纵联电流差动保护的工作原理、整定计算原则。
(9) 纵联电流相位差动保护的工作原理、相位特性、相继动作区。
(10) 影响纵联电流差动保护正确动作的因素。

第二部分 典 型 例 题

[例1] 如图 4-8 系统中，线路各保护均采用闭锁式距离纵联保护。已知 AB 线路为 80km，BC 线路为 100km，CD 线路为 60km，可靠系数为 $K_{\text{rel}}^{\text{I}}=0.8$，灵敏系数 $K_{\text{sen}}^{\text{II}}=1.5$。距离 C 母线 10km 处 k 点发生短路时，结合闭锁式距离纵联保护的工作原理图分析：

(1) 说明保护 1~6 纵联保护中各阻抗元件的动作情况，并判断是否发送闭锁信号？保护 1~6 动作情况如何？
(2) 若线路 AB 高频通道故障，各保护动作情况如何？
(3) 若保护 4 对应的断路器 QF4 故障，将如何切除 k 点故障？

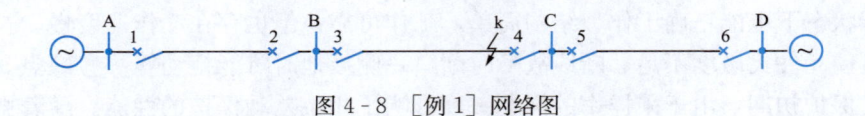

图 4-8 [例1] 网络图

解 闭锁式距离纵联保护的原理接线图如图 4-4 所示。

（1）首先确定 k 点与各保护各段范围的关系。闭锁式距离保护是在阶段式距离保护基础上改造而成，因此仍满足阶段式距离保护的整定原则。故由灵敏系数 $K_{\text{sen}}^{\text{II}}=1.5$，可知保护 1 距离 II 段保护范围为距离 A 母线 $1.5 \times 80 = 120$（km）处，k 点在保护 1 距离 II 段保护范围外。同理可知 k 点在保护 6 距离 II 段保护范围内。

由 $K_{\text{rel}}^{\text{I}}=0.8$ 知 k 点在保护 3 距离 I 段范围外、II 段范围内，在保护 4 的距离 I 段和 II 段范围内。k 点均在保护 2 和保护 5 的距离 I 段、II 段反向动作区，即在其保护范围外。由于闭锁式距离保护 III 段保护范围超过正、反向相邻线路末端母线，因此 k 点均在保护 1～6 的距离 III 段范围内。

因此，保护 1～6 闭锁式距离纵联保护中能起动的阻抗元件、各保护能否发闭锁信号以及各保护动作情况见表 4-2。

表 4-2　　　　　各保护阻抗元件起动情况、保护动作情况

保护	1	2	3	4	5	6
启动的阻抗元件	III 段	III 段	II、III 段	I、II、III 段	III 段	II、III 段
是否发闭锁信号	是	是	否	否	是	否
动作情况	不动作	不动作	动作	动作	不动作	不动作

表 4-2 保护 1、2 的距离 III 段均启动，而距离 II 段均未启动，故两侧均发出闭锁信号，因此均不动作。保护 3、4 的距离 III 段和距离 II 段均启动，故不发闭锁信号，保护 3 经 4～16ms 后动作切除故障，保护 4 由距离 I 段瞬时动作切除故障（也可有距离 II 段经 4～16ms 后动作切除故障）。保护 6 虽然距离 II 段启动，但由于收到了保护 5 传来的闭锁信号而不动作，保护 5 判别为反方向故障也不动作。

（2）当线路 AB 高频通道故障时，将无法传送闭锁信号，但由于保护 1、2 的距离 II 段均未启动，即使没有闭锁信号也不会动作。保护 3、4 动作，保护 5、6 不动作。

（3）若保护 4 对应的断路器故障，k 点故障后将由保护 3 经 4～16ms 后动作切除故障，由于 k 点在保护 6 距离 II 段范围内，因此保护 6 距离 II 段经 0.5s 后动作跳闸切除故障。

［例 2］ 如图 4-9 系统，在线路 MN 上装设相差高频保护。已知 $\dot{E}_{\text{M}} = \dot{E}_{\text{N}} e^{j65°}$，$Z_{\text{N}} = |Z_{\text{N}}| \underline{/90°}$，$Z_{\text{M}} = |Z_{\text{M}}| \underline{/60°}$，线路长度为 300km，电流互感器和保护装置的角误差分别为 7° 和 15°，裕度角 $\varphi_{\text{y}} = 15°$，若考虑高频信号在输电线路上传播速度为 $3 \times 10^8 \text{m/s}$，对应传输的线路长度与等值工频角延迟取为 $\dfrac{L}{100} \times 6°$。试求：

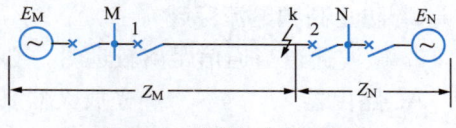

图 4-9　［例 2］网络图

（1）保护闭锁角 φ_{b}。

（2）在该闭锁角下，当保护 2 出口 k 点发生三相短路时，两侧保护能否同时动作？若不能，线路长度小于多少时才能同时动作？

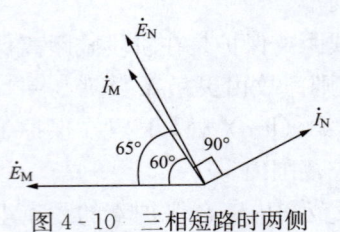

解 (1) $\varphi_b = 7° + 15° + \dfrac{L}{100} \times 6° + \varphi_y = 7° + 15° + \dfrac{300}{100} \times 6° + 15° = 55°$

(2) 由两侧电源相位关系,以及各侧电源与各侧电流相位关系,如图 4-10 所示。可知,M 侧电流 $\dot{I}_M$ 超前 N 侧电流 $\dot{I}_N$ 为 95°,M 侧收到高频信号相位差最大可达

图 4-10 三相短路时两侧相量关系图

$$95° + 7° + 15° + \dfrac{L}{100} \times 6° = 95° + 7° + 15° + \dfrac{300}{100} \times 6° = 135°$$

高频信号间断最大可能为 180° - 135° = 45° < 55°,因此 M 侧保护 1 不能动作。
N 侧收到高频信号相位差最大可达

$$95° + 7° + 15° - \dfrac{L}{100} \times 6° = 95° + 7° + 15° - \dfrac{300}{100} \times 6° = 99°$$

高频信号间断最大可能为 180° - 99° = 81° > 55°,因此 N 侧保护 2 能动作。
N 侧动作跳闸后,停发高频信号,M 侧只收到自己发的高频信号,间隔为 180°,满足动作条件动作跳闸。可见,两侧保护不能同时动作,存在相继动作。
要使两侧保护同时动作,则需要满足

$$180° - \left(95° + 7° + 15° + \dfrac{L}{100} \times 6°\right) \geqslant 55°$$,即要求线路长度 $L' \leqslant 133\text{km}$。

第三部分 习题

一、选择题

1. 利用导引线构成差动保护时,电流互感器异性端子相连是( )接线。
   A. 环流式　　　　B. 均压式　　　　C. 闭环式　　　　D. 开环式
2. 高频阻波器的作用是( )。
   A. 限制短路电流　　　　　　　　B. 防止工频电流穿越
   C. 防止高频电流穿越　　　　　　D. 补偿接地电流
3. 微波通道当通信距离较远时,必须架设( )。
   A. 路由器　　　　B. 光放大器　　　　C. 中继站　　　　D. 发射塔
4. 光纤通道中光发射机由( )构成。
   A. 电调制器和电解调器　　　　　B. 电调制器和光调制器
   C. 光探测器和电调制器　　　　　D. 光探测器和电解调器
5. 闭锁信号的意思是( )。
   A. 收不到这种信号是保护跳闸的必要条件
   B. 收到这种信号是保护跳闸的必要条件
   C. 收到这种信号是保护跳闸的充要条件

D. 以上说法都不对

6. 不能作为相邻线路的后备保护的是（ ）。
   A. 线路的过电流保护
   B. 线路的零序过电流保护
   C. 线路的纵差动保护
   D. 线路的距离保护

7. 闭锁式方向纵联保护中（ ）。
   A. 本侧启动元件的灵敏度一定要高于两侧正向测量元件
   B. 本侧正向测量元件的灵敏度一定要高于对侧启动元件
   C. 本侧正方向测量元件的灵敏度与对侧无关
   D. 两侧启动元件的灵敏度必须一致，且与正方向测量元件无关

8. 闭锁式方向纵联保护，保护停信需带一短延时，这是为了（ ）。
   A. 防止外部故障时因暂态过程而误动
   B. 防止外部故障时因功率倒向而误动
   C. 防止对端正方向元件返回慢，确保外部故障切除时可靠闭锁
   D. 防止区内故障时拒动

9. 闭锁式方向纵联保护发信机起动后，当判断为外部短路时（ ）。
   A. 两侧发信机立即停信   B. 两侧发信机继续发信
   C. 反方向一侧发信机继续发信   D. 判断是正的一侧继续发信

10. （ ）保护既能作被保护线路的主保护，又可作相邻线路的后备保护。
    A. 高频闭锁方向保护   B. 高频闭锁距离保护
    C. 相差高频保护   D. 纵联差动保护

11. 采用高频闭锁保护比高频允许保护的优点是（ ）。
    A. 能快速反应各种故障   B. 不受系统振荡影响
    C. 在电压二次断线时不会误动作 D. 故障并伴有通道破坏时不拒动

12. 实现纵差动保护动作条件必须考虑的中心问题是（ ）。
    A. 差动电流   B. 励磁电流   C. 不平衡电流   D. 穿越电流

13. 闭锁式方向纵联保护在故障方向判别元件应选用（ ）。
    A. 90°功率方向元件   B. 故障分量方向元件
    C. 方向阻抗元件   D. 零序方向元件

14. 相差高频保护的动作条件是（ ）。
    A. 间断角小于闭锁角   B. 间断角大于闭锁角
    C. 相位角小于间断角   D. 相位角大于间断角

15. 线路长度为150km的输电线路，采用纵联电流相位差动保护时闭锁角为（ ）。
    A. 39°   B. 56°   C. 31°   D. 46°

二、填空题

1. 纵联保护一般采用4种通道传送两侧的电气量信息，分别为_____通道、_____通道、_____通道和_____通道。

2. ＿＿＿＿＿＿是间接比较两侧电气量构成的纵联保护，按照保护判别方向所用的原理不同可分为＿＿＿＿＿＿和＿＿＿＿＿＿。

3. 在大接地电流系统中，能够对线路接地故障进行保护的主要有＿＿＿＿＿＿、＿＿＿＿＿＿和＿＿＿＿＿＿保护。

4. 利用导引线构成电流差动保护根据线路两侧电流互感器的端子是同极还是异极连接，其接线方式可分为＿＿＿＿＿＿和＿＿＿＿＿＿两种方式。

5. 电力线载波通信通道主要由输电线路、＿＿＿＿＿＿、＿＿＿＿＿＿、＿＿＿＿＿＿、＿＿＿＿＿＿、＿＿＿＿＿＿和＿＿＿＿＿＿构成。

6. 纵联保护高频通道中传输的高频信号一般包括＿＿＿＿＿＿、＿＿＿＿＿＿和＿＿＿＿＿＿三种。

7. 高频通道工作方式分为＿＿＿＿＿＿、＿＿＿＿＿＿和移频发信方式三大类。

8. 电力线载波通道有"相-相"式通道和＿＿＿＿＿＿两种构成方式。

9. 微波通信通信频率段一般在＿＿＿＿＿＿Hz 之间，相比电力线载波＿＿＿＿＿＿Hz 频段，频带要＿＿＿＿＿＿得多。

10. 光纤通信系统通常有＿＿＿＿＿＿、＿＿＿＿＿＿、＿＿＿＿＿＿和＿＿＿＿＿＿构成。

11. 环网中＿＿＿＿＿＿切除后，为防止功率倒向时高频保护误动，通常采取区外转区内时＿＿＿＿＿＿开放保护的措施。

12. 闭锁式方向纵联保护需要一个低定值的电流继电器作为＿＿＿＿＿＿元件，一个高定值电流继电器作为＿＿＿＿＿＿元件。

13. 闭锁式距离纵联保护采用＿＿＿＿＿＿元件作为启动发信元件，该元件一般无方向性，其保护范围应超过＿＿＿＿＿＿。

14. 纵差动保护的差动回路是指＿＿＿＿＿＿。

15. 不具有制动特性的差动保护整定时应考虑＿＿＿＿＿＿和＿＿＿＿＿＿两个条件，并取较大者作为整定值。

三、名词解释

1. 纵联保护
2. 闭锁信号
3. 短期发信
4. 闭锁角
5. 相继动作

四、问答题

1. 纵联保护在电网中的重要作用是什么？
2. 纵联保护与阶段式保护的根本差别是什么？与阶段式保护相比纵联保护的主要优、缺点是什么？
3. 试说明"相-地"式电力线载波通道一般有哪些部分构成，各部分有何作用？
4. 为什么高频保护的频率定为 40～400kHz 之间？

第四章 输电线路纵联保护　　107

5. 试画出输电线路纵联保护光纤通道构成示意图，并说明该通道有何优、缺点？
6. 工频故障分量方向元件有什么优缺点？
7. 闭锁式方向纵联保护为什么需要高、低定值的两个启动元件？
8. 闭锁式方向纵联保护中两个时间元件分别如何整定动作时限？起何作用？
9. 闭锁式方向纵联保护与闭锁式距离纵联保护有何异同点？
10. 闭锁式距离纵联保护是如何由阶段式距离保护改造而成的？各阻抗元件分别起何作用？
11. 为什么纵联电流差动保护要求两侧测量和计算的严格同步，而方向比较式纵联保护则无需两侧同步？
12. 具有制动特性与不具有制动特性的纵差动保护有何不同？
13. 试回答纵联电流相位差动保护的工作原理？并回答该种保护为什么必须考虑闭锁角，闭锁角的大小对保护有何影响？
14. 电力系统振荡对方向比较式纵联保护和纵联电流差动保护有无影响？为什么？
15. 纵联电流相位差动保护为什么会出现相继动作，出现相继动作对电力系统有何影响？

五、分析与计算题

1. 如图 4-11 所示系统中各线路均配置了闭锁式方向纵联保护。
（1）请回答闭锁式方向纵联保护的工作原理。
（2）当 k 点短路后，若 BC 和 CD 线路通道同时故障，保护 1～6 将会出现何种动作情况？

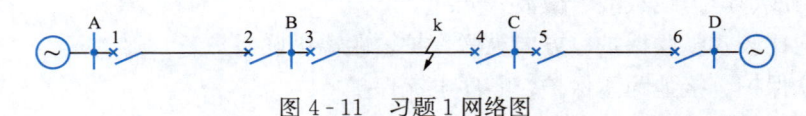

图 4-11　习题1网络图

2. 如图 4-12 所示系统，若系统中线路上均装设了闭锁式方向纵联保护。其中保护 1 和保护 2 的低定值启动发信元件 KA1 动作值分别整定为 100、130A，高定值停止发信元件 KA2 动作值分别整定为 135、160A。但由于互感器测量误差保护 2 的低定值启动发信元件 KA1 实际动作值为 137A。

试分析回答：k 点故障后，流过线路 AB 的短路电流分别为 120、136、150A 时，结合闭锁式方向纵联保护原理接线图（如图 4-3）分析保护 1、2 将如何动作？

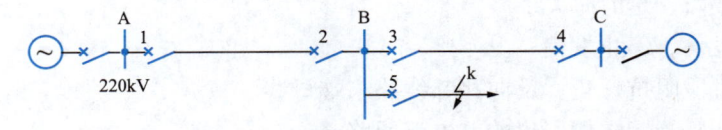

图 4-12　习题2网络图

3. 若习题 2 中闭锁式方向纵联保护中采用一个公用电流元件 KA 即作为启动发信元件又作为停信元件，若将保护 1、2 电流元件 KA 均整定为 100A，但由于电流互感器误差和继电器调整不精确，致使 A 侧保护 1 实际动作电流为 97A，B 侧保护 2 实际动作电流为 103A，那么此时外部 k 点故障时能否导致保护误动作？若能，请指出具体情况。

4. 如图 4-13 所示系统的线路 MN 上装设有相差高频保护。已知线路长度为 370km，电流互感器和保护装置的角误差分别为 7°和 15°，裕度角 $\varphi_y=15°$，对应传输的线路长度与等值工频角延迟取为 $\dfrac{L}{100}\times 6°$。试问：

(1) 纵联电流相位差动保护的闭锁角 φ_b 为多少？

(2) 若在线路某处发生故障为 $\arg\dfrac{\dot I_M}{\dot I_N}=100°$，两端保护是否会发生相继动作？在这种情况下线路长度不超过多少时，才不会发生相继动作？

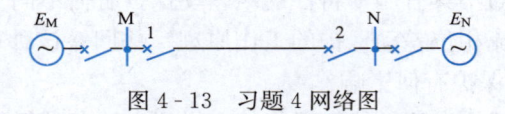

图 4-13 习题 4 网络图

参 考 答 案

一、选择题

1. B 2. C 3. C 4. B 5. A 6. C 7. A 8. C 9. C 10. B
11. D 12. C 13. B 14. B 15. D

二、填空题

1. 导引线、电力线载波、微波、光纤
2. 方向比较式纵联保护、方向纵联保护、距离纵联保护
3. 纵联保护、接地距离保护、零序电流保护
4. 环流式、均压式
5. 阻波器、耦合电容器、连接滤波器、高频电缆、高频收发信机、接地开关
6. 闭锁信号、允许信号、跳闸信号
7. 短期发信、长期发信
8. "相-地"式通道
9. 300～30000、50～400k，宽
10. 光发射机、光纤、中继器、光接收机
11. 区外故障、延时
12. 启动发信、停止发信
13. 距离Ⅲ段阻抗，正、反向相邻线路末端母线
14. 电流互感器二次侧引出的差电流回路
15. 躲过外部短路时的最大不平衡电流、躲过最大负荷电流

三、名词解释

1. 纵联保护：利用通信通道纵向连接线路两端，通过比较输电线路两端电气量，判断是内或外部故障，从而确定是否切断保护线路的一种保护原理。

2. 闭锁信号：是阻止保护动作于跳闸的信号。无闭锁信号是保护作用于跳闸的必要条件。

3. 短期发信：是只在故障期间发信机由保护的启动元件启动发高频信号，正常时通道中无高频信号。

4. 闭锁角：是相差高频保护（纵联电流相位差动保护）由于互感器误差、线路分布电容、高频信号传递时间等原因，区外故障时两侧收信机收到的高频信号不连续，会出现一定间断，此时为防止误动找出外部故障时可能出现的最大间断角进行闭锁，该角称为闭锁角。（保护保证区外短路不误动作的角度。）

5. 相继动作：是指输电线路纵联保护中，一侧保护先动作跳闸后，另一侧保护才能动作的现象。

四、问答题

1. 答：由于纵联保护可以实现全线速动，因此它可以保证电力系统并列运行的稳定性和提高输送功率、减小故障造成的损坏程度、改善与后备保护的配合性能。

2. 答：纵联保护与阶段式保护的根本差别在于阶段式保护是仅反应线路单侧电气量（保护安装处一端的电气量）而实现的，其瞬时动作Ⅰ段一般不能保护线路全长，必须依靠带有一定延时的Ⅱ段共同构成全线的主保护。而纵联保护是通过反应线路双侧电气量实现的，无需延时配合就能够区分出区内故障与区外故障，因而可以实现线路全长范围内故障的瞬时切除。

纵联保护的优点：具有绝对的选择性，可以可靠地区分本线路内部任意点短路与外部短路，达到有选择性、快速地切除全线路任意点短路的目的。

纵联保护的缺点：由于需要将线路一侧的电气量传送到另一端去，所以需要信息传送通道，以及特殊的通信设备，构成较为复杂，投资较大；在通信系统故障的情况下，还可能出现保护误动或拒动的情况。

3. 答："相-地"式电力线载波通道包括阻波器、耦合电容器、连接滤波器、高频电缆、高频收、发信机、接地开关和输电线路七部分。

各部分作用如下：

（1）阻波器：起到通工频阻高频的作用。即当其并联谐振频率为载波信号所选定的载波频率时，对载波电流呈现极大阻抗（1000Ω 以上），从而将高频电流阻挡在本线路以内。而对工频电流，阻波器仅呈现较小的阻抗（约 0.04Ω），工频电流畅通无阻。

（2）耦合电容器：它的电容量极小，对工频信号呈现非常大的阻抗，同时可以防止工频电压侵入高频收、发信机；对高频载波电流则阻抗很小，与连接滤波器共同组成带通滤波器，只允许此通带频率内的高频电流通过。

（3）连接滤波器：它是由一个可调电感的空芯变压器和一个接在二次侧的电容构成。连接滤波器与耦合电容器共同组成一个"四端口网络"带通滤波器，使所需频带的电流能够顺利通过，减少高频信号的传输衰耗；使高频收、发信机与高压线路进一步隔离，以保证收发信机及人身安全。

（4）高频电缆：耦合电容器、连接滤波器等均在高压配电装置现场，而继电保护装置、高频收、发信机等均在控制室，两者之间有数十米至上百米的距离，需要用专门的高频电缆连接，传输高频信号。

（5）高频收、发信机：高频收、发信机由继电保护部分控制发出预定频率的高频信号，发信机发出的信号既经信道传送到对端，被对端的收信机所接收，同时也会被本端的收信机所接收；收信机既接收来自本侧的高频信号，又接收来自对侧的高频信号，两个信号经比较判断后，作用于继电保护的输出部分。

（6）接地开关：当检修连接滤波器时，接通接地开关，使耦合电容器可靠接地。

（7）输电线路：三相输电线路都可以用来传递高频信号，任意一相与大地间都可以组成"相-地"回路。

4. 答：频率太低，受工频电压的干扰太大；频率太高，则它在通道中的衰耗太大。

5. 答：光纤通道如图 4-14 所示，包括光发射机，光接收机，光纤通道，中继器（光放大器）。

图 4-14 光纤通道示意图

光纤通信具有以下优、缺点。

优点：通信容量大；经济效益可观，可节约大量金属材料；保密性好，敷设方便，不怕雷击、不受电磁干扰、抗腐蚀、不怕潮等优点；无感应性能，通道可靠。

缺点：通信距离不够长，长距离通信时需要增设中继器或光放大器，对于保护专业通道投资相对较大；光纤断裂时不易找寻或修复。

因此，在两套光纤纵联保护的情况下，目前倾向于使用一套专用光纤，另一套采用复用光纤。（复用通道是指与调度自动化系统等其他业务共用光纤通道，其通道中间环节较多，可靠性、抗干扰能力及通信速率等受到一定的影响，但投资较低，设备利用率较高，由于一般具有自愈回路，即使某个设备或某一段光纤故障，仍能够通过自愈回路建立通信联系。）

6. 答：工频故障分量方向元件具有以下优、缺点：

优点：不受系统振荡的影响；不受负荷状态的影响；不受故障点过渡电阻的影响；正、反方向短路时，具有明确的方向性，且无动作死区；动作判据简单，动作速度快。

缺点：工频故障分量仅在故障初始阶段有效，故障持续的过程中，故障分量不宜取出；线路空载合闸时，工频故障分量方向元件有可能误动。

7. 答：闭锁式方向纵联保护一般都配置高、低定值的两个启动元件，其中灵敏度较高的低定值元件用来启动发信机发信，灵敏度稍低的高定值元件用来与方向元件相配合，启动停信及开放跳闸回路。低定值的启动元件一般动作电流按照躲过最大负荷电流整定，即判别为故障就启动发信，若该定值直接作为与方向元件相配合的停信元件动作值，则跳闸回路将频繁开放，一旦闭锁信号发送失败，就可能出现外部故障时误动作；而若按照高定值元件的定值直接作为低定值启动发信元件的动作值，由于动作值较高，在外部故障时可能会出现近故障侧启动元件不动作因而不发闭锁信号，导致远故障侧保护误动作。采用两个启动元件后，并且要求本侧的低定值启动元件灵敏度要比两侧的高定值都高，外部故障时启信元件总是能够先于停信元件动作，可靠地将两侧保护闭锁。

8. 答：时间元件 t_1 是瞬时动作延时返回元件，一般动作时限整定为 100ms，其作用为防止在外部故障切除后，远故障侧的方向元件在闭锁信号消失后来不及返回而发生误动作的问题。

时间元件 t_2 是延时动作瞬时返回元件，一般动作时限整定为 4~16ms，其作用是等待对侧闭锁信号的传送。由于对端的闭锁信号的传输到本端需要一定的时间延迟，本侧保护是否动作输出，需要等待对侧故障方向判别的结果。外部故障时，必须保证远故障侧的收信机能够收到对侧传来的高频信号。

9. 答：相同点是两者都是间接比较线路两侧电气量实现的纵联保护；都采用短期发闭锁信号的工作方式，当通道故障时不影响保护正确动作。

不同点是故障方向判别元件不同：闭锁式方向纵联保护一般采用工频故障分量方向元件，闭锁式距离纵联采用的方向阻抗元件；闭锁式方向纵联保护只能做本线路的主保护，不能兼做后备保护，而闭锁式距离保护即可以做主保护又可以做后备保护；闭锁式距离保护方向元件启动次数较闭锁式方向纵联保护少，动作更可靠。

10. 答：闭锁式距离纵联保护是通过在阶段式距离保护基础上增加通信设备纵向联接线路两侧，并且通过增设加速距离Ⅱ段动作回路来实现快速切除全线范围内故障的。

距离Ⅰ段阻抗元件是两端各自独立跳闸段，没有改变原来的作用。距离Ⅱ段是方向判别元件和停信元件，当判断为正方向区内故障时且未接收到闭锁信号时可快速动作。距离Ⅲ段是启动发信元件，其保护范围超过正、反向相邻末端母线。另外，距离Ⅱ段和距离Ⅲ段还可以按照原来阶段式距离保护经对应动作延后动作输出。

11. 答：线路纵联电流差动保护既比较线路两侧电流的大小又比较电流的相位，而电流的相位是与采样的时刻密切相关的，不同时刻的采样值将会计算出不同的相位。由于纵联电流差动保护在原理上要求比较"同一时刻"两侧的电流，故要求两侧测量和计算的严格同步，否则将会产生较大的不平衡电流，可能导致差动保护误动作。对于 50Hz 的电流量而言，1ms 的时间误差相当于 18°的相位误差，为了精确反应两端电流的相位，一般要求采样的时间误差不大于 10μs。

方向比较式纵联保护是间接比较两侧电气量的保护，每侧保护只需要将依靠本侧保护对本侧电气量的测量确定的故障方向判别结果以逻辑信号传递到对侧，因此只需要每侧的电压、电流同时采样，而不需要与线路另一侧保护装置同步采样。

12. 答：不具有制动特性的纵差保护动作电流是按照按躲过外部短路时最大不平衡电流进行整定，这相当于按照最极端、最严重的情况来整定的，这样虽然能够保证区外故障时不误动作（安全性），但同时大大牺牲了内部故障时的灵敏性，灵敏度不易满足。

具有制动特性的纵差保护的动作电流具有随制动电流变化的特性。其动作电流随着实际不平衡电流的增大而自动增大，当不平衡电流达到其最大值时，使继电器的动作电流与不具有制动特性的情况一致；不平衡电流减小时，动作值也降低，但始终大于不平衡电流。这种原理使其灵敏度大大提高，在各种内部故障时保证不拒动。

13. 答：纵联电流相位差动保护是利用被保护元件两侧在区内短路时线路两侧电流相位相同，而区外短路时线路两侧电流相位相反的特点，在采用短路电流正半波发信的方式下，区内故障时高频通道中高频信号是间断的，而区外故障时高频通道中高频信号是连续的，通过判断高频通道中高频信号是否间断来实现区分内、外部故障的判别。当高频通道中信号连续时判断为外部故障，将线路两端的保护闭锁，均不跳闸；高频信号间断时判断为内部故障，两侧保护快速跳闸。

在实际情况下，由于互感器误差、线路分布电容、高频信号传递时间等原因，区外故障时两侧的收信机收到的高频信号不连续，会出现一定的间断，有可能造成保护的误动，因此应找出外部故障可能出现的最大间断角，并进行闭锁，这个角就叫做闭锁角，当高频信号的间断时间对应的电气角度小于闭锁角时，就判断为区外故障，可靠地将两侧保护闭锁，而当高频信号间断的角度大于闭锁角时，才认为是内部故障，保护才动作跳闸。因此纵联电流相位差动保必须考虑闭锁角。

闭锁角越大，外部短路时的安全性越高，越不容易产生误动，对提高保护的可靠性有利，但内部短路时有可能产生拒动。一般闭锁角应按照躲过区外故障时可能出现的最大间断角来整定，最大间断角主要由互感器的角度误差、序电流滤序器产生的角度误差、线路电容电流引起的角度误差、高频信号沿线传输需要的延时等因素决定。

14. 答：电力系统振荡对方向比较式纵联保护的影响与其故障方向判别元件有关。若采用相电流和相（线）电压构成的方向元件（如功率方向元件、方向阻抗元件）且振荡中心在保护线路上时，可能出现误动作；而若采用负序功率方向元件或工频故障分量方向元件，则不受振荡影响。

电力系统振荡对纵联电流差动保护没有影响。因为，当系统振荡时，纵联电流差动保护线路两侧通过同一个电流，与正常运行及外部故障时的情况一样，差动电流为量值较小的不平衡电流，制动电流较大，选取适当的制动特性，就会保证不误动作。

15. 答：被保护线路越长，对应保护的闭锁角越大。为了保证区外故障时不误动作，在长线路中要求保护的闭锁角增大，从而使动作区域变小，内部故障时有可能出现保护拒动。由于在内部故障时高频信号的传输延时对于电流相值超前侧和滞后侧的影响是不同的，对于滞后侧来说，超前侧发出的高频信号经传输延迟后，相当于使两者之间的相位差缩小，高频信号的间断角加大，有利于其动作，所以滞后侧保护是可以动作的；但对于超前侧来说，滞后侧发来的信号经延时后相对加大了两侧电流的相位差，使超前侧感受到的高频信号的间断角变得更小，有可能小于整定的闭锁角，从而导致不动作。为解决超前侧不能跳闸问题，当滞后侧跳闸后，停止发高频信号，超前侧只能收到自己发的高频信号，此时信号间隔180°，满足跳闸条件随之也跳闸。这就出现了一侧保护先动作跳闸后，另一侧保护才能动作的现象，即相继动作。

出现相继动作后，保护相继动作的一端故障切除的时间变慢，在高压电网中可能影响系统并列运行的稳定性。

五、分析与计算题

1. 答：（1）闭锁式方向纵联保护的工作原理是采用短期发闭锁信号的工作方式，当外部短路时，由靠近故障点短路功率为负的保护发出闭锁信号，两侧收到后不动作；

内部短路时，两侧保护方向元件均判别为正方向，不发闭锁信号，两侧保护均动作。

（2）k点短路后，若BC和CD线路通道同时故障，保护1和保护2由于能够收到保护2发出的闭锁信号而不动作；保护3和保护4均判别为正方向故障，不发送闭锁信号，因此通道故障对其无影响，故正常动作；由于通道故障，保护5发出的闭锁信号无法传给保护6，保护6接收不到闭锁信号而误动作，保护5不动作。

2. 答：根据闭锁式方向纵联保护原理接线图，当短路电流大于继电器KA1和KA2的实际动作值时，KA1和KA2会启动；当判别为正方向故障时功率继电器KW启动；若KW和KA2均启动，Y1才有输出；若KA1启动，且Y1无输出，本端才能发出闭锁；若Y1有输出，且无闭锁命令则Y2输出跳闸。因此不同短路电流下各保护元件动作情况见表4-2、表4-3、表4-4。

表4-2　流过线路AB的短路电流为120A时，保护1、2各元件启动情况

保护	KA1	KA2	KW	Y1	闭锁信号	Y2	动作情况
保护1	启动	不启动	启动	无输出	发	无输出	不动作
保护2	不启动	不启动	不启动	无输出	不发	无输出	不动作

表4-3　流过线路AB的短路电流为136A时，保护1、2各元件启动情况

保护	KA1	KA2	KW	Y1	闭锁信号	Y2	动作情况
保护1	启动	启动	启动	有输出	不发	输出	误动作
保护2	不启动	不启动	不启动	无输出	不发	无输出	不动作

表4-4　流过线路AB的短路电流为150A时，保护1、2各元件启动情况

保护	KA1	KA2	KW	Y1	闭锁信号	Y2	动作情况
保护1	启动	启动	启动	有输出	不发	无输出	不动作
保护2	启动	不启动	不启动	无输出	发	无输出	不动作

可见，只有短路电流为136A时，保护1才误动作，若保护2的KA1没有误差，而是原来130A动作值时，就可以启动发闭锁命令，保护1收到闭锁命令后不会误动作。

3. 答：当外部故障短路电流为97A$<I_k<$103A时，保护2侧KA不启动，Y1元件无输出，且不发闭锁信号；而保护1侧KA启动，由于KA是启动发信同时又是停止发信元件，k点故障判别为正方向故障，故最终没有发出闭锁命令，且其Y1元件有输出。由于保护1的Y1有输出，且没有闭锁命令，故导致保护1的Y2元件有输出，保护1出现误动作。

4. 答：（1）$\varphi_b=59.2°$。

（2）会发生相继动作，因为M端电流相位差为$\varphi_M=144.2°>(180°-59.2°)$，而N端电流相位差为$\varphi_N=99.8°<(180°-59.2°)$，且N端先动，M端后动。这种情况下，线路长度不超过175km时，才不会发生相继动作。

第五章

自 动 重 合 闸

第一部分　基本内容与知识要点

架空线路瞬时性故障在电力系统故障概率中占有较大比例。由于瞬时性故障发生时，在线路被继电保护迅速断开以后，电弧即自行熄灭，引起短路的外界物体也被电弧烧掉而消失。此时，如果再重新合上被跳闸的线路断路器就可以恢复正常的供电。因此，线路被断开以后，利用自动重合闸快速合闸，对提高供电的可靠性具有重要意义。

一般在 110kV 及以下电压等级线路中通常采用三相一次自动重合闸，即不论单相接地短路还是相间短路均将三相同时断开，再由重合闸将三相同时投入。针对输电线路三相一次自动重合闸，主要介绍了三相重合闸装置的构成、单侧与双侧电源线路重合闸的不同特点、双侧电源线路自动重合闸的主要工作方式、重合闸动作时限的整定原则以及重合闸与保护的配合关系等内容。

由于 220kV 及以上电压等级架空线路中单相接地故障概率极高，采用单相重合闸可只将发生故障的一相断开，而未发生故障的两相可以继续运行，然后再将单相重合，与同时切断三相再重合三相相比，能够大大提高供电可靠性和系统并列运行的稳定性。因此，220kV 及以上电压等级线路中，通常采用单相重合闸与三相重合闸结合在一起考虑的综合自动重合闸。与三相重合闸相比，单相重合闸需要考虑的特殊问题主要包括：对故障选相元件的基本要求和实现原理；未断开两相的电压、电流产生的潜供电流对动作时限的影响；保护装置、选相元件与重合闸回路的配合关系等。在实现综合重合闸时，则应考虑能实现综合重合闸方式、三相重合闸方式、单相重合闸方式和停用重合闸的各种可能性。另外，由于 750kV 及以上特高压交流输电线路与 500kV 及以下电压等级线路相比，具有分布电容大、拉合闸操作、故障和重合闸时都将引起严重过电压等问题，应特殊考虑重合闸引起的过电压问题。

根据对系统运行情况的统计分析表明，自动重合闸的成功率在 60%～90% 之间，采用自动重合闸可极大地提高系统的稳定度和供电的可靠性。但另一方面，因为自动重合闸是盲目的，当重合于永久性故障时，其一是使得电气设备在短时间内遭受两次故障电流的冲击，加速设备的损坏；其二是现场重合闸多数没有按照最佳时间重合，当重合于永久性故障时，降低了输电能力，甚至造成稳定性的破坏。重合于永久性故障时对系统稳定和电气设备所造成的危害将远远超过正常运行状态下发生短路所造成的后果。20世纪 80 年代中国学者葛耀中教授提出了自适应自动重合闸的概念，包括自适应单相重合闸、自适应三相重合闸和自适应分相重合闸。其核心在于重合之前能够区分瞬时性故障和永久性故障，避免传统自动重合闸的盲目性，消除了重合于永久性故障时对系统的危害。自适应重合闸不仅是提高电网稳定性的一个重要措施，也是降低电网过电压的一个重要手段，这一课题的研究对电力系统的安全运行和国民经济的建设具有重要意义。

本章知识要点总结如下：
(1) 自动重合闸的定义和分类。
(2) 自动重合闸的作用、后果。
(3) 对自动重合闸的基本要求。
(4) 三相一次自动重合闸的构成。
(5) 单侧电源线路三相一次自动重合闸的特点。
(6) 双侧电源线路三相一次自动重合闸的特点。
(7) 双侧电源线路三相一次自动重合闸的配置方式及选择原则。
(8) 具有同步检定与无电压检定重合闸的动作过程分析，存在问题和解决办法。
(9) 三相一次自动重合闸动作时间整定原则。
(10) 重合闸前加速保护和重合闸后加速保护的概念、特点和应用。
(11) 单相自动重合闸的实现条件及特点。
(12) 潜供电流的概念及其对单相重合闸动作时限的影响。
(13) 单相自动重合闸中保护装置、选相元件与重合闸的配合关系。
(14) 输电线路自适应单相重合闸的概念。
(15) 综合自动重合闸的工作方式及应考虑的基本原则。

第二部分　典　型　例　题

[**例1**]　如图 5-1 所示网络，试对该网络中各线路（其中线路 L6 是平行双回线路）选择适合的三相一次自动重合闸方式，并分析 k 点发生瞬时性故障时重合闸的动作过程。

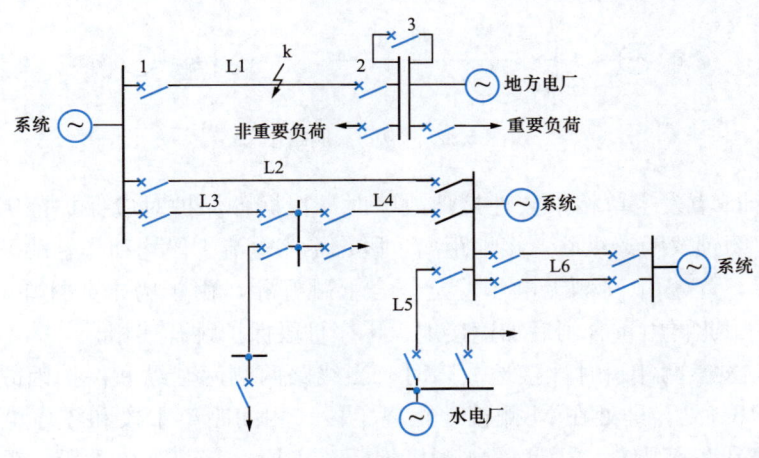

图 5-1　[例1] 网络图

解　(1) 各线路分别可采用以下自动重合闸方式：

1) 线路 L1：考虑地方电厂容量与地方重要负荷容量相当时，为了保证重要负荷的供电可靠性，线路 L1 应采用解裂重合闸。

2) 线路 L2、L3 和 L4：由于两系统之间仅两条联络回路，联系不够紧密，因此可采用具有同步检定与无电压检定的重合闸。

3) 线路 L5：由于一侧是系统，一侧是水电厂，因此可采用自同步重合闸。

4) 线路 L6：两系统之间联络线是平行双回线，因此采用检查另一回线有电流的重合闸。

(2) k 点故障后，系统侧保护 1 动作跳开断路器 QF1，地方电厂保护 3 动作跳开断路器 QF3，切除故障并实现地方电厂与大系统的解列。此时，地方重要负荷可以保持连续供电，非重要负荷被停止供电。两侧断路器跳开后，系统侧断路器 QF1 处的重合闸检定线路无电压后重合，重合成功，由系统恢复地方电厂非重要负荷的供电，然后再在解列点断路器 QF3 处实现同期并列，恢复系统与地方电厂的正常供电。

［例 2］ 如图 5-2 所示 220kV 系统中，线路 MN 两侧保护配置了闭锁式方向纵联、闭锁式距离纵联、相间距离三段、接地距离三段、零序电流三段保护和综合自动重合闸（M 侧为检同期侧，N 侧为检无压侧），系统两侧电源正、负、零序等值电抗均相同。当线路故障时纵联保护具有足够的灵敏性，相间距离Ⅰ段保护线路全长 80%，接地距离Ⅰ段保护线路全长 70%，零序电流Ⅰ段保护线路全长 78%。相间距离、接地距离、零序电流的Ⅱ、Ⅲ段均具有足够的灵敏度。相间距离、接地距离、零序电流的Ⅱ段动作时间均为 0.5s，自动重合闸后加速相间距离、接地距离、零序电流Ⅲ段保护，线路投入综合重合闸方式。试问：

(1) 当距 M 侧线路全长 51% 处 k1 点发生单相永久性接地故障时，描述保护和重合闸动作过程。

(2) 正常方式下，线路两侧两套纵联保护因故停用，当距 M 侧线路全长 18% 处 k2 点发生两相瞬时性接地故障时，描述两侧保护及重合闸的动作过程。

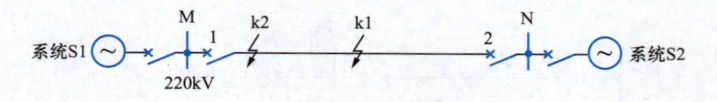

图 5-2 ［例 2］网络图

解 (1) k1 点发生单相永久性接地故障时，根据各保护对应保护范围，两侧闭锁式方向纵联，闭锁式距离纵联，接地距离Ⅰ段、零序电流Ⅰ段均动作，跳开故障相；经重合闸延迟后，首先由 N 侧无电压检定侧合上跳开相，由于为永久性单相接地故障，故重合失败，因此再由重合闸后加速接地、零序Ⅲ段保护跳开三相。

(2) k2 点发生两相瞬时性接地故障时，当线路两侧两套纵联保护因故停用时，由于距离 M 侧 18% 处，即处在 M 侧接地距离Ⅰ段、相间距离Ⅰ段和零序电流Ⅰ段范围内，在 N 侧各Ⅰ段范围外。因此，M 侧接地距离Ⅰ段、相间距离Ⅰ段、零序电流Ⅰ段瞬时动作，跳开三相；M 侧保护动作后，流过 N 侧保护的零序电流增大，故障点距离 N 侧零序保护Ⅰ段范围很近（只差 4%），很有可能超过 N 侧零序电流Ⅰ段定值，加速为 N 侧零序电流 I 段动作，跳开三相。两侧保护均跳开后，首先由 N 侧经重合闸延时检定无电压后重合 N 侧三相，再有 M 侧重合闸延时检定同步后重合 M 侧三相，恢复供电。

第三部分 习题

一、选择题

1. 自动重合闸的启动原则优先采用（　　）。
   A. 继电保护动作启动合闸
   B. 由断路器跳闸回路启动重合闸
   C. 手动操作启动重合闸
   D. 有控制开关位置与断路器位置不对应启动重合闸

2. 下列不属于自动重合闸作用的是（　　）。
   A. 对于瞬时故障，可迅速恢复供电，从而提高供电的可靠性
   B. 对双侧电源的线路，可提高系统并列运行的稳定性
   C. 减少故障的发生
   D. 可纠正由于断路器或继电保护误动作引起的误跳闸

3. 根据电力系统的运行经验，架空线路的故障大多数是（　　）。
   A. 永久性故障　　　　　　　　B. 瞬时性故障
   C. 与线路长度有关　　　　　　D. 以上说法均不对

4. 在具有无电压检定和同步检定重合闸的线路上，发生永久性故障跳闸后，检查同步侧重合闸应（　　）。
   A. 动作　　　B. 不动作　　　C. 后动作　　　D. 先动作

5. 具有同步和无电压检定的重合闸一般在（　　）采用同时投入同步检定和无电压检定继电器。
   A. 无电压检定侧　　B. 同步检定侧　　C. 两侧　　D. 以上都不对

6. 下列选项中，属于重合闸前加速保护优点的是（　　）。
   A. 重合于永久性故障时，故障的切除时间长
   B. 能够快速切除各段线路上发生的瞬时性故障
   C. 使用的设备多，投资大
   D. 使装有重合闸的断路器动作次数多

7. 配有重合闸后加速的线路，当重合到永久性故障时（　　）。
   A. 能瞬时切除故障　　　　　　B. 不能瞬时切除故障
   C. 能延时切除故障　　　　　　D. 以上说法都不对

8. 当采用单相重合闸时，如果发生相间短路，重合闸装置动作行为是（　　）。
   A. 跳三相，且重合一次　　　　B. 跳故障相，且重合一次
   C. 跳三相，且不进行三相重合　　D. 跳故障相，且不进行重合

9. 对采用单相重合闸的线路，当发生永久性单相接地故障时，保护及重合闸的动

作顺序描述正确的是（　　）。

　　A. 三相跳闸不重合
　　B. 选跳单相跳闸，延时重合单相，后加速跳三相
　　C. 三相跳闸，重合三相，后加速跳三相
　　D. 选跳故障相，瞬时重合单相，后加速跳三相

10. 由于潜供电流的影响，单相自动重合闸的动作时限比三相自动重合闸的动作时限（　　）。

　　A. 长一些　　　　B. 一样长　　　　C. 短一些　　　　D. 不能确定

11. 下列选项对快速自动重合闸描述错误的是（　　）。

　　A. 快速自动重合闸需要在两侧断路器断开后的 0.5~0.6s 内重合
　　B. 该重合闸要求输电线路上的电气设备承受的冲击电流在允许范围内
　　C. 必须装设纵联保护才可以使用快速自动重合闸
　　D. 66kV 线路装设快速重合断路器时可以采用快速自动重合闸

12. 双侧电源不检查同期方式的重合闸应用于（　　）。

　　A. 双电源系统联络的单回线路上　　　B. 三个以上紧密联系的线路上
　　C. 平行线路上　　　　　　　　　　　D. 系统与水电厂联络线路上

13. 单侧电源线路的自动重合闸必须在故障切除后，经一定时间间隔才允许发出合闸脉冲，这是因为（　　）。

　　A. 需与保护配合　　　　　　　　　　B. 防止多次重合
　　C. 故障点去游离需一定时间　　　　　D. 考虑保护动作延迟

14. 当重合闸选相元件拒绝动作时，应（　　）。

　　A. 跳开三相不再重合　　　　　　　　B. 跳开三相，重合三相
　　C. 跳开三相，重合单相　　　　　　　D. 以上都不对

15. 采用综合重合闸后，在发生单相接地短路时，断路器的动作状态是（　　）。

　　A. 跳三相　　　B. 跳任一相　　　C. 只跳故障相　　　D. 跳其中两相

二、填空题

1. 一般对_____线路，当其上有断路器时，就应该装设自动重合闸。

2. 自动重合闸启动方式有_____启动和_____启动两种方式。

3. 双侧电源输电线路与单侧电源线路相比，在实现重合闸时必须考虑两侧电源_____和两侧保护_____的问题。

4. 单相自动重合闸选相元件应能够保证_____和_____两个基本要求。

5. 一般 110kV 及以下电压等级线路上采用_____重合闸，220kV 及以上电压等级需要采_____重合闸。

三、名词解释

1. 自动重合闸
2. 瞬时性故障
3. 潜供电流

4. 重合闸前加速保护
5. 重合闸后加速保护

四、问答题

1. 自动重合闸的使用有何作用和意义？又会带来哪些不利影响？
2. 试回答电网中自动重合闸的配置原则。
3. 在哪些情况下不希望自动重合闸动作？
4. 高压电网中使用三相自动重合闸，当必须考虑同步问题时，是否必须装检同期元件？
5. 双侧电源输电线路三相一次自动重合闸有哪些主要方式？分别适用于什么情况？
6. 试画出采用同步检定与无电压检定的重合闸的配置关系图，并依据配置关系图描述发生瞬时性故障和永久性故障时该重合闸方式的工作过程。
7. 具有同步和无电压检定的重合闸中，为什么无电压检定侧必须投入同步检定继电器，而同步检定侧不允许投入无电压检定装置？
8. 输电线路三相一次自动重合闸的最小重合时间主要有哪些因素决定？
9. 重合闸前加速保护有何优缺点？主要适用于什么线路？
10. 重合闸后加速保护有何优缺点？主要适用于什么线路？
11. 潜供电流是怎样产生的？它的持续时间与哪些因素有关？对自动重合闸有何影响？
12. 在高压电网中使用三相重合闸为什么要考虑两侧电源的同期问题，使用单相重合闸是否需要考虑同期问题？
13. 与三相重合闸相比，单相重合闸具有哪些优点和缺点？它适合在什么样系统中使用？
14. 在超高压电网中使用的综合自动重合闸可设置为哪些工作方式？分别解释各种方式。

五、分析与计算题

1. 如图 5-3 所示 35kV 单侧电源网络中，已知线路上装设了阶段式电流保护，其中电流Ⅲ段动作时限分别为 $t_1=3s$，$t_2=2s$，$t_3=1s$。该系统在保护 1 处装设三相一次自动重合闸（ZCH），并采用重合闸前加速方式，其加速用无选择性电流速断的动作时间为 $t_{pr.1}^{I}=0.1s$。系统中所有断路器型号一致，其合闸时间均为 $t_{QF.h}=0.12s$，跳闸时间均为 $t_{QF.t}=0.06s$。重合闸动作时间为 $t_{ARD}=0.4s$，并且采用断路器开断后对应启动回路内的常开触点打开使重合闸启动。故障点 k 在保护 2 的Ⅰ段范围外、Ⅱ段范围内。试问：

（1）当 k 点发生瞬时性故障时，各保护及重合闸将如何动作？从故障开始到恢复供电的总时间是多少？

（2）当 k 点发生永久性故障时，各保护及重合闸将如何动作？故障从开始到最后切除共用多长时间？与不装设重合闸相比，切除时间有何变化？

（3）当 k 点发生永久性故障，断路器 2 又拒动时，重合闸及各保护将如何动作？最后由哪个断路器切除故障？故障从开始到最后切除共用多长时间？

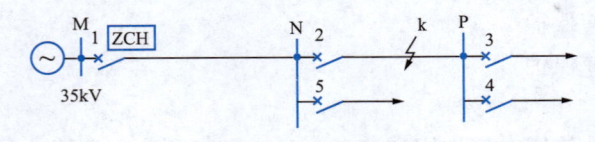

图 5-3 习题 1 网络图

2. 如图 5-4 所示 66kV 电网中，试回答保护和重合闸的应采用哪种配合方式？当线路 BC 末端靠近 C 母线处 k 点发生永久性短路时，描述切除故障的动作过程。

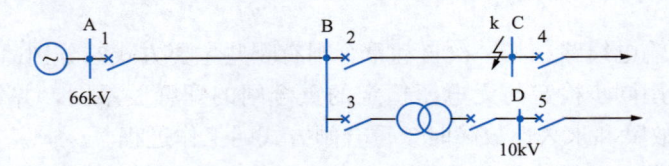

图 5-4 习题 2 网络图

参 考 答 案

一、选择题

1. D 2. C 3. B 4. B 5. A 6. B 7. A 8. C
9. B 10. A 11. D 12. B 13. C 14. B 15. C

二、填空题

1. 1kV 及以上的架空线路和电缆与架空线的混合架线
2. 开关位置不对应、保护
3. 同步问题、切除故障时间不同
4. 选择性、足够的灵敏性
5. 三相自动、综合自动

三、名词解释

1. 自动重合闸：能够自动将断路器重新合上的装置，称为自动重合闸。

2. 瞬时性故障：当故障发生并切除故障后，经过一定延时故障点绝缘强度恢复、故障点消失，若把断开的线路断路器再合上就能够恢复正常的供电，称这类故障为瞬时性故障。

3. 潜供电流：在采用单相重合闸时，发生单相接地故障时对应故障相跳开后，另外两个健全相通过电容耦合和电磁感应耦合供给故障点的电流叫潜供电流。

4. 重合闸前加速保护：当线路第一次故障时，由靠近电源端保护无选择性瞬时动作切除故障，然后进行重合。如果重合于永久性故障上，则在断路器合闸后，再有选择性地切出故障。

5. 重合闸后加速保护：当线路第一次故障时，保护有选择性动作，然后进行重合。如果重合于永久性故障，则在断路器合闸后，再加速保护动作瞬时切除故障。

四、问答题

1. 答：（1）使用自动重合闸的作用及意义：由于输电线路 80% 以上的故障均为瞬时性故障，重合闸可以大大提高供电的可靠性和连续性；对于高压输电网有利于提高电力系统并列运行的稳定性，提高线路的传输容量；可纠正保护或断路器的误动作。

（2）使用自动重合闸带来的不利影响：重合于永久性故障时，将会使电力系统再一次受到故障的冲击，对超高压系统还可能降低并列运行的稳定性；使断路器的工作条件变得更加恶劣，因为它要在很短的时间内，连续切断两次短路电流；在单相重合闸期间，系统出现纵向不对称，会有零序和负序分量产生。

2. 答：电网中自动重合闸的配置原则如下：

（1）1kV 及以上架空线路及架空线与电缆的混合架线，当其上装有断路器时，如用电设备允许且无备用电源自动投入时，应装设自动重合闸。

（2）旁路断路器和兼做旁路的母联断路器或分段断路器，应装设自动重合闸。

（3）低压侧不带电源的降压变压器，可装设自动重合闸。

（4）发电厂和变电站的母线上，必要时也可以装设自动重合闸。

3. 答：下列情况下不希望自动重合闸动作：

（1）工作人员手动操作或通过遥控装置将断路器断开时。

（2）手动投入断路器，由于线路上有故障，而随即被继电保护将其断开时。

（3）当断路器处于不正常状态时。

4. 答：不一定必须装检同期元件。

在下列情况下可以不装设同期元件：当电力系统之间联系紧密（具有三个以上的回路），系统的结构保证线路两侧不会失步；当两侧电源有双回路联系时，可以采用检查另一线路是否有电流来判断电源是否失去同步。

5. 答：双侧电源输电线路三相一次自动重合闸主要方式有：

（1）不检查同期的自动重合闸，应用范围为系统电气联系紧密的情况，两个电源间至少有三条回路时。

（2）检查另一回线有电流的重合闸，应用范围为平行双回线。

（3）具有同步检定与无电压检定的重合闸，应用范围为两个电源间少于三条联络线时。

（4）快速自动重合闸，应用范围为线路两侧都有快速重合的断路器，线路两侧都有全线速动的保护，重合瞬间出现的冲击电流对电气设备、电力系统的冲击均在运行范围内。

（5）非同期重合闸，应用范围为一侧是大系统另一侧是小电源时，两侧断路器合闸时系统已失步，合闸后能够自动拉入同步，并且能够承受冲击电流的影响。

（6）自同步重合闸，应用范围为多用于水电厂与系统相连时。

（7）解裂重合闸，应用范围为地方电厂与地方重要负荷容量平衡时。

6. 答：采用具有同步检定与无电压检定的重合闸的配置关系图如图 5-5 所示，图中 M 侧为无电压检定侧，N 侧为同步检定侧。

动作过程：线路 MN 内部发生短路后，两侧保护分别动作跳开两侧断路器，切除故障。首先由 M 侧检定无电压后，重合 M 侧断路器，此时有两种可能：若是永久性故障，则重合失败，M 侧断路器被后加速保护再次跳开；此时，由于 N 侧同步检定继电器无法检定同步从而不能启动，N 侧不能投入断路器；若是瞬时性故障，则重合成功，N 侧检定两侧同步后投入 N 侧断路器，线路即恢复正常工作。

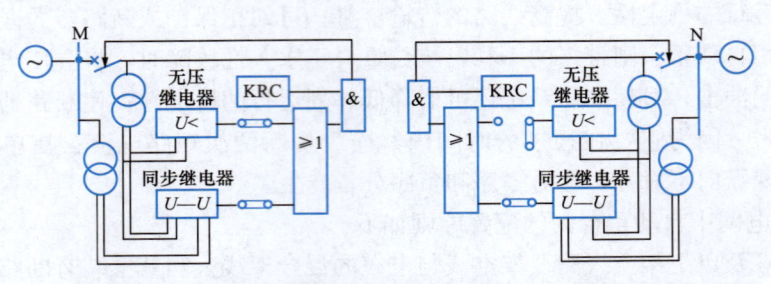

图 5-5 具有同步检定与无电压检定的重合闸的配置关系图

7. 答：无电压检定侧必须投入同步检定继电器是因为当无电压检定侧在正常运行时，当保护或者断路器误动作跳闸后，由于对侧断路器并没有跳闸，线路上有电压，检定无电压侧始终不能检测到无电压，因而不能实现重合纠正误动作问题。投入同步检定继电器后，在同步检定继电器作用下，当符合同步条件时，即可将误跳闸的断路器重新投入，实现重合。

同步检定侧不允许投入无电压检定装置是因为当线路发生永久性故障时，两侧断路器跳闸后，线路上两侧都无电压，此时两侧断路器都将重合于永久性故障，对系统会造成更大冲击，同时同步检定侧断路器将增加动作次数，恶化工作条件。

8. 答：（1）单侧电源线路的三相重合闸的最小重合时间，按躲过下列因素来整定：

1）在断路器跳闸后，负荷电动机向故障点反馈电流的时间。
2）故障点的电弧熄灭并使周围介质恢复绝缘强度需要的时间。
3）在断路器动作跳闸熄弧后，其触头周围绝缘强度的恢复以及消弧室重新充满油、气需要的时间；同时期操作机构恢复原状准备好再次动作需要的时间。
4）如果重合闸是利用继电保护跳闸出口启动，其动作时限还应该加上断路器的跳闸时间。

（2）双侧电源线路三相重合闸的最小重合时间除满足上述原则外，还应考虑线路两侧保护不同时切除故障时间差。应按照最不利情况下，每一侧的重合闸都应该以本侧先跳闸而对侧后跳闸来作为考虑整定时间的依据。其重合闸动作时限配合示意图如图 5-6 所示。

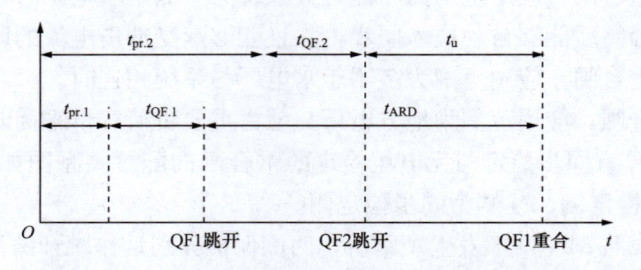

图 5-6 双侧电源线路重合闸动作时限配合示意图

先跳闸一侧保护 1 的重合闸动作时间整定为

$$t_{ARD}=t_{pr.2}+t_{QF.2}-t_{pr.1}-t_{QF.1}+t_u$$

式中　$t_{pr.1}$——保护 1 动作时间；

　　　$t_{pr.2}$——保护 2 动作时间；

　　　t_{QF1}——断路器 QF1 动作时间；

　　　t_{QF2}——断路器 QF2 动作时间；

　　　t_u——故障点熄弧和周围介质去游离的时间。

9. 答：重合闸前加速保护具有以下优、缺点。

(1) 优点：能够快速地切除瞬时性故障；可能使瞬时性故障来不及发展成永久性故障，从而提高重合闸的成功率；能保证发电厂和重要变电站的母线电压在 0.6~0.7 倍额定电压以上，从而保证厂用电和重要用户的电能质量；使用设备少，只需要装设一套重合闸装置，简单、经济。

(2) 缺点：断路器工作条件恶劣，动作次数较多；重合于永久性故障时，故障切除的时间可能较长；如果靠近电源侧的重合闸装置或断路器拒绝合闸，则将扩大停电范围。

重合闸前加速保护主要用于 35kV 以下由发电厂或重要变电站引出的直配线路上，以便快速切除故障，保证母线电压。

10. 答：重合闸后加速保护具有以下优、缺点。

(1) 优点：第一次是有选择性地切除故障，不会扩大停电范围；保证了重合于永久性故障时能瞬时切除；和前加速比，使用中不受网络和负荷条件的限制。

(2) 缺点：每个断路器上都需要装设一套重合闸，与前加速相比略为复杂；第一次切除故障可能带有延时性。

重合闸后加速保护的配合方式广泛应用于 35kV 以上的网络及对重要负荷供电的送电线路上。

11. 答：潜供电流有以下两种原因产生。

(1) 电容耦合分量：发生单相接地故障后，故障相线路自两侧切除后，其他两个健全相的电压分别通过相间电容给故障相供给电流。

(2) 电磁感应分量：两个健全相的负荷电流，通过相间互感在故障相上耦合产生了互感电动势，此电动势通过故障点及故障相对地电容产生电流。

一般线路的电压越高、线路越长，则潜供电流越大。潜供电流的持续时间不仅与其大小有关，而且也与故障电流的大小、故障切除的时间、弧光的长度以及故障点的风速等因素有关。潜供电流的存在使故障点熄弧、恢复绝缘时间加长，使单相重合闸的时间比三相重合闸的时间延长。

12. 答：采用三相重合闸时，无论什么故障均要切除三相，当系统网架结构薄弱时，两侧电源在断路器跳闸后可能失去同步，因此需要考虑两侧电源的同期问题。单相故障时只跳单相，使两侧电源之间仍然保持两相运行，一般是同步的，因此单相重合闸不需要考虑同期问题。

13. 答：单相重合闸具有以下优、缺点：

优点：能在绝大多数故障情况下保证对用户的连续供电，从而提高供电的可靠性；

当由单侧电源单回路向重要负荷供电时，对保证不间断供电更有显著的优越性；在超高压电网中的双侧电源联络线上采用单相重合闸，可以在故障时大大加强两个系统之间的联系，从而提高系统并列运行的动态稳定性；对于联系比较薄弱的系统，当采用三相切除并继之以三相重合而很难再恢复同步时，采用单相重合闸就能避免两系统解列。

缺点：需要有按相操作的断路器；需要专门的选相元件与继电器保护相配合，重合闸回路的接线比较复杂；在单相重合闸过程中，由于非全相运行引起系统的不对称，可能引起没有考虑不对称运行条件的保护误动作，因此，需要根据实际情况采取措施予以防止。这将使保护的接线、整定计算和调试工作复杂化。

单相自动重合闸广泛应用于220～500kV电压等级高压输电线路上。对于110kV的电网，一般不推荐这种重合闸方式，只在由单电源向重要负荷供电的某些线路及根据系统运行需要装设单相重合闸的某些重要线路上，才考虑使用。

14. 答：在超高压电网中，目前使用的综合重合闸可以设置为单相重合闸方式、三相重合闸方式、综合重合闸方式和停用方式。

（1）单相重合闸方式是在输电线路发生单相接地故障时，仅跳开故障相断路器，然后重合单相，重合不成功则跳开三相不再重合；而在发生两相或三相故障时，跳开三相，不重合。

（2）三相重合闸方式是无论发生什么类型和相别的故障，都跳开三相，并重合三相，重合不成功再次跳开三相不再重合。

（3）综合重合闸方式是单相重合闸方式与三相重合闸方式的综合，就是在发生单相接地故障时，仅跳开故障相断路器，然后重合单相，而在发生两相或三相故障时，跳开三相，并重合三相。

（4）停用方式就是不使用重合闸，输电线路无论发生什么故障都跳开三相，且不重合。

五、分析与计算题

1. 答：（1）由于重合闸前加速保护方式，所以从k点故障发生后，经0.1s首先由保护1的前加速电流速断动作，发出跳闸脉冲给QF1，经0.06s跳开QF1，QF1在启动回路内的常开触点打开使重合闸启动，经0.4s后发重合闸脉冲给QF1，经0.12s后断路器重合成功，恢复供电。可见，k点瞬时性故障后到恢复供电的总时间为

$$t = t_{pr.1}^{I} + t_{QF.t} + t_{ARD} + t_{QF.h} = 0.1 + 0.06 + 0.4 + 0.12 = 0.68(s)$$

（2）前0.68s的动作过程同（1）一样，只是由于永久性故障，重合失败。此时，由于采用的是三相一次重合闸，即只重合一次，若失败也不再启动重合闸加速保护，而是按照故障点位置对应的保护有选择性动作切除故障。k点在保护2的Ⅰ段范围外、Ⅱ段范围内，因此，重合失败后再由保护2的Ⅱ段经0.5s动作启动QF2跳闸，经0.06s跳开QF2切除故障。可见，k点永久性故障时切除故障总时间为

$$t = t_{pr.1}^{I} + t_{QF.t} + t_{ARD} + t_{QF.h} + t_{pr.2}^{II} + t_{QF.t}$$
$$= 0.1 + 0.06 + 0.4 + 0.12 + 0.5 + 0.06 = 1.24(s)$$

若没有重合闸，则只需要0.56s就可以将故障切除，重合闸前加速保护的使用使永久性故障切除时间增长了。

（3）当 k 点发生永久性故障，断路器 QF2 又拒动时，前 0.68s 的动作过程同（1）一样。由于 QF2 拒动，按照保护的选择性动作，会由对其起后备保护作用上一级保护 1 的电流Ⅲ段动作启动 QF1 跳闸，经 0.06s 跳开 QF1 切除故障。切除故障总时间为

$$t = t_{pr.1}^{I} + t_{QF.t} + t_{ARD} + t_{QF.h} + t_{pr.1}^{III} + t_{QF.t}$$
$$= 0.1 + 0.06 + 0.4 + 0.12 + 3 + 0.06 = 3.74(s)$$

2. 答：（1）应采用重合闸后加速保护。

（2）动作情况：66kV 系统一般配置阶段式距离保护，并且每个断路器处都配置三相一次自动重合闸。线路 BC 末端 k 点发生永久性短路后，应由保护 2 对应的距离Ⅱ经 0.5s 动作跳开断路器 QF2，然后保护 2 处对应的重合闸启动，经一定延时后重合 QF2，由于是永久性故障，因此重合闸后加速保护动作，由保护 2 再瞬时动作跳开 QF2，切除故障。

第六章

电力变压器保护

第一部分　基本内容与知识要点

变压器是电力系统中十分重要的电气设备，特别是大型变压器在电力系统远距离输变电中承担着重要任务。现代大型变压器的特点是容量大、电压等级高、造价昂贵，一旦发生故障维修困难，对电力系统供电质量和系统的稳定运行都将带来严重的影响。因此必须根据变压器容量和重要程度，配置性能良好、动作可靠的继电保护装置。

本章首先根据变压器的结构特点，介绍了变压器的常见故障和不正常运行状态，并给出了变压器保护的配置原则。然后重点介绍了变压器纵差动保护、纵差动保护的不平衡电流问题和励磁涌流问题；变压器相间短路的后备保护、变压器接地短路的后备保护、变压器零序电流差动保护；最后简要介绍了瓦斯保护、过励磁保护、过负荷保护和其他非电气量的保护措施。

1. 变压器纵差动保护

变压器纵差动保护是反应变压器绕组和引出线相间短路、绕组匝间短路以及中性点直接接地系统侧绕组和引出线接地短路的主保护措施。相比纵差动保护在线路和发电机保护中的应用，实现变压器纵差动保护有更多特点和困难，必须解决好引起纵差动保护的不平衡电流问题。影响变压器纵差动保护动作的不平衡电流产生原因主要包括五个方面：由变压器两侧接线组别不同引起的电流相位不同而产生的不平衡电流；由电流互感器计算变比与实际变比不同产生的不平衡电流；由变压器带负荷调整分接头产生的不平衡电流；由电流互感器传变误差产生的不平衡电流；由变压器励磁涌流产生的不平衡电流。其中变压器两侧接线组别不同引起的电流相位不同和变压器励磁涌流问题是一个难点和重点问题。

变压器两侧接线组别不同引起的电流相位不同产生的不平衡电流，在模拟式保护中，可采用变压器角侧 TA 采用 Y 接线，变压器星侧 TA 采用 △ 接线，且将变压器 Y 侧 TA 变比扩大$\sqrt{3}$倍来消除该平衡电流，Yd11 接线变压器纵差保护模拟式接线图如图 6-1 所示。模拟式接线较为复杂，如果出现一处同名端接错，将影响整个保护的可靠动作。在数字式纵差动保护中，变压器两侧互感器都采用星形接线，利用微机保护算法调整相位和大小关系，以简化接线，提高纵差动保护的可靠性。

当变压器空载投入和外部故障切除后电压恢复时，则可能产生数值很大的励磁电流，称为励磁涌流。励磁涌流最大可达 6～8 倍的额定电流，会引起纵差动保护误动作。励磁涌流主要有以下特点：（1）含有很大成分的非周期分量；（2）含有大量的高次谐波，以二次谐波为主；(3) 波形偏离时间轴的一侧，波形之间出现间断。可以对应采用速饱和中间变流器、利用二次谐波制动、间断角鉴别等方法来解决励磁涌流对纵差动保护的影响。考虑励磁涌流影响，采用数字式二次谐波制动原理纵差动保护接线逻辑示意图如图 6-2 所示。

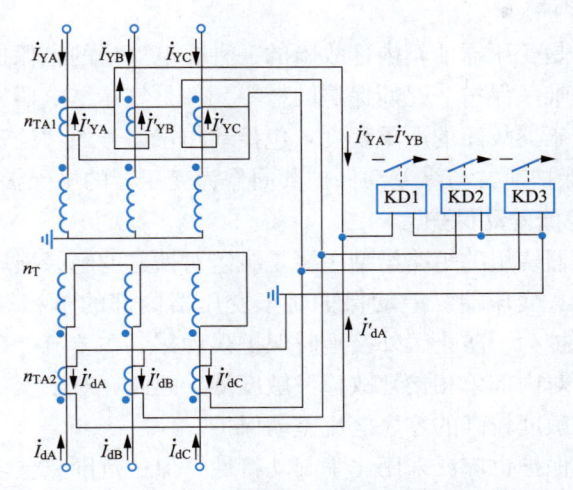

图 6-1 Yd11 接线变压器纵差保护模拟式接线图

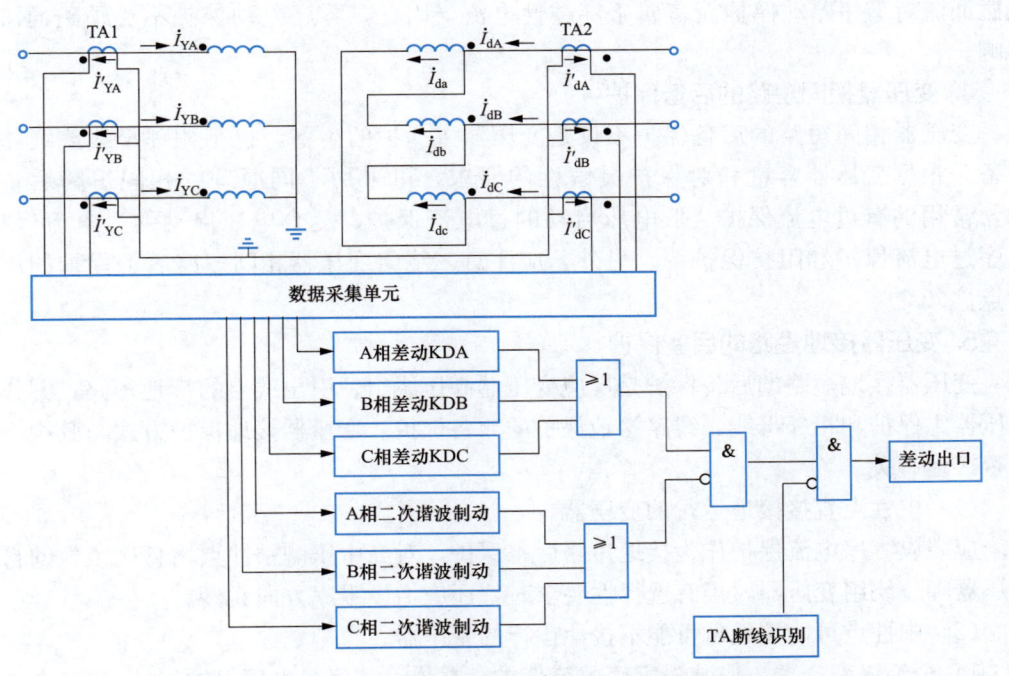

图 6-2 数字式二次谐波制动原理纵差动保护接线逻辑示意图

考虑躲过外部短路故障时的最大不平衡电流整定的纵差动保护动作值过高，内部故障时不易满足灵敏度要求。因此，大型变压器通常采用具有制动特性的纵差动保护，其差动继电器的动作电流不再是按躲过最大不平衡电流整定，而是根据不平衡电流随着穿越电流增大而增大的特点，使动作电流随制动电流（穿越电流）自动调整。一般具有制动特性的纵差动保护在内部故障时都具有很高的灵敏度，但当变压器绕组发生短路匝数较少的匝间短路时，灵敏度仍然不易满足要求。如何提高匝间短路时变压器纵差动保护的灵敏度，仍是一个重要问题。

2. 变压器瓦斯保护

变压器瓦斯保护是变压器油箱内部故障的一种非电气量的主保护，并且是油箱漏油或绕组、铁芯烧损的唯一保护。瓦斯保护的核心元件是气体继电器，它根据气体排出的浓度和速度来判别变压器故障的严重程度，包括动作于信号的"轻瓦斯"和动作于跳闸的"重瓦斯"。瓦斯保护通常与纵差动保护共同作为变压器的主保护。

3. 变压器零序电流差动保护

超高压大型变压器绕组的短路类型主要是绕组对铁芯的绝缘损坏造成单相接地，相间短路的可能性较小。变压器纵差动保护对于变压器内部的单相接地故障具有保护作用，但是纵联差动保护为了防止区外接地时保护误动作，在差流计算中消除了接地侧零序电流的影响，因此对内部单相接地故障灵敏度低。因此，对于大容量变压器内部单相接地故障需要增设灵敏度较高的零序电流差动保护。

变压器零序差动保护也广泛采用比率制动特性，保护范围只包含有电路连接的变压器绕组部分，不包含无电路连接的由铁芯磁路耦合的其他绕组。当变压器空载合闸时，励磁涌流对零序差动保护而言属于穿越性电流，因此，零序差动保护不受励磁涌流的影响。

4. 变压器相间短路的后备保护

变压器相间短路的后备保护不仅是变压器主保护的后备，也是相邻母线或线路的后备。根据变压器容量和对保护灵敏性的要求，可采用不同原理的相间短路后备保护，常用的有过电流保护、低电压启动的过电流保护、复合电压启动的过电流保护、负序过电流保护和阻抗保护等。另外，应注意三绕组变压器相间短路后备保护的配合特点。

5. 变压器接地短路的后备保护

变压器接地短路的后备保护是反应变压器高压绕组、引出线上的接地短路，并作为变压器主保护和相邻母线、线路接地保护的后备保护。变压器接地保护方式与其中性点是否接地有关。

（1）中性点直接接地运行的变压器。

应装设零序电流保护作为接地短路后备保护，对高中压侧中性点均直接接地的自耦变压器和三绕组变压器，当有选择性要求时，还应增设零序方向元件。

（2）中性点可能接地也可能不接地运行的变压器。

1) 全绝缘变压器：应装设零序电流保护，并增设零序过电压保护。

2) 分级绝缘变压器：中性点不装设放电间隙只装设避雷器时，应装设两段式零序电流保护和零序过电压保护。中性点装设放电间隙（或装设放电间隙再装设避雷器）时，应装设零序电流保护，并增设反应零序电压和间隙放电电流的间隙零序电流保护。中性点有放电间隙的分级绝缘变压器接地后备保护原理接线图如图 6-3 所示。

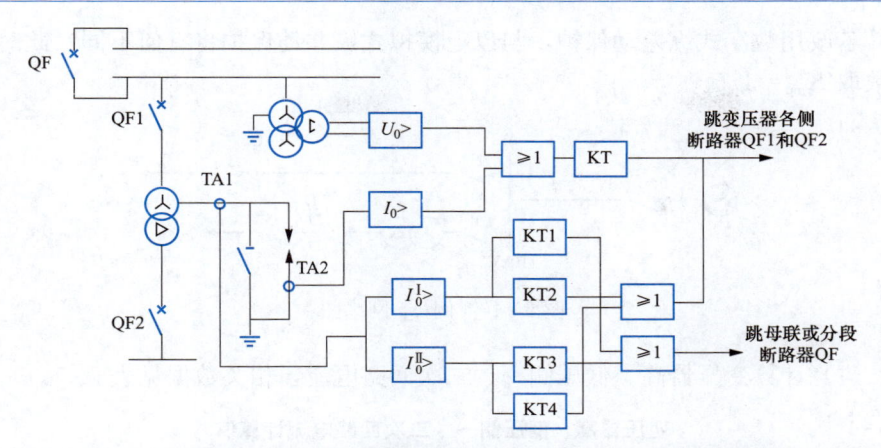

图 6-3 中性点有放电间隙的分级绝缘变压器接地后备保护原理接线图

本章知识要点总结如下。
(1) 变压器的常见故障和不正常运行状态。
(2) 变压器保护的配置原则。
(3) 变压器纵差动保护不平衡电流产生的原因及解决办法。
(4) 变压器励磁涌流产生的原因、励磁涌流的特点及克服励磁涌流影响的措施。
(5) 不具有制动特性纵差动保护的基本原理及整定原则。
(6) 具有制动特性的纵差动保护基本原理及整定原则。
(7) 变压器相间短路的后备保护的基本原理、整定原则。
(8) 三绕组变压器相间短路后备保护配置特点。
(9) 变压器接地短路的后备保护两段式零序电流保护的整定原则。
(10) 自耦变压器零序电流保护的特点。
(11) 多台并联运行变压器的接地后备保护的配置方案。
(12) 变压器零序电流差动保护的基本原理与特点。
(13) 变压器过负荷保护、过励磁保护的基本原理。
(14) 瓦斯保护的基本原理及作用。

第二部分 典 型 例 题

[例1] 如图 6-4 所示为一单独运行的双绕组降压变压器，配置了具有加强型速饱和变流器的不具有制动特性的纵差动保护。已知：变压器额定容量为 31.5MVA，$U_k\% = 10.5\%$。采用 Yd11 接线方式，变压器电压为 110(1±2×2.5%)/11kV。11kV 侧外部故障时的最大三相短路电流为 7600A，正常运行时的最大负荷电流为 1200A；变压器区内故障时，流经差动继电器的最小差动电流为 22.5A。可靠系数取 $K_{rel}=1.3$。求：
(1) 计算差动回路中各侧电流分别为多少？正常运行时流入差动继电器的不平衡电流为多少？
(2) 试确定纵差动保护的动作电流，并校验其灵敏系数。

(3) 若改用数字式纵差动保护，与以上模拟式纵差动保护将有何不同？此时非周期分量系数取 $K_{np}=1.5$。

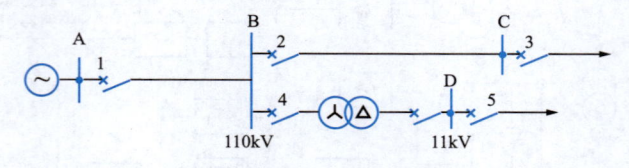

图 6-4 [例 1] 网络图

解 (1) 计算变压器高、低压侧一、二次回路电流，相关数据见表 6-1。

表 6-1　　　　　变压器高、低压侧一、二次回路电流计算值

数值名称	各侧数值	
	高压侧 (110kV)	低压侧 (11kV)
变压器高、低压侧额定电流 (A)	$\frac{31\,500}{\sqrt{3}\times 110}=165.34$	$\frac{31\,500}{\sqrt{3}\times 11}=1653.4$
电流互感器接线方式	△	Y
选择电流互感器一次侧电流计算值 (A)	$\sqrt{3}\times 165.34=286.37$	1653.4
电流互感器的实际变比	$n_{TA1}=300/5=60$	$n_{TA2}=2000/5=400$
流入差动回路的二次侧电流 (A)	$\frac{286.37}{60}=4.77$	$\frac{1653.37}{400}=4.13$

可见差动回路中两侧电流分别为 4.77、4.13A；正常运行时流入差动继电器的不平衡电流为 0.64A。

(2) 计算纵差动保护的动作电流。按下述两个条件整定。

1) 躲过外部短路故障时的最大不平衡电流。

变比差系数

$$\Delta f_{za}=\left|1-\frac{n_{TA1}n_T}{\sqrt{3}\,n_{TA2}}\right|=\left|1-\frac{60\times(110/11)}{\sqrt{3}\times 400}\right|=0.134$$

由于采用加强型速饱和变流器，故非周期分量系数可取 $K_{np}=1$，则

$$I_{unb,max}=(\Delta f_{za}+\Delta U+0.1K_{np}K_{st})I_{k,max}^{(3)}$$
$$=(0.134+0.05+0.1\times 1\times 1)\times 7600=2158.4(A)$$

动作电流为

$$I_{set}=K_{rel}I_{unb,max}=1.3\times 2158.4=2805.9(A)$$

2) 躲过电流互感器二次回路断线引起的差电流为

$$I_{set}=K_{rel}I_{L,max}=1.3\times 1200=1560(A)$$

3) 躲过变压器最大励磁涌流为

由于配置了加强型速饱和变流器，因此励磁涌流最大倍数可取 $K_\mu=1$

则

$$I_{set}=K_{rel}K_\mu I_{L,max}=1.3\times 1\times 1200=1560(A)$$

以上三种情况选取最大者作为纵差动保护的动作电流，即 $I_{set}=2805.9A$

二次动作电流为

$$I'_{set}=\frac{2805.9}{400}=7.01(A)$$

灵敏系数校验为

$$K_{sen}=\frac{I_{k.r,min}}{I'_{set}}=\frac{22.5}{7.01}=3.21>2$$

满足要求。

(3) 采用数字式纵差动保护与模拟式纵差动保护有以下不同。

1) 互感器接线方式不同。表6-1中电流互感器接线方式都选择为星形接线，二次电流直接接入保护装置。因此，变压器星侧电流互感器变比不需要再扩大$\sqrt{3}$，变压器高压侧电流互感器一次侧电流为165.34A，电流互感器实际变比应选择为 $n_{TA1}=200/5=40$，对应互感器二次侧电流为4.13A。

2) 计算变比与实际变比不一致产生的不平衡电流的消除方法不同：

模拟式纵差动保护是依靠平衡线圈来实现，若其匝数不能平衡调节，将还会剩余少量的不平衡电流，在整定计算中还需考虑；数字式保护可以考虑平衡系数进行完全补偿，在整定计算中可以不考虑，即变比差系数取为 $\Delta f_{za}=0$。

3) 数字式纵差动保护一般具备励磁涌流判别闭锁环节，因此整定计算时可不考虑励磁涌流的影响。

因此，根据以上特点，动作电流整定如下。

1) 躲过外部短路故障时的最大不平衡电流为

$$I_{unb,max}=(\Delta f_{za}+\Delta U+0.1K_{np}K_{st})I_{k,max}^{(3)}$$
$$=(0+0.05+0.1\times1.5\times1)\times7600=1520(A)$$

动作电流为

$$I_{set}=K_{rel}I_{unb,max}=1.3\times1520=1976(A)$$

2) 躲过电流互感器二次回路断线引起的差电流为

$$I_{set}=K_{rel}I_{L,max}=1.3\times1200=1560(A)$$

以上情况选取最大者作为纵差动保护的动作电流，即 $I_{set}=1976A$。

二次动作电流为

$$I'_{set}=\frac{1976}{400}=4.94(A)$$

灵敏系数校验为

$$K_{sen}=\frac{I_{k,min,r}}{I'_{set}}=\frac{22.5}{4.94}=4.55>2$$

满足要求。

[例2] 如图6-5所示单电源的三绕组变压器，其相间短路后备保护措施采用过电流保护。已知：变压器容量为40MVA，电压为110/38.5/10.5kV，110kV侧最大负荷

为额定容量的 90%，38.5kV 侧最大负荷为额定容量的 80%，10.5kV 侧最大负荷为额定容量的 60%。各母线引出线的保护动作时限如图所示。可靠系数取 $K_{rel}=1.2$，返回系数取 $K_{re}=0.85$，自启动系数取 $K_{ss}=1.5$，时限级差 $\Delta t=0.5\mathrm{s}$。试求：

（1）选择过电流保护的安装地点、启动电流和动作时限。

（2）分析下面几种条件下过电流保护的动作情况。

1) k1 点发生三相短路但母线Ⅱ保护拒动。

2) k2 点发生三相短路但母线Ⅲ保护拒动。

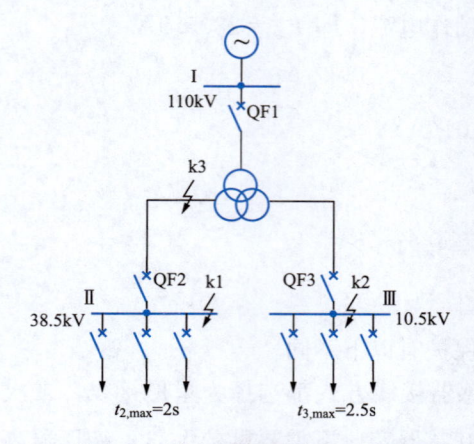

图 6-5 单电源的三绕组变压器

3) k3 点发生三相短路但变压器主保护拒动。

解 （1）按照单侧电源三绕组变压器相间短路后备保护的配置原则，可以只装设两套过电流保护，一套装在 10.5kV 负荷侧，一套装在 110kV 电源侧，并且电源侧采用两个时间元件。其接线图如图 6-6 所示。

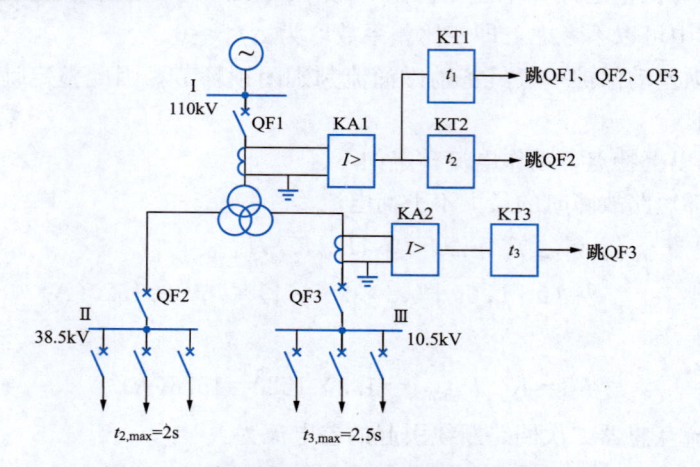

图 6-6 单电源的三绕组变压器过电流保护配置

10.5kV 侧的过电流保护 KA2 整定如下。

动作值为

$$I_{set2}=\frac{K_{rel}K_{ss}}{K_{re}}I_{L,max}=\frac{1.2\times1.5}{0.85}\times\frac{40\,000\times0.6}{\sqrt{3}\times10.5}=2795(\mathrm{A})$$

动作时限为

$$t_3=t_{3,max}+\Delta t=2.5+0.5=3(\mathrm{s})$$

110kV 侧的过电流保护 KA1 整定如下。

动作值为

$$I_{set1}=\frac{K_{rel}K_{ss}}{K_{re}}I_{L,max}=\frac{1.2\times1.5}{0.85}\times\frac{40\,000\times0.9}{\sqrt{3}\times110}=400(\mathrm{A})$$

动作时限为

$$t_2 = \max(t_{2,\max}, t_3) + \Delta t = 3 + 0.5 = 3.5(\text{s})$$
$$t_1 = t_2 + \Delta t = 3.5 + 0.5 = 4(\text{s})$$

(2) 动作情况分析如下。

1) k1 点发生三相短路但母线Ⅱ保护拒动，过电流保护 KA1 启动并经过 $t_2 = 3.5\text{s}$ 延时跳开 QF2。

2) k2 点发生三相短路但母线Ⅲ保护拒动，过电流保护 KA1 和保护 KA2 均启动，保护 KA2 经过 $t_3 = 3\text{s}$ 延时跳开 QF3。

3) k3 点发生三相短路但变压器主保护拒动，过电流保护 KA1 启动，经过 $t_2 = 3.5\text{s}$ 延时跳开 QF2，经过 $t_1 = 4\text{s}$ 延时跳开 QF1 和 QF3。

第三部分 习 题

一、选择题

1. 变压器油箱内故障不包括（　　）。
   A. 绕组的相间短路　B. 接地短路　C. 铁芯烧损　D. 套管故障

2. 瓦斯保护是变压器的（　　）。
   A. 外部故障的后备保护　　　　B. 内部故障的主保护
   C. 外部故障的主保护　　　　　D. 主后备保护

3. 以下不属于一台容量为 120MVA 的 220kV 降压变压器应配置的保护是（　　）。
   A. 瓦斯保护　　　　　　　　　B. 过负荷保护
   C. 过励磁保护　　　　　　　　D. 纵差动保护

4. 变比为 n_T 的 Yd11 变压器，Y 侧电流互感器变比为 n_{TA1}，△侧电流互感器的变比为 n_{TA2}，为减小不平衡电流，应尽量满足（　　）。
   A. $n_{TA2}/n_{TA1} = n_T$　　　　　　B. $n_{TA1}/n_{TA2} = n_T/\sqrt{3}$
   C. $n_{TA2}/n_{TA1} = n_T/3$　　　　　D. $n_{TA2}/n_{TA1} = n_T/\sqrt{3}$

5. 变压器纵差动保护，差动继电器内平衡线圈可消除哪一种不平衡电流（　　）。
   A. 励磁涌流产生的不平衡电流
   B. 两侧相位不同产生的不平衡电流
   C. TA 计算变比与实际变比不一致产生的不平衡电流
   D. 两侧电流互感器型号不同产生的不平衡电流

6. 下列关于电流互感器误差问题描述错误的是（　　）。
   A. 二次侧负载越大，电流互感器二次侧误差越大
   B. 一次侧电流越大，电流互感器二次侧误差越小
   C. 暂态过程非周期分量会引起电流互感器误差增大
   D. 变压器纵差动保护两侧 TA 型号不一致，引起两侧 TA 误差增大

7. 三相变压器励磁涌流可能会出现（　　）个对称性涌流。

A. 0   B. 1   C. 2   D. 3

8. 当励磁涌流数值达到纵差动保护的整定值时，这时纵差动保护应当（　　）。
   A. 不应动作   B. 延时动作
   C. 立即动作   D. 视励磁涌流时间长短而定

9. 变压器比率制动特性纵差动保护，设置比率制动的主要原因是（　　）。
   A. 为了躲励磁涌流
   B. 为了提高纵差动保护的灵敏性
   C. 为了内部故障时提高保护的动作可靠性
   D. 为了提高保护的动作值

10. 两段式变压器零序电流保护的零序电流Ⅰ段的短时限动作时间取（　　）。
    A. 0s   B. 1s   C. 0~0.5s   D. 0.5~1s

11. 变压器相间短路的后备保护不包括（　　）。
    A. 过电流保护   B. 低电压启动的过电流保护
    C. 复合电压启动的过电流保护   D. 零序过电流保护

12. 当变压器某侧电流互感器二次回路断线时，纵差动保护将（　　）。
    A. 误动   B. 拒动
    C. 动作情况不改变   D. 动作不确定

13. 中性点装设放电间隙的分级绝缘变压器，关于其接地保护的说法正确的是（　　）。
    A. 应装设零序过电流保护用于中性点不接地运行的接地后备保护
    B. 应装设零序过电压保护和间隙零序过电流保护用于中性点不接地运行时的接地后备保护
    C. 当变压器中性点直接接地运行时，接地故障后零序电流保护和零序电压保护均启动
    D. 当变压器中性点不接地时，放电间隙零序过电流保护一定动作。

14. 当变压器内部单相接地故障纵差动保护灵敏度低时，大容量变压器内部单相接地故障需要增设灵敏度较高的（　　）保护。
    A. 零序电流差动保护   B. 零序过电压保护
    C. 过励磁保护   D. 分侧差动保护

15. 以下关于变压器保护描述确定的是（　　）。
    A. 比率制动特性纵差动保护的拐点电流是最大制动电流
    B. 间断角识别纵差动保护一般在间断角≥65°时允许差动保护动作
    C. 变压器分侧差动保护不受励磁涌流影响
    D. 变压器匝间短路只能依靠纵差动保护动作

二、填空题

1. 大型变压器一般采用_____和_____作为主保护。
2. 变压器纵差动保护两侧电流互感器变比之比，应等于_____。
3. 变压器纵差动保护中，两侧电流互感器计算变比与实际变比不能一致时，则应考虑变比差系数 $\Delta f_{za}=$_____，在微机式保护软件计算时进行不平衡电流

的补偿。

4. 电流互感器的铁芯饱和程度与电流互感器的磁化曲线、_____和_____有关。

5. 不具有制动特性的纵差动保护整定计算时,应考虑躲过_____时的最大不平衡电流,该不平衡电流可表示为 $I_{unb,max}=$ _____。

6. 与励磁涌流无关的变压器差动保护有_____和_____。

7. 变压器充电时励磁电流的大小与断路器合闸瞬间电压的相位角 α 有关,当 α=_____时,不产生励磁涌流;当 α=_____时,在合闸半个周期后磁通达到最大,远大于饱和磁通,产生励磁涌流最大。

8. 防止励磁涌流引起纵差动保护误动的常用方法有_____、_____和_____。

9. 变压器低电压启动的过电流保护中,低电压继电器的作用是_____。

10. 变压器相间短路后备保护中,复合电压启动的过电流保护启动元件为_____和_____。

11. 全绝缘的变压器,装设_____作为中性点直接接地运行时的接地后备保护;装设_____作为中性点不接地运行时的接地后备保护,后者动作时限一般可取为_____,以避越接地故障暂态过程的影响。

12. 大型变压器过励磁保护中铁芯的工作磁密与电压成_____,与频率成_____关系。

13. _____是反应变压器油箱漏油、铁芯烧损的唯一保护,它分为反应变压器内部的不正常情况或轻微故障的_____和反应严重故障的_____。

14. 对变压器绕组匝间故障,差动保护的灵敏度_____瓦斯保护的灵敏度;而在绕组相间故障时,瓦斯保护反应速度较纵差动保护_____。

15. 变压器过负荷保护采用接于_____相电流上,并延时作用于_____。对自耦变压器和多绕组变压器,过负荷保护应能反应_____及_____过负荷情况。

三、名词解释

1. 比率制动特性
2. 制动系数
3. 励磁涌流
4. 瓦斯保护
5. 过励磁

四、问答题

1. 变压器可能发生哪些故障和不正常运行状态?一般需要配置哪些保护?
2. 变压器纵差动保护与瓦斯保护反映的故障有何不同?为什么必须同时装设这两种保护作为主保护?
3. 何谓变压器纵差动保护的不平衡电流?它由哪些原因产生?减小不平衡电流的

措施有哪些？

4. 变压器采用数字式纵差动保护时，若已知 $n_{TA2}/n_{TA1}=n_T$，试写出保护装置中差动电流的表达式（用电流互感器二次侧电流表示）。

5. 为什么具有制动特性的纵差动保护能够较不具有制动特性的纵差动保护提高灵敏度？

6. 三相变压器励磁涌流与单相变压器相比有何特点？

7. 在三相系统中防止励磁涌流影响的措施是如何实现的？各有何特点？

8. 三相励磁涌流是否会出现两个对称性涌流？为什么？

9. 变压器励磁涌流大小和衰减时间与哪些因素有关？

10. 过电流保护为什么要加装低电压闭锁？什么样的过电流保护应加装闭锁？

11. 与低电压启动的过电流保护相比，复合电压启动的过电流保护为什么能够提高灵敏度？

12. 三绕组变压器相间后备保护的配置原则是什么？

13. 多台变压器并联运行时，全绝缘变压器和分级绝缘变压器对接地保护的要求有何不同？

14. 变压器零序差动保护相对于反映相间短路的纵差动保护有什么优缺点？

15. 自耦变压器过负荷保护比起普通变压器的来说，更要注意什么？

16. 与普通三绕组变压器相比，自耦变压器的接地后备零序电流保护的安装地点有何不同？

五、分析与计算题

1. 如图 6-7 所示，单独运行的降压变压器的额定容量为 15MVA，电压为 35（1±2×2.5%）/6.6kV，采用 Yd11 接线，$U_k\%=8\%$。电源最大、最小等值电抗分别为 $X_{s,min}=10\Omega$，$X_{s,min}=6\Omega$。归算到 37kV 侧的最大负荷电流为 150A。该变压器采用数字式纵差动保护，并具有励磁涌流闭锁措施，非周期分量系数 $K_{np}=1.5$，可靠系数 $K_{rel}=1.3$。试整定该纵联差动保护的动作电流并校验其灵敏系数。

图 6-7 习题 1 网络图

2. 如图 6-8 所示三绕组变压器，其额定容量为 25MVA，额定电压为 110/38.5/11kV。110kV 和 11kV 侧最大负荷可达额定容量，38.5kV 侧负荷最大可达 67% 额定容

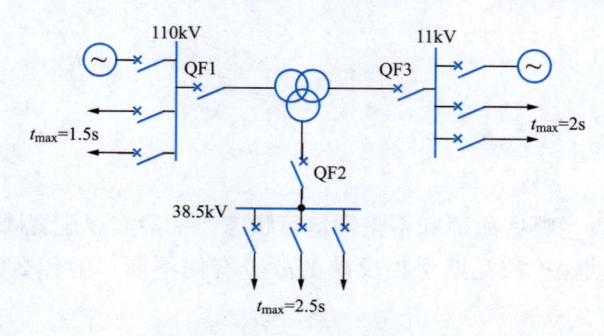

图 6-8 习题 2 三绕组变压器

量。110kV 侧和 11kV 侧均有电源。可靠系数 $K_{rel}=1.2$，返回系数 $K_{re}=0.85$，自启动系数取 $K_{ss}=1.5$，时限级差 $\Delta t=0.5s$。试确定该变压器过电流后备保护的安装地点和配置方案、求出动作电流和动作时间。

参 考 答 案

一、选择题
1. D 2. B 3. C 4. D 5. C 6. B 7. B 8. A 9. B 10. D
11. D 12. A 13. B 14. A 15. C

二、填空题
1. 纵差动保护、瓦斯保护
2. 变压器的变比 n_T
3. $\left|1-\dfrac{n_{TA1}n_T}{n_{TA2}}\right|$
4. 一次侧电流、二次侧负载
5. 外部短路故障、$(\Delta f_{za}+\Delta U+0.1K_{st}K_{np})I_{k,max}$
6. 分侧纵差动保护、零序电流差动保护
7. 90°、0°
8. 采用速饱和中间变流器、二次谐波制动、间断角识别
9. 提高电流保护的灵敏度
10. 负序过电压继电器、低电压继电器
11. 零序电流保护、零序电压保护、0.3~0.5s
12. 正比、反比
13. 瓦斯保护、轻瓦斯保护、重瓦斯保护
14. 小于、慢
15. 一（或单）、信号、公共绕组、各侧

三、名词解释
1. 比率制动特性：指差动继电器的动作电流随制动电流增大而增大的比率关系特性。
2. 制动系数：差动继电器的动作电流与制动电流的比值。
3. 励磁涌流：当变压器空载投入或外部故障切除电压恢复时，相应侧可能出现的很大的励磁电流，称为励磁涌流，最大可达 4~8 倍的额定电流。
4. 瓦斯保护：变压器油箱内故障后，在故障电流和电弧的作用下变压器油因受热分解产生大量气体，利用气体排出的多少及速度反应变压器故障严重程度而实现的保护，称为瓦斯保护。
5. 过励磁：铁芯中的磁感应强度超过额定磁感应强度后，引起励磁电流剧增的一种异常工况。

四、问答题

1. 答：变压器故障可以分为油箱外和油箱内两种故障，油箱外的故障主要是套管和引出线上发生相间短路和接地短路。油箱内的故障包括绕组的相间短路、接地短路、匝间短路以及铁芯的烧损等。

变压器的不正常运行状态主要有变压器外部短路引起的过电流、负荷长时间超过额定容量引起的过负荷、风扇故障或漏油等原因引起的冷却能力的下降等。此外，对于中性点不接地运行的星形接线变压器，外部接地短路时有可能造成变压器中性点过电压，威胁变压器的绝缘。大容量变压器在过电压或低频率等异常工况下会使变压器过励磁，引起铁芯和其他金属构件的过热。

一般需要配置瓦斯保护、纵差动保护、相间短路的后备保护、接地短路的后备保护、过负荷保护、过励磁保护等。

2. 答：纵差动保护主要反应变压器油箱内绕组的相间短路、接地短路和匝间短路故障，以及套管和引出线上发生的相间短路和接地短路故障。瓦斯保护主要反映变压器油箱内相间短路、接地短路和匝间短路故障，并且是变压器油面降低、铁芯过热或烧损的唯一保护。

由于瓦斯保护能反应变压器油箱内的任何故障，如铁芯过热烧伤、油面降低等，但差动保护对此无反应。又如变压器绕组发生少数线匝的匝间短路，虽然短路匝内短路电流很大会造成局部绕组严重过热产生强烈的油流向油枕方向冲击，但表现在相电流上其量值却不大，因此差动保护没有反应，但瓦斯保护对此却能灵敏地加以反应。但瓦斯保护在反应变压器油箱内部相间短路、接地短路等故障时一般动作速度较纵差动保护慢，并且不能保护油箱外引出线和套管故障。因此，两种保护不能互为代替，而是互为补充，需要同时装设。

3. 答：不平衡电流是指在正常及外部故障情况下，由于测量误差或者变压器结构、参数引起的流过差动回路的电流。

变压器不平衡电流产生原因及解决办法有：

（1）产生原因：由变压器两侧接线组别不同引起的电流相位不同而产生的不平衡电流。

解决办法：①模拟式保护：用电流互感器不同的接线形式调整（如对应 Yd11 接线的变压器，可将变压器星形侧的电流互感器二次侧角形联接，而在变压器角形侧的电流互感器二次侧星形联接，同时将变压器星侧的电流互感器变比扩大$\sqrt{3}$倍）；②微机式保护：可用软件计算的方法来克服变压器相位不同产生的误差。

（2）产生原因：由电流互感器计算变比与实际变比不同产生的不平衡电流。

解决办法：用平衡系数或平衡绕组来补偿计算变比与实际变比不一致产生的不平衡电流。

（3）产生原因：由变压器带负荷调整分接头产生的不平衡电流。

解决办法：在整定计算中抬高定值予以考虑。

（4）产生原因：由电流互感器传变误差产生的不平衡电流。

解决办法：①对于稳态不平衡电流：应尽可能使用型号、性能完全相同的 D 级电流互感器，使得两侧电流互感器的磁化曲线相同，以减小不平衡电流。此外，尽量减小电流互感器二次的负载，减轻其饱和的程度；②对于暂态不平衡电流：可采用速饱和变流器减少不平衡电流。

（5）产生原因：由变压器励磁涌流产生的不平衡电流。

解决办法：根据励磁涌流的特点可以通过：①采用速饱和中间变流器；②利用二次谐波制动；③间断角鉴别的方法等方法，防止励磁涌流引起的纵差动保护误动作。

4. 答：数字式变压器纵差动保护，三个差动继电器电流表达式为

$$\begin{cases} \dot{I}_{A\cdot r}=\dfrac{1}{\sqrt{3}}(\dot{I}'_{YA}-\dot{I}'_{YB})+\dot{I}'_{dA} \\ \dot{I}_{B\cdot r}=\dfrac{1}{\sqrt{3}}(\dot{I}'_{YB}-\dot{I}'_{YC})+\dot{I}'_{dB} \\ \dot{I}_{C\cdot r}=\dfrac{1}{\sqrt{3}}(\dot{I}'_{YC}-\dot{I}'_{YA})+\dot{I}'_{dC} \end{cases}$$

5. 答：流入差动继电器的不平衡电流与变压器外部故障时的穿越电流有关。穿越电流越大，不平衡电流也越大。具有制动特性的差动继电器正是利用这个特点，在差动继电器中引入一个能够反应变压器穿越电流大小的制动电流，继电器的动作电流不再是按躲过外部故障时的最大不平衡电流整定，而是根据实际的制动电流变化而自动调整。在变压器内部故障时，制动电流很小，继电器无制动作用，此时动作电流为继电器的最小动作电流，从而能够大大提高灵敏度。

6. 答：三相变压器励磁涌流与单相变压器相比具有以下特点。

（1）由于三相电压之间有 120°相位差，因而三相励磁涌流不相同，任何情况下空载投入变压器，至少在两相中出现不同程度的励磁涌流。

（2）有一相变为对称性涌流，其他两相仍为偏离时间轴一侧的非对称性涌流。非对称性涌流中含有大量的非周期分量，对称性涌流中无非周期分量。

（3）三相励磁涌流中有一相或两相二次谐波含量比较小，但至少有一相比较大。

（4）波形之间仍然有间断，但间断角显著减小，其中以对称性涌流的间断角最小。

7. 答：三相系统中防止励磁涌流影响的措施及特点。

（1）采用速饱和中间变流器。该方法用于防止励磁涌流中含有大量的非周期分量引起的差动保护误动作，当差动电流中含有较大成分非周期分量并完全偏离时间轴一侧时，速饱和中间变流器铁芯迅速饱和，使得非周期分量不易传变到变流器的二次侧，从而大大减少非周期分量部分的影响。

该方法不能消除 Yd11 接线方式的三相变压器的对称性涌流，因为对称性涌流没有非周期分量，中间变流器不能饱和，只能通过差动继电器的动作电流来躲过。

（2）二次谐波制动的差动保护方法。该方法是根据励磁涌流中含有大量二次谐波分量的特点，当检测到差电流中二次谐波含量大于整定值时就将差动继电器闭锁，以防止励磁涌流引起的误动。这种方法称为二次谐波制动的差动保护。

二次谐波制动差动保护原理简单、调试方便、灵敏度高，在变压器纵差动保护中获

得了非常广泛的应用。但在具有静止无功补偿装置等电容分量比较大的系统，若空载合闸前变压器已经存在故障，合闸后故障相为故障电流，非故障相为励磁涌流，采用三相或门制动的方案时，差动保护必将被闭锁。由于励磁涌流衰减很慢，保护的动作时间可能会长达数百毫秒。这是二次谐波制动方法的主要缺点。

（3）间断角鉴别的方法。间断角鉴别的方法是通过检测差电流波形是否存在间断角，来区别励磁涌流和故障电流，并当间断角大于整定值时将差动保护闭锁。

间断角原理由于采用按相闭锁的方法，在变压器合闸于内部故障时，能够快速动作。这是比二次谐波制动方法优越的地方。对于其他内部故障，暂态高次谐波分量会使电流波形畸变，波形畸变一般不会产生间断角，但会影响电流的波宽。若波形畸变很严重导致波宽小于整定值（140°），差动保护也将被暂时闭锁而造成动作延缓。

8. 答：三相励磁涌流不会出现两个对称性涌流。

三相变压器绕组中的励磁涌流与单相变压器有类似的特征，也具有波形间断、偏向时间轴一侧和含有大量谐波等特征。只是由于三相电压之间有 120°的相位差，空载合闸瞬间三相电压的大小和极性都不尽相同，三相铁芯中的剩磁也不相同，致使三相励磁涌流的大小和极性也不相同。由于送入继电器时，须将两绕组中的电流相减，相减的结果可能导致两个本来偏向时间轴一侧、但出现时间上交替的电流变为一个正负交替的电流，即对称性涌流。由于三相绕组中的电流不可能都在时间轴的同一侧，因此两两相减的结果只可能使一组电流差变为对称性涌流，不可能得到两组对称性涌流。

9. 答：变压器励磁涌流大小和衰减时间与下列因素有关。

（1）合闸瞬间电压的初相角。

（2）铁芯中剩磁的大小和方向。

（3）电源容量的大小。

（4）回路的阻抗。

（5）变压器容量的大小。

（6）铁芯材料的性质。

10. 答：过电流保护的动作电流是按躲过最大负荷电流整定的，在有些情况下不能满足灵敏度的要求。因此为了提高过电流保护在发生短路故障时的灵敏度和改善躲过最大负荷电流的条件，所以在过电流保护中加装低电压闭锁。不能满足灵敏度要求的过电流保护应加装低电压闭锁。

11. 答：复合电压启动的过电流保护将原来的三个低电压继电器改由一个负序过电压继电器（电压继电器接于负序电压滤过器上）和一个接于线电压上的低电压继电器组成。由于发生各种不对称故障时，都能出现负序电压，故负序过电压继电器作为不对称故障的电压保护，而低电压继电器则作为三相短路故障时的电压保护。过电流继电器和低电压继电器的整定原则与低电压启动过电流保护相同。负序过电压继电器的动作电压按躲过正常运行时的负序滤过器出现的最大不平衡电压来整定，通常取 $U_{2,\text{set}} = (0.06 \sim 0.12)U_N$，该定值较小，使负序电压继电器动作的灵敏度远大于低电压继电器，所以，复合电压启动过电流保护在不对称故障时电压继电器的灵敏度高。

12. 答：三绕组变压器的相间短路的后备保护在作为相邻元件的后备时，应该有选择性地只跳开近故障点一侧的断路器，保证另外两侧继续运行，尽可能地缩小故障影响范围；而作为变压器内部故障的后备时，应该都跳开三侧断路器，使变压器退出运行。

13. 答：多台变压器并列运行时，为了限制系统接地故障的短路容量和零序电流水平，也为了接地保护本身的需要，通常采用一部分变压器中性点接地运行，另一部分中性点不接地运行。必须配置零序电流保护和零序过电压保护，全绝缘变压器和分级绝缘变压器对接地保护具体配置及动作要求如下。

（1）对于全绝缘变压器，需要装设有零序电流保护和零序过电压保护。零序电流保护作为中性点直接接地运行时的保护，而零序电压保护作为中性点不接地运行时的保护。并且，零序电压保护在有关的中性点接地变压器已切断后才可能动作。

（2）对于分级绝缘变压器。

1）当中性点装有放电间隙时，应装设零序电流保护，并增设零序过电压和间隙放电电流的零序电流保护。保护范围内发生接地故障时，先切除中性点接地运行的变压器。若故障仍然存在，接地故障部分母线上的中性点不接地运行的变压器中性点电位升高，放电间隙被击穿，使间隙上装设的零序电流保护动作，切除该变压器，若放电间隙未被击穿，则由零序电压保护动作切除变压器；

2）当中性点未装有放电间隙时，应装设两段式零序电流保护和零序过电压保护。因为中性点绝缘水平低，为了防止中性点绝缘在工频过电压下损坏，在不装设放电间隙的情况下，一般装设避雷器；在发生接地故障时，首先由零序电流保护切除中性点接地运行的变压器，若故障仍然存在，中性点不接地运行变压器在其避雷器电弧熄灭后，零序电压保护动作切除中性点不接地的变压器。

14. 答：变压器零序差动保护相对于反映相间短路的纵差动保护有以下特点。

（1）优点。零序差动保护的动作电流与变压器调压分接头的调整无关，仅间接受励磁涌流的影响，其最小动作电流小于纵差保护的最小动作电流，灵敏度较高；零序差动保护所用电流互感器变比完全一致，与变压器变比无关；零序差动保护与变压器任一侧断线的非全相运行方式无关；零序差动保护装置简单、可靠。

（2）缺点。由于组成零序差动保护的互感器多，内部接地故障时，无故障支路互感器的汲出电流（互感器励磁电流）较大，使灵敏度降低（但灵敏度仍高于相间纵差动保护）；零序差动保护二次回路接线错误的检验比较麻烦。

15. 答：自耦变压器高、中、低三个绕组的电流分布、过载情况与三侧之间传输功率的方向有关，因而自耦变压器的最大允许负载（最大通过容量）和过载情况除与各绕组的容量有关外，还与其运行方式直接相关。特别是高、低压侧同时向中压侧传输功率时，会在三侧均未过载的情况下，其公共绕组却已过载。因此，自耦变压器过负荷保护比起普通变压器的来说更要注意该问题。

16. 答：普通三绕组变压器，零序电流保护通常接于各侧接地中性线的零序电流互感器上。自耦变压器高、中压两侧由于具有共同的接地中性点，发生接地故障后，中性线上的零序电流大小和方向都是不确定的，因此零序电流保护应分别在高压及中压侧配置，并接在由本侧三相电流互感器组成的零序电流滤过器上。

五、分析与计算题

1. 答：计算变压器各侧的一次电流，选择电流互感器的变化，确定二次回路额定电流。计算结果列于表6-2中。

表6-2　　　　　　　　　　变压器纵差动保护计算结果

计算结果	各 侧 数 值	
	37kV	6.6kV
变压器高、低压侧额定电流（A）	$\frac{15\ 000}{\sqrt{3}\times 37}=234.07$	$\frac{15\ 000}{\sqrt{3}\times 6.6}=1312.20$
电流互感器接线方式	Y	Y
电流互感器一次侧电流计算值（A）	234.07	1312.20
电流互感器的实际变比	300/5=60	1500/5=300
电流互感器二次额定电流（A）	$\frac{234.07}{60}=3.90$	$\frac{1312.20}{300}=4.37$
平衡系数	1	$\frac{3.90}{4.37}=0.89$

纵差动保护的动作电流 $I_{set}=417.6$（A），二次动作电流为：$I'_{set}=6.96$（A），灵敏系数 $K_{sen}=2.96>2$，满足要求。

2. 答：应三侧都装过电流作为本侧母线保护的后备保护，且主电源110kV侧的过电流保护兼作变压器主保护的后备保护，并在110kV侧和11kV侧分别配置方向元件，动作方向指向各自母线。

（1）110kV侧 $I_{set1}=278$A，设置两个动作时限：短时限 $t_1=2$s，长时限 $t_T=3.5$s。过电流元件和方向元件同时启动时，经短时限跳开断路器QF1；过电流元件启动，但方向元件不启动时，经长时限跳开变压器三侧断路器。

（2）38.5kV侧 $I_{set2}=532$A，动作时限 $t_2=3$s，过电流元件启动时，经 t_2 动作于QF2。

（3）11kV侧 $I_{set3}=2779$A，动作时限 $t_3=2.5$s，过电流元件和方向元件同时启动时，经 t_3 跳开QF3。

第七章

发 电 机 保 护

第一部分 基本内容与知识要点

发电机的安全运行对保证电力系统的正常运行和电能质量起着决定性的作用，同时发电机本身也是十分贵重的电气元件，因此应该针对发电机各种不同的故障和不正常运行状态装设性能完善的保护装置，以最大限度地保证机组安全和减小故障的影响范围。

本章首先根据发电机的结构特点和运行情况，介绍了发电机的常见故障和不正常运行状态，给出了发电机保护的常用配置原则。分别详细介绍以下保护原理：完全纵联差动保护和不完全纵联差动保护、横联差动保护、定子绕组单相接地保护、励磁回路接地保护、负序电流保护、失磁保护、失步保护等。

1. 发电机纵差动保护

发电机纵差动保护是发电机定子绕组相间短路的主保护，可分为完全纵联差动和不完全纵联差动，完全纵联差动能灵敏地反应发电机定子绕组及其引出线相间短路，但不能反应定子绕组同相的匝间短路和分支开焊故障；而不完全纵联差动保护则能够同时反应相间短路、匝间短路和定子绕组开焊故障，但只有在发电机定子绕组有两个或多个并联分支时才可使用。不完全纵差动保护的灵敏度与发电机中性点分支上的电流互感器的分布位置及个数密切相关。以上两种纵差动保护均可以采用制动特性原理实现，整定计算方法几乎一样。

2. 发电机横差动保护

发电机横差动保护是定子绕组匝间短路的主保护，并同时能够反应发电机定子绕组相间短路和分支开焊故障，但不能反应发电机机端外部引出线相间短路故障。发电机横差动保护包括裂相横差动保护和单元件横差动保护。相比裂相横差动保护，单元件横差动保护构成简单、灵敏度更高，因此可以被中性点侧有 6 条引出线或有两个及以上中性点引出端子的发电机优先选用。

3. 发电机定子绕组单相接地保护

发电机容易发生绕组线棒和定子铁芯之间绝缘的损坏，单相接地故障的比例约占定子故障的 70%～80%。定子绕组单相接地保护包括利用零序电流构成的定子绕组单相接地保护、利用零序电压构成的定子绕组单相接地保护、利于基波零序电压和三次谐波电压构成的双频式 100% 定子绕组单相接地保护，以及利用叠加电源构成的 100% 定子绕组单相接地保护等。利用零序电流和零序电压构成的定子绕组单相接地保护，在定子绕组靠近中性点附近存在动作死区，不能保护全部定子绕组接地故障，只适用于

100MW 以下发电机；100MW 及以上大容量机组需要配置 100% 定子绕组单相接地保护。双频式 100% 定子绕组单相接地保护受发电机运行方式影响较大，在发电机停运和启动过程中失效；而叠加电源式 100% 定子绕组单相接地保护与发电机运行方式无关，并且对定子绕组各处故障检测的灵敏度相同，但相对造价较高。

4. 发电机励磁回路接地保护

发电机励磁回路一点接地对发电机无直接危害，如果发生两点接地，则将烧伤转子绕组和铁芯，并引起机组振动。因此，发电机励磁回路接地保护需要配置励磁回路一点接地保护和两点接地保护。励磁回路一点接地保护常用原理有：直流电桥式、叠加直流电压式、叠加交流电压式和切换采样式一点接地保护。切换采样式励磁回路一点接地保护灵敏度不因故障点位置变化而变化，不受分布电容的影响，同时在启、停机时也能够实施保护，相比其他原理保护性能较好。励磁回路两点接地保护原理有：直流电桥式两点接地保护、反映发电机定子电压二次谐波分量的两点接地保护。在实际应用中，励磁回路两点接地保护存在许多不足，需要进一步探讨。

5. 发电机失磁保护

发电机失磁保护是反应励磁电流突然消失或下降到静稳极限的保护。发电机从失磁到进入稳态异步运行的过程主要经历三个阶段：①失磁后到失步前；②临界失步状态；③静稳破坏后的异步运行阶段。其中第一个阶段基本保持电磁功率不变，对应机端测量阻抗的变化轨迹为等有功阻抗圆阶段；临界失步状态无功保持不变，对应机端测量阻抗变化到等有功阻抗圆与等无功阻抗圆相交点时，表明机组处于静态稳定的极限；超过静态稳定的极限后，原动机功率大于电磁功率，转子加速，出现滑差，在转子中感应出差频电流，产生异步功率，并随着滑差加大而增大，此时，机组调速系统动作，使原动机功率随滑差增大而减小，当异步转矩与原动机转矩达到新的平衡时，即进入稳定异步运行状态。对应机端测量阻抗落入等无功阻抗圆内的某一点上。

发电机失磁保护的主要判据根据失磁后发电机机端测量阻抗的变化轨迹特点而构成，失磁主判据包括异步边界阻抗动作判据、静稳极限阻抗动作判据和三相同时低电压判据等。为防止外部短路、系统振荡、长线充电、自同期和电压回路断线等非失磁工况引起失磁保护误动作，需要借助励磁电压下降、负序分量、延时、操作闭锁、电压回路断线闭锁等构成辅助判据。

6. 发电机负序电流保护

当电力系统中发生不对称短路或在正常运行情况下三相负荷不平衡时，在发电机定子绕组中将出现负序电流。此电流将在转子绕组、阻尼绕组以及转子铁芯等部件上感应出 100Hz 的倍频电流，导致转子过热和 100Hz 的转子振动。因此，发电机需要配置负序电流保护。容量较小的表面冷却的汽轮发电机和水轮发电机，大都采用两段式定时限负序过电流保护；由于转子的负序附加发热，总趋势为单机容量越大，A（A 是与发电机型式和冷却方式有关的常数）值越小，转子承受负序电流的能力越低，所以大容量发电机，应采用能真实地反映转子的热积累过程与散热过程的负序反时限过流保护。

7. 发电机失步保护

大型发电机同步电抗参数较大，当与之相连的系统电抗相对较小，若发生系统振荡，振荡中心往往落在发电机-变压器组内部，严重影响发电机的稳定运行，可能造成停机停炉、甚至炉膛爆炸等事故，因此必须装设失步保护。中小型发电机不装设失步保护，系统振荡时，由运行人员判断，根据情况用人工增加励磁电流、增加或减少原动机输出功率、局部解列等方法处理。失步保护主要依据短路与振荡时机端测量阻抗的不同变化特点构成，包括同心圆特性失步保护、双透镜特性失步保护、遮挡器特性失步保护等。

8. 其他保护

除了以上保护外，发电机一般还需要配置定子绕组过电压保护、转子绕组过负荷保护、对称过负荷保护、逆功率保护、过励磁保护、低频率保护、断路器断口闪络保护、启动和停机保护、误上电保护、断水保护、轴电流保护等。

目前大型（超大型）发电机组正逐步成为我国的主力发电机组。大型发电机组由于造价昂贵，结构复杂，一旦损坏，需要的检修周期长，给国民经济造成的直接和间接经济损失巨大。另一方面，随着大机组材料利用率的提高，新的工艺技术的应用，新的冷却、励磁方式等的运用，大机组的运行效率得到很大提高，但同时也给继电保护带来了困难。随着研究的深入，大量的能够充分发挥计算机优势的保护新原理得到开发应用。如故障分量原理被广泛用于改进传统的纵差动保护方案、基于提高三次谐波电流滤波比的高灵敏度单元件横差保护方案、采用自适应原理跟踪发电机运行工况变化的定子接地保护方案等。计算机及其相关科学技术的发展使继电保护的开发有着广阔前景，发电机保护必然在原理上和实现上出现更多的创新和发展。

本章知识要点总结如下。

（1）发电机的常见故障和不正常运行状态。

（2）发电机保护的配置原则。

（3）发电机纵差动保护的工作原理与整定计算原则。

（4）完全纵差动保护和不完全纵差动保护的接线构成及特点。

（5）发电机横差动保护的工作原理、接线构成及特点。

（6）发电机定子单相接地故障的电气量特点、单相接地故障保护的构成原理及特点。

（7）发电机负序电流的危害、负序电流保护的工作原理、整定原则。

（8）发电机失磁的原因及其危害，失磁后的物理过程、机端测量阻抗的变化特点，以及失磁故障的主要判据。

（9）发电机失步的危害及失步保护原理。

（10）发电机励磁回路接地保护的原理及特点。

（11）大型发电机-变压器组保护的配置原则及原理接线。

第二部分 典型例题

[例1] 在一台汽轮发电机上采用比率制动特性纵差动保护。已知发电机容量 $P_N=25\text{MW}$，$\cos\varphi=0.8$，$U_N=6.3\text{kV}$，$x''_d=0.122$，发电机次暂态电动势 $E''_{d*}=1.07$；电流互感器取 10P 级，变比 $n_{TA}=3000/5$，幅值误差为 $\pm 3\%$。可靠系数取 $K_{rel}=1.5$，非周期分量系数取 $K_{np}=2$，试对该纵差动保护进行整定计算。

解 发电机额定电流为

$$I_{gn} = \frac{P_N}{\sqrt{3}U_N\cos\varphi} = \frac{25}{\sqrt{3}\times 6.3\times 0.8} = 2.864(\text{kA})$$

取发电机额定容量为基准容量，额定电压为基准电压，额定电流为基准电流，则发电机出口三相短路电流为

$$I_{k,\max}^{(3)} = \frac{E_{d*}''}{x_d''}I_{gn} = \frac{1.07}{0.122}\times 2.864 = 25.119(\text{kA})$$

(1) 最小动作电流为

$$I_{d,\min} = K_{rel}\times(2\times 0.03+0.1)I_{gn}/n_{TA} = 1.5\times(2\times 0.03+0.1)\times 2864/600 = 1.146(\text{A})$$

(2) 制动特性拐点电流为

$$I_{res,\min} = 0.8I_{gn}/n_{TA} = 0.8\times 2864/600 = 3.819(\text{A})$$

(3) 最大制动系数 $K_{res,\max}$ 和制动线斜率 K。

最大不平衡电流为

$$I_{unb,\max} = 0.1K_{st}K_{np}I_{k,\max}^{(3)}/n_{TA} = 0.1\times 0.5\times 2\times 25119/600 = 4.187(\text{A})$$

最大动作电流为

$$I_{d,\max} = K_{rel}I_{unb,\max} = 1.5\times 4.187 = 6.281(\text{A})$$

最大制动系数为

$$K_{res,\max} = 0.1K_{rel}K_{st}K_{np} = 0.1\times 1.5\times 0.5\times 2 = 0.15$$

制动线斜率为

$$K = \frac{I_{d,\max}-I_{d,\min}}{I_{res,\max}-I_{res,\min}} = \frac{6.281-1.146}{25119/600-3.819} = 0.135$$

[例2] 如图7-1所示系统，若发电机A相定子绕组距离中性点 α（α 为中性点到故障点的绕组占全部绕组的百分数）处的 k 点发生单相接地故障，试画出电容电流分布图，并结合图中参数说明零序电气量大小及特点。

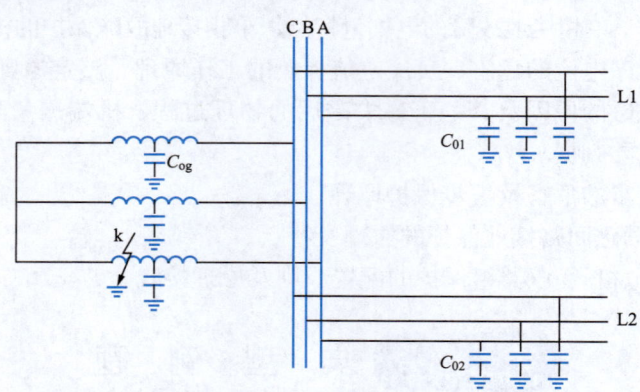

图7-1 发电机定子绕组单相接地故障

解 k点发生单相接地故障后，系统电容电流分布图如图7-2所示。
零序电气量特点为：

(1) 故障点处零序电压为 $\dot{U}_{k0\alpha} = -\alpha\dot{E}_A$，大小与 α 有关，越靠近机端短路零序电

压越大。

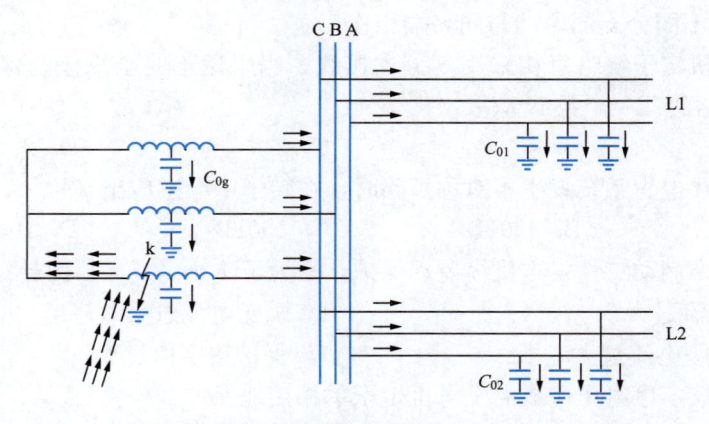

图 7-2 定子绕组单相接地故障时电容电流分布图

（2）故障点的零序电流是全网各支路对地电容电流之和，大小与 α 有关，表达式为
$$I_k=3\omega(C_{01}+C_{02}+C_{0g})\alpha U_{th}=3\omega C_{0\Sigma}\alpha U_{th}$$

（3）故障发电机始端零序电流等于全网所有非故障线路对地电容电流之和，大小与 α 有关，表达式为
$$3I_0=3\omega(C_{01}+C_{02})\alpha U_{th}, \quad 方向：线路→母线$$

（4）非故障线路始端零序电流等于其本身对地电容电流，大小与 α 有关。

线路 L1：$3I_{01}=3\omega C_{01}\alpha U_{ph}$；方向：母线→线路。

线路 L2：$3I_{02}=3\omega C_{02}\alpha U_{ph}$；方向：母线→线路。

式中　U_φ——相电压的有效值。

第三部分　习　题

一、选择题

1. 下列不属于发电机定子绕组故障的是（　　）。
   A. 定子绕组单相接地　　　　　　B. 定子绕组相间故障
   C. 定子绕组匝间短路　　　　　　D. 外部故障引起的定子绕组过电流

2. 下列属于发电机转子故障的是（　　）。
   A. 过励磁　　　　　　　　　　　B. 转子绕组过负荷
   C. 失磁故障　　　　　　　　　　D. 逆功率

3. 以下不能反应发电机匝间故障的保护是（　　）。
   A. 完全纵差动保护　　　　　　　B. 不完全纵差动保护
   C. 单元件横差保护　　　　　　　D. 裂相横差保护

4. 发电机裂相横差保护，每组差动回路中的两个电流互感器安装要求（　　）。
   A. 同相不同分支同名端与非同名端连接
   B. 同相不同分支同名端与同名端连接
   C. 不同相不同分支同名端与非同名端相连

D. 不同相不同分支同名端与同名端相连

5. 若发电机定子绕组每相采用 5 分支接线,当采用不完全纵差动保护时,中性点侧引入差动回路的 TA 个数 N 应取(   )。
   A. 5   B. 4   C. 3   D. 2

6. 发电机在电力系统发生不对称短路时,在转子中会感应出(   )电流。
   A. 50Hz   B. 500Hz   C. 150Hz   D. 100Hz

7. 采用比率制动特性发电机纵差动保护,是为了防止(   )而导致保护误动。
   A. 负荷电流过大   B. 励磁电流过大
   C. 外部短路电流过大   D. 保护整定值过大

8. 利用基波零序电压构成的发电机定子单相接地保护(   )。
   A. 定子绕组故障无死区   B. 中性点附近有死区
   C. 机端附近有死区   D. 足够灵敏

9. 由反映基波零序电压和 3 次谐波电压构成的发电机 100% 定子绕组接地保护,其 3 次谐波电压元件的保护范围是(   )。
   A. 靠近中性点侧定子绕组的 50% 范围内
   B. 100% 的定子绕组
   C. 靠近机端侧的定子绕组的 85% 范围内
   D. 靠近机端侧的定子绕组的 50% 范围内

10. 中性点不接地的发电机,当发电机出口侧 A 相接地时发电机中性点的电压大小为(   )。
    A. 线电压   B. 相电压   C. 零电位   D. 3 倍相电压

二、填空题

1. 发电机不完全纵差动保护能反应定子绕组_____、_____、并能兼顾_____故障。

2. 若发电机每相并联分支总数为 a,则不完全纵差动保护选择配置中性点侧每相接入纵差动保护的分支数 N 应取为_____;一般 N 选较大值时_____短路灵敏度高,_____短路灵敏度下降。

3. 发电机横差保护是定子绕组_____的主保护,并能兼做定子绕组_____和_____故障的保护;但与纵差动保护相比,横差保护不能反映_____故障。

4. 利用纵向零序电压可构成发电机定子绕组_____的保护,为了提高其动作的灵敏性,在保护的交流输入回路上加装性能良好的_____次谐波滤波器。

5. 发电机定子绕组距中性点 $α$ 处发生 B 相金属性接地时,零序电压值可表示为_____,若系统网络中各支路每相对地电容为 $C_{0Σ}$,则接地点总电流值为_____。

6. 利用零序电压构成的定子绕组单相接地保护,其零序电压可在_____或_____获取,对应电压互感器变比应分别为_____和_____。

7. 发电机正常运行时机端三次谐波电压 U_{S3} 总是_____中性点三次谐波

电压 U_{N3}，而发生单相接地故障后，在距中性点约_____范围内，两者大小关系正好相反。

8. 叠加电源式定子绕组单相接地保护，其叠加电源频率主要是_____ Hz 和_____ Hz 两种。

9. 励磁回路一点接地对发电机_____（有或无）直接危害，如果发生两点接地，则将造成烧伤转子绕组和铁芯，并引起_____。

10. 在发电机失磁后到失步前电磁功率不变的有功过程中是通过_____来保持有功功率平衡的。

11. 失磁前发电机所带的有功功率越大，等有功阻抗圆越_____，就越_____在失磁初始阶段检测出失磁故障。

12. 完整的失磁保护通常由_____判据、_____判据、_____判据和_____判据构成。

13. 对容量为_____及以上的汽轮发电机应装设逆功率保护，保护经短时限动作于_____，经长时限动作于_____。

14. 对于汽轮发电机，程序跳闸是指首先_____，待_____继电器动作后，再跳开发电机断路器并_____。

15. 发电机解列灭磁的含义是_____、灭磁、_____。

三、名词解释

1. 匝间短路
2. 反时限特性
3. 发电机失磁
4. 发电机逆功率
5. 临界失步阻抗圆

四、问答题

1. 发电机有哪些常见故障和不正常运行状态？
2. 简述发电机保护配置原则。
3. 发电机完全差动保护为何不能反应匝间短路、分支开焊故障和定子绕组单相接地故障？变压器纵差动保护能反应绕组匝间短路故障吗？
4. 试写出发电机比率制动特性纵差动保护的动作方程，画出动作特性曲线，并说明整定原则。
5. 在同等条件下，为什么发电机比率制动特性纵差动保护要比变压器比率制动特性纵差动保护灵敏高？
6. 试分析不完全纵差动保护有何优点和不足？
7. 汽轮发电机在什么条件下才可以装设单元件横差动保护？正常情况下有哪些原因会导致其产生不平衡电流？
8. 试比较发电机完全纵差动保护和横差动保护的性能，能否相互代替？
9. 发电机为什么要装设定子单相接地保护？
10. 简述发电机"双频式"100%定子单相接地保护的基本原理。

11. 发电机定子绕组负序电流是如何产生的？它对发电机有何影响？

12. 为什么大容量发电机应采用负序反时限过流保护？

13. 发电机失磁对系统和发电机本身有什么影响？

14. 试列举发电机失磁保护的主判据和辅助判据。

15. 试简述发电机从失磁到进入稳态异步运行的发展过程，以及机端测量阻抗的变化轨迹。

16. 发电机励磁回路一点接地的保护原理有哪些？

17. 发电机失步保护为何需要选择跳闸时刻？

18. 为什么在水轮发电机上要装设过电压保护？

19. 为何大型汽轮发电机需装设逆功率保护？

20. 发电机为什么要配置励磁回路接地保护？励磁回路接地保护的配置要求是什么？

五、分析与计算题

1. 试分别画出以下两种情况下发电机-变压器组纵差动保护的接线示意图。

(1) 发电机容量为 300MW，采用单元接线，发电机与变压器间采用封闭母线，无断路器时。

(2) 发电机容量为 100MW，采用发电机-三绕组变压器单元接线，且有厂用分支线时。

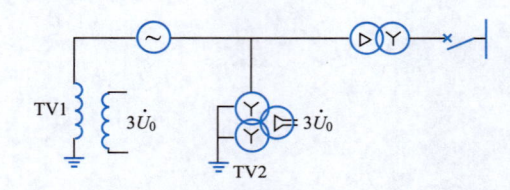

图 7-3 发电机变压器组单相接地故障保护接线原理图

2. 如图 7-3 所示发电机变压器组单相接地故障保护接线原理图，试求：

(1) 确定发电机中性点和机端处零序电压互感器 TV1 和 TV2 的变比。

(2) 发电机定子绕组距离中性点 10%、60%、100% 处发生单相金属性接地故障时，零序电压互感器 TV1 和 TV2 的二次侧零序电压分别为多少？

(3) 比较以上三种情况下流过机端的零序电流的大小。

3. 图 7-4 为发电机-变压器组相间故障和匝间故障的主保护配置示意图，试回答图中电流互感器分别对应的主保护名称。

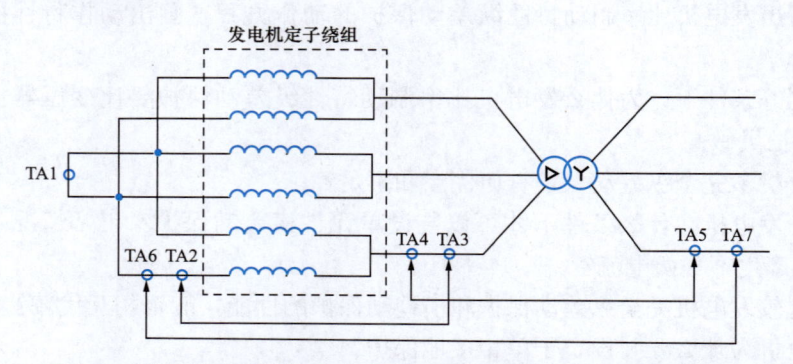

图 7-4 发电机-变压器组相间故障和匝间故障的主保护配置示意图

参 考 答 案

一、选择题

1. D 2. C 3. A 4. A 5. C 6. D 7. C 8. B 9. A 10. B

二、填空题

1. 相间短路、匝间短路、分支开焊

2. $\frac{a}{2} \leqslant N \leqslant \frac{a}{2}+1$、相间、匝间

3. 匝间短路、相间短路、分支开焊、发电机机端引出线相间短路

4. 匝间短路、三

5. $-\alpha \dot{E}_B$、$3\omega C_{0\Sigma}\alpha U_\varphi$

6. 机端 TV 的开口三角绕组、中性点 TV 二次侧、$U_N/\sqrt{3}\Big/\frac{100}{\sqrt{3}}\Big/\frac{100}{3}$、$U_N/\sqrt{3}\Big/100$

7. 小于、50%

8. 12.5、20

9. 无、机组振动

10. 增大功角

11. 小、难

12. 发电机机端测量阻抗、转子低电压（励磁低电压）、变压器高压侧低电压（母线三相同时低电压）、定子过电流

13. 200MW、信号、解列

14. 关闭主汽门、逆功率、灭磁

15. 断开发电机断路器、汽轮机甩负荷

三、名词解释

1. 匝间短路：是指发电机一相绕组中同一支路或同相不同支路绕组之间的短路。

2. 反时限特性：继电器的动作时间随输入电流的增大而减小，称反时限特性。

3. 发电机失磁：是指励磁电流突然消失或下降到静稳极限所对应的励磁电流以下时的工况。

4. 发电机逆功率：当汽轮发动机主汽门突然关闭而出口断路器未断开，将转入同步电动机运行，从系统吸收有功功率，此种工况称逆功率。

5. 临界失步阻抗圆：发电机处于静稳定的临界状态，从系统吸收恒定无功功率时机端测量阻抗的变化轨迹称临界失步阻抗圆。

四、问答题

1. 答：发电机故障与不正常状态包括：

(1) 发电机故障：定子绕组相间短路、定子绕组一相同一支路和不同支路的匝间短路、定子绕组单相接地故障、转子绕组一点和两点接地故障、转子励磁电流消失等；

(2) 发电机不正常运行状态：定子绕组过电流、三相对称过负荷、负序过电流、定

子绕组过电压、转子绕组过负荷、发电机逆功率、低频率、失步、过励磁等。

2. 答：发电机保护配置原则如下。

（1）定子绕组及引出线相间短路的保护：1MW 以上发电机需配置纵差动保护。

（2）定子绕组匝间短路保护：当定子绕组星形接线、每相有并联分支且中性点侧有分支引出端时，应装设横差动保护；200MW 及以上的发电机有条件时可装设双重化横差保护。

（3）定子绕组单相接地保护：①100MW 以下容量的发电机，应装设保护区不小于定子绕组串联匝数 90% 的保护，如零序电压保护；②100MW 以上发电机应装设保护区为 100% 的定子接地保护，如双频式定子单相接地保护和叠加电源式定子单相接地保护。

（4）励磁回路接地保护：①水轮发电机，一般装设励磁回路一点接地保护，不装设两点接地保护；②100MW 以下汽轮机，对一点接地故障可采用定期检测装置；100MW 以上汽轮机，装设励磁回路一点接地保护，当检查出一点接地后再投入两点接地保护装置。

（5）低励、失磁保护：100MW 及以上容量的发电机装设。

（6）外部短路过电流保护：①一般在 50MW 及以上容量发电机装设负序电流保护及单相式低电压启动的过电流保护；②50MW 以下发电机可装设过电流保护或复合电压启动的过电流保护。

（7）定子绕组过电压保护：一般在水轮发电机和大型汽轮发电机装设。

（8）转子绕组过负荷保护：100MW 及以上容量并且采用半导体励磁系统的发电机装设。

（9）对称过负荷保护：中、小型发电机只装设定子过负荷保护；大型发电机装设定子过负荷和转子绕组过负荷保护。

（10）负序过电流保护：一般在 50MW 及以上发电机装设。

（11）逆功率保护：200MW 及以上容量的汽轮发电机装设。

（12）失步保护：300MW 及以上大型发电机（特别是汽轮发电机）应装设。

（13）低频率保护：300MW 及以上汽轮发电机装设。

（14）过励磁保护：300MW 及以上发电机装设。

（15）其他保护：断路器断口闪络保护、启动和停机保护、误上电保护、断水保护、轴电流保护等。

3. 答：发电机完全纵差动保护引入发电机定子机端和中性点侧的全部相电流，当发生同分支和不同分支匝间短路时，虽然会产生短路电流，该电流只在故障相的短路环内部产生环流，在机端和中性点两侧的电流仍然相等，因此完全纵差动保护不能动作；分支开焊故障时，只是开焊分支没有电流，机端和中性点两侧电流也仍然相等，因此完全纵差动保护也不能动作；定子绕组单相接地时，由于发电机中性点采用不接地、经消弧线圈接地或经配电变压器高阻接地，所以流过完全纵差动保护的故障电容电流很小，因此完全纵差动保护也不能动作。

变压器匝间短路时，相当于改变了绕组的个数，通过变压器铁芯磁路的耦合，则相当于改变了变压器的变比，此时变压器两侧电流不再相等，差动继电器将动作。因此变压器纵差动保护能反应绕组匝间短路故障。

4. 答：发电机比率制动特性纵差动保护动作特性曲线如图 7-5 所示。

动作方程为

$$\begin{cases} I_d > I_{d,\min} & (I_{res} \leq I_{res,\min}) \\ I_d > K(I_{res} - I_{res,\min}) + I_{d,\min} & (I_{res} > I_{res,\min}) \end{cases}$$

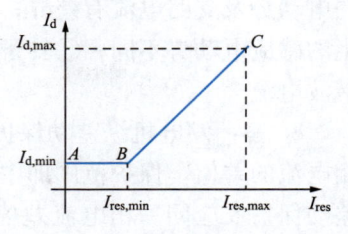

图 7-5 发电机比率制动特性纵差动保护动作特性曲线

整定原则：

(1) 启动电流 $I_{d,\min}$（最小动作电流 A 点）。

整定原则：躲过发电机额定工况下差动回路中的最大不平衡电流，有

$$I_{d,\min} = (0.1 \sim 0.3) I_{gn}/n_{TA}$$

(2) 拐点电流 $I_{res,\min}$（最小制动电流 B 点）。

整定原则：$I_{res,\min}$ 应小于或等于发电机额定电流，有

$$I_{res,\min} = (0.8 \sim 1.0) I_{gn}/n_{TA}$$

(3) 最大动作电流 C 点。

整定原则：按躲过外部最大短路电流 $I_{k,\max}^{(3)}$ 下产生的最大不平衡电流整定，有

$$I_{d,\max} = K_{rel} I_{unb,\max}, \quad I_{unb,\max} = 0.1 K_{st} K_{np} I_{k,\max}$$

(4) 制动线斜率为

$$K = \frac{I_{d,\max} - I_{d,\min}}{I_{res,\max} - I_{res,\min}}$$

最大制动系数为

$$K_{res,\max} = \frac{I_{d,\max}}{I_{res,\max}} = \frac{K_{rel} 0.1 K_{st} K_{np} I_{k,\max}}{I_{k,\max}} = 0.1 K_{rel} K_{st} K_{np}$$

5. 答：在同等条件下，发电机比率制动特性纵差动保护要比变压器比率制动特性纵差动保护灵敏高的原因是变压器纵差保护由于存在计算变比与实际变比不一致、带负荷调压、电流互感器不同型、励磁涌流影响等因素，外部短路时的不平衡电流要远大于发电机纵差保护的不平衡电流，因此为了确保外部短路时的安全性，在制动电流取法相同的情况下，变压器差动保护的制动系数要大于发电机差动保护的制动系数，从而使制动特性中的动作区域变小，制动区域变大，灵敏度降低。此外，由于误差因素多，变压器差动保护中的最小动作电流也会比发电机差动保护大，也会导致灵敏度降低。

6. 答：发电机的不完全纵差动保护可以保证正常运行及区外故障时没有差流，而在发生发电机相间或匝间短路时均会形成差流，当差流超过整定值时可切除故障。所以与发电机完全差动保护相比，其优点是既能够保护相间故障，并能兼做定子匝间短路和分支开焊故障的保护；其缺点是差动区域两端的电流互感器必须选取不同的变比，从而不可能选用同型号的互感器，将会造成区外短路时的不平衡电流加大，降低了保护的可靠性，如果通过提高定值来保证可靠性，则又降低了内部故障的灵敏性。

7. 答：单元件横差动保护装设条件为发电机为双星形接线，且中性点有六条引出线或有两个以上中性点引出端子时。

不平衡电流存在的原因：①定子同相而不同分支的绕组参数不完全相同，致使两端

的电动势及支路电流有差异；②发电机定子气隙磁场不完全均匀，在不同定子绕组中产生的感应电动势不同；③转子偏心，在不同的定子绕组中产生不同电动势；④存在三次谐波电流。

8. 答：发电机纵差动保护是相间短路的主保护，它反应发电机中性点至出口同一相电流的差值，保护范围即中性点电流互感器与出口电流互感器之间部分。因为完全纵差动保护反应同一相电流差值，故不能反应同相绕组匝间短路，所以不能替代横差动保护。

横差动保护是定子绕组匝间短路的主保护，并能兼做定子绕组相间短路和定子绕组开焊故障的保护。其中单元件横差动保护是反应定子双星形绕组中性点连线电流的大小而实现的；裂相横差动保护是当某一绕组发生匝间故障后，在同一相并联支路中产生环流而使保护动作。对于相间短路故障，横差保护虽可能动作，但存在动作死区，且不能切除发电机引出线上的相间短路，所以它不能代替纵差保护。

9. 答：发电机装设定子单相接地保护的原因如下。

（1）发电机容易发生绕组线棒和定子铁芯之间绝缘的破坏，因此发生单相接地故障的比例很高，约占定子故障的70%~80%。

（2）由于大型发电机组定子绕组对地电容较大，当发电机端附近发生接地故障时，故障点的电容电流比较大，可能会烧伤定子铁芯。

（3）定子绕组发生单相接地后，另外两个健全相对地电压上升。另外故障点将产生间歇性弧光过电压，极有可能引发多点绝缘损坏，从而使单相接地故障扩展为灾难性的相间或匝间短路。

10. 答：发电机"双频式"100%定子单相接地保护的基本原理如下。

（1）当在发电机定子绕组距离中性点 α（α 为中性点到故障点的绕组占全部绕组的百分数）处发生金属性单相接地短路时，将产生大小为 αU_φ 的零序电压。利用基波零序电压构成的接地保护，则可以反应 $\alpha > 15\%$ 范围内的单相接地故障，并且当故障点越靠近发电机端时，保护灵敏性越高。

（2）发电机正常运行时机端三次谐波电压 U_{S3} 总是小于中性点三次谐波电压 U_{N3}，而发生单相接地故障后，在距中性点约50%范围内，两者大小关系正好相反。因此，发电机利用三次谐波构成的接地保护可以反应发电机定子绕组中 $\alpha < 50\%$ 范围内的单相接地故障，并且当故障点越靠近中性点时，保护的灵敏性越高。

因此，利用基波零序电压和三次谐波电压的组合就可构成"双频式"100%定子绕组单相接地保护。

11. 答：当电力系统中发生不对称短路或在正常运行情况下三相负荷不平衡时，在发电机定子绕组中将出现负序电流。此电流在发电机空气隙中建立的负序旋转磁场相对于转子为两倍的同步转速，因此将在转子绕组、阻尼绕组以及转子铁芯等部件上感应出100Hz的倍频电流，该电流可能使得转子上电流密度很大的某些部位（如转子端部、护环内表面等）出现局部灼伤，甚至可能使护环受热松脱，从而导致发电机的重大事故。此外，负序气隙旋转磁场与转子电流之间以及正序气隙旋转磁场与定子负序电流之间所产生的100Hz交变电磁转矩，将同时作用在转子大轴和定子机座上，从而引起100Hz

的振动，威胁发电机安全。

12. 答：大型发电机由于采用了直接冷却式（水内冷和氢内冷），其体积增大比容量增大要小，同时，基于经济和技术上的原因，大型机组的热容量裕度一般比中小型机组小。由于转子的负序附加发热，总趋势为单机容量越大，A（A 是与发电机型式和冷却方式有关的常数）值越小，转子承受负序电流的能力越低，所以要特别强调对大型发电机的负序保护。并且，发电机允许负序电流的持续时间关系式为 $A = I_{2.*}^2 \cdot t$，负序电流 $I_{2.*}^2$ 越大，允许的时间越短；$I_{2.*}^2$ 越小，允许的时间越长。由于发电机对 $I_{2.*}^2$ 的这种反时限特性，所以 100MW 及以上，$A < 10$ 大容量发电机，应采用能真实地模拟转子的热积累过程与散热过程的负序反时限过流保护。

13. 答：(1) 发电机失磁对系统的影响：①发电机失磁后，不但不能向系统送出无功功率，而且还要向系统吸取无功功率，将造成系统电压下降，破坏负荷和各电源间的稳定运行；②为了供给失磁发电机无功功率，可能造成系统中其他发电机过电流。

(2) 发电机失磁对发电机自身的主要影响有：①发电机失磁后，转子和定子磁场间出现了速度差，在转子回路中感应出转差频率的电流——差频电流，差频电流在转子回路中产生损耗，引起转子局部过热；②发电机受交变的异步电磁力矩的冲击而发生振动，转差率越大，振动也越厉害；③低励磁或失磁运行时，定子端部漏磁增加，将使定子端部和边段铁芯过热。

14. 答：发电机失磁保护的主判据有三相同时低电压判据、异步边界阻抗动作判据、静稳极限阻抗动作判据、变励磁电压动作判据。

辅助判据有如下。

(1) 励磁电压下降：失磁时励磁电压要下降；而短路或系统振荡时，励磁电压非但不下降，反而因强励作用而上升。

(2) 负序分量：失磁时系统无负序分量；短路或短路引起系统振荡时，会出现负序分量。

(3) 延时：设置延时可以防止外部短路时各种短路的主保护先动作，以防止失磁保护误动作，同时可以防止系统振荡时，失磁保护误动作。

(4) 操作闭锁：发电机对长线充电或自同期均属正常操作，可以利用操作闭锁防止失磁保护误动作。

(5) 电压回路断线闭锁：防止因电压回路断线引起的失磁保护误动作。

15. 答：(1) 从失磁到进入稳态异步运行的过程主要经历三个阶段。

1) 失磁后到失步前（$\delta < 90°$）。

在此阶段中，转子电流逐渐减小，发电机的电磁功率 P 开始减少，由于原动机所供给的机械功率还来不及减小，于是转子逐渐加速，使发电机同步电动势与系统电压之间的功角 δ 随之增大，P 又要回升。因此，基本上保持了电磁功率 P 不变。

2) 临界失步状态（$\delta = 90°$）。

当 $\delta = 90°$ 时，发电机处于失去静态稳定的临界状态，即临界失步点。此时，无功 Q 为负值，发电机自系统吸收无功功率，且为一常数，故临界失步点又称为等无功点。

3) 静稳破坏后的异步运行阶段（$\delta > 90°$）。

在 $\delta>90°$ 后，发电机转入异步运行状态，失磁发电机的电磁功率 P 随 δ 增大而减少，转子显著加速，滑差快速增大，机组调速系统动作，使原动机功率随滑差增大而减小，当异步转矩与原动机转矩达到新的平衡时，即进入稳定异步运行状态。

(2) 发电机失磁后机端测量阻抗的变化轨迹为如图 7-6 所示。

发电机在正常运行时，其机端测量阻抗按所带有功负荷不同（P_1 或 P_2），位于阻抗复平面第一象限（a 或 a' 点）。失磁后，在失磁后到失步前（$\delta<90°$），机端测量阻抗沿等有功阻抗圆向第四象限变化；当 $\delta=90°$ 对应的临界失步状态时，当测量阻抗变化到等有功阻抗圆与等无功阻抗圆相交点（b 或 b' 点）时，表明机组处于静态稳定的极限；当 $\delta>90°$ 后，超过静稳边界后，机组转入异步运行，最终达到稳定异步运行时，机端测量阻抗落入 $-jX_d$ 和 $-jX_d'$ 之间的异步稳态阻抗圆内的某一点（c 或 c' 点）上。

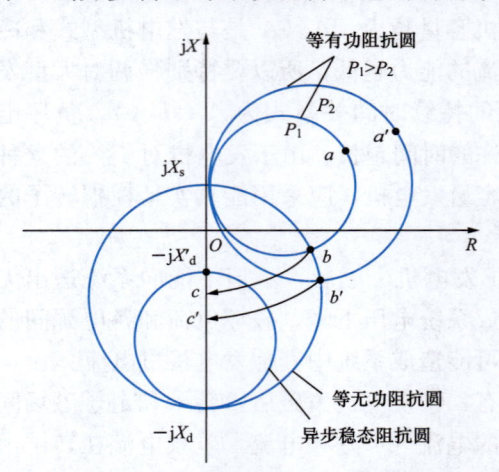

图 7-6 发电机失磁后机端测量阻抗的变化轨迹

16. 答：发电机励磁回路一点接地的保护原理包括：

(1) 直流电桥式励磁回路一点接地保护。

(2) 叠加直流电压式励磁回路一点接地保护。

(3) 叠加交流电压式励磁回路一点接地保护：①简单叠加交流电压式一点接地保护；②利用导纳继电器的叠加交流电压式一点接地保护。

(4) 基于采样切换原理的转子绕组的一点接地保护。

17. 答：当失步保护动作于跳闸时，若在电动势角 $\delta=180°$ 时使断路器断开，则将在最大电压下切断最大电流，对断路器的工作条件最为不利，有可能超过断路器的遮断容量。因此，失步保护应避免在这一时刻动作于跳闸。

18. 答：由于水轮发电机的调速系统惯性大，动作缓慢，因此在突然甩负荷时，转速将超过额定值，这时机端电压有可能达到额定值的 1.8~2 倍。为了防止水轮发电机定子绕组绝缘遭受破坏，在水轮发电机上应装设过电压保护。

19. 答：当汽轮机主汽门误关闭或机炉保护动作关闭主汽门而发电机出口断路器未跳闸时，发电机失去原动力变成电动机运行，从电力系统吸收有功功率。这种工况对发电机并无危险，但由于残留在汽轮机尾部叶片与蒸汽摩擦，会使叶片过热，使得逆功率运行不能超过 3min，因此，大型机组需装设逆功率保护。

20. 答：发电机正常运行时，转子转速很高，离心力较大，承受的电负荷又重，一次励磁绕组绝缘容易损坏。绕组导线碰接铁芯，会造成转子一点接地故障。发电机励磁回路的一点接地是比较常见的故障，不会形成电流通路，所以对发电机无直接危害，但发生一点接地后，励磁回路对地电压升高，可能导致第二点接地。励磁回路两点接地后构成短路电流通路，可能烧坏转子绕组和铁芯。由于部分励磁绕组被短接，破坏了气隙磁场的对称性，引起机组振动，特别是凸极机振动更严重。此外，转子两点接地还可能使汽轮发电机组的轴系和汽缸磁化。因此要安装发电机励磁回路保护。

励磁回路接地保护的配置要求：通常 1MW 及以上的水轮发电机只装设励磁回路一点接地保护，并动作于信号，以便安排停机。1MW 以下的水轮发电机宜装设定期检测装置。对于 100MW 以下的汽轮发电机，一点接地故障采用定期检测装置，发生一点接地后，再投入两点接地保护装置，带时限动作于停机。转子水内冷或 100MW 及以上的汽轮发电机应装设励磁回路一点接地保护装置（带时限动作于信号）和两点接地保护装置（带时限动作于停机）。

五、分析与计算题

1. 答：发电机-变压器组纵差动保护接线图，如图 7-7 所示。

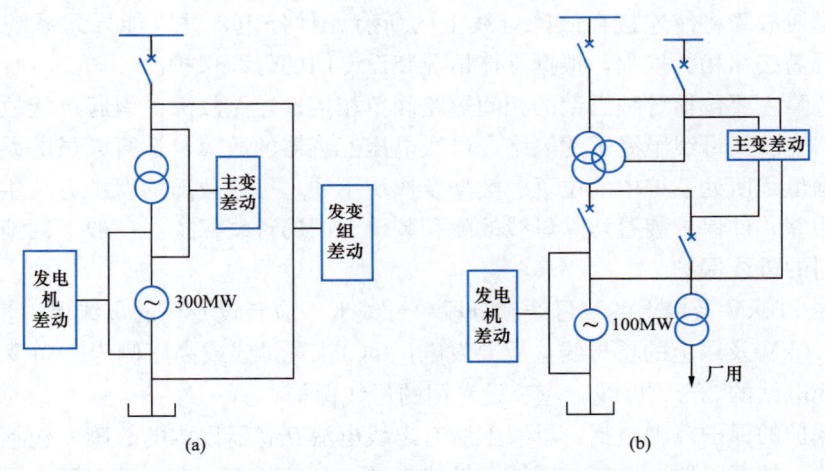

图 7-7 发电机-变压器组纵差动保护接线示意图
(a) 发电机容量 300MW；(b) 发电机容量 100MW

2. 答：(1) 中性点单相电压互感器 TV1 变比为 $\dfrac{U_N}{\sqrt{3}}\Big/100$；机端电压互感器 TV2 的变比为 $\dfrac{U_N}{\sqrt{3}}\Big/\dfrac{100}{\sqrt{3}}\Big/\dfrac{100}{3}$。

(2) 由于发电机中性点不直接接地，所以发电机定子绕组发生单相接地故障时，中性点和机端处的零序电压均相等。当故障点距离中性点 α 处时，按照以上变比得到零序电压互感器 TV1 和 TV2 的二次侧零序电压均为 $\alpha \times 100$V，故 10%、60%、100% 处发生单相金属性接地故障时，对应电压为 10、60、100V。

(3) 流过发电机机端的零序电流也与 α 有关，10%、60%、100% 处发生单相金属性接地故障时，对应零序电流依次增大。

3. 答：TA1 表示发电机单元件横差动保护，TA2 和 TA3 是发电机不完全纵差动保护，TA4 和 TA5 是变压器纵差动保护，TA6 和 TA7 是发电机-变压器组纵差动保护。

第八章

母 线 保 护

第一部分 基本内容与知识要点

母线是电能集中和供应的枢纽，发电厂和变电站的母线是电力系统中的一个重要组成元件，母线故障将使连接在故障母线上的所有元件停电，并可能导致系统稳定的破坏。因此，需按照相关规程，根据具体情况装设专门的母线保护。

母线故障主要包括各种类型的相间短路和单相接地短路故障。引起母线故障的原因包括断路器套管及母线绝缘子的闪络、母线电压互感器的故障、运行人员的误碰和误操作等。根据母线所处系统中的位置、类型及作用不同，母线故障的保护方法主要分为两类：利用相邻元件保护装置切除母线故障和装设专门的母线保护。一般下列情况需要装设如下专门的母线保护。

（1）在110kV及以上的双母线和分段单母线上，应装设专用的母线保护。

（2）110kV及以上的单母线，重要发电厂的35kV母线或高压侧为110kV及以上的重要降压变电站的35kV母线，应装设专用的母线保护。

母线保护的保护范围包括：母线上所有出线电流互感器以内的故障，包括母线上各出线间隔单元的断路器、电流互感器、母线上的电压互感器TV、避雷器、母线侧刀闸等，如图8-1所示。

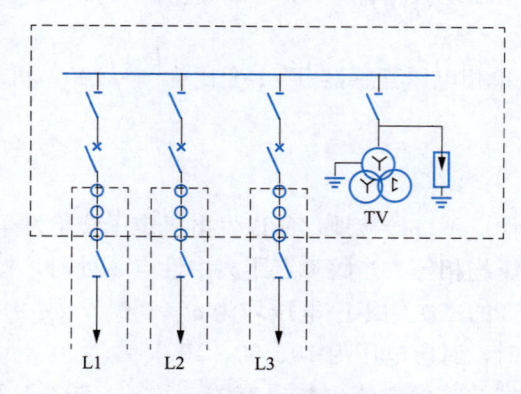

图8-1 母线保护范围示意图

母线保护的基本原理都是按照差动原理构成的，包括母线电流差动原理、电流相位比较式原理以及母联电流相位比较等。按差动回路中的电阻大小，母线差动保护可分为低阻抗型、中阻抗型和高阻抗型母线差动保护。另外，双母线、一个半断路器接线的母线由于自身特点，与普通单母线保护原理有所不同。双母线一般考虑元件固定连接的双母线电流差动保护和母联电流相位比较式母线差动保护；数字式双母线电流差动保护，利用隔离开关辅助触点位置状态信息构成差动保护的动作方程，相比模拟式元件固定连接的双母线差动保护，具有更好的自适应能力，固定方式破坏后仍能正确动作。一个半断路器接线的母线一般只需在每组母线上装设完全电流差动母线保护或带比率制动特性的母线差动保护。母线保护中应注意电流互感器的饱和问题、母线运行方式的切换及保护的自适应问题等。此外，本章还介绍了断路器失灵保护。

实现母线差动保护所必须考虑的特点是：由于母线上连接着较多的电气元件，所以构成母线差动保护时要将母线上所有的引出元件都予以考虑。母线差动保护与变压器差动保护、发电机差动保护相比有很大的不同：①母线的主接线方式会随母线的倒闸操作而改变运行方式，如双母线改为单母线运行，双母线并列运行改为双母线分段并列运行，母线元件（如线路、变压器、发电机等）可以从这一段母线倒换到另一段母线等。因此母线差动保护的范围会随母线倒闸操作的进行、母线运行方式的改变而变化（扩大或缩小），母线差动保护的对象也可以由于母线元件的倒换操作而改变（增加或减少）；②由于母线上连接的电气元件多，致使母线差动保护在外部故障时故障支路电流特别大，相应的电流互感器严重饱和，而其他非故障支路的电流互感器饱和较轻，从而可能出现很大的不平衡电流而造成保护误动作，因此抗饱和能力对母线差动保护来说是一个重要的参数。

因此，母线运行方式的切换及保护的自适应问题、互感器 TA 饱和问题是母线保护需要注意的特殊问题。数字式母线保护利用强大的计算、自检及逻辑处理能力，采用隔离开关辅助触点和电流识别技术，能够较好的满足母线运行方式切换及保护的自适应问题。另外，数字式保护通过采用具有制动特性的母线差动保护、TA 线性区母线差动保护、TA 饱和同步识别、谐波制动原理、波形对称原理等，较好地解决了 TA 严重饱和所引起的母线保护误动问题。

母线保护同线路保护一样，采用微机型母线保护是必然的发展趋势。微机母线差动保护除了具有调试整定方便的优点之外，对电流互感器（TA）饱和还具有独特的检测方法，包括采用波形判别、补偿法以及同步识别法等，抗电流互感器饱和能力强。微机母线差动保护具有通信接口，可方便地与监控系统互联、完成信息的远传与远控，实现自动化。

本章知识要点总结如下。

（1）母线故障及装设母线保护的基本原则。
（2）单母线完全电流差动保护工作原理。
（3）高阻抗母线差动保护的工作原理。
（4）具有比率制动特性的中阻抗母线差动保护的工作原理。
（5）电流比相式母线保护工作原理。
（6）元件固定连接的双母线电流差动保护工作原理及动作行为分析。
（7）母联电流比相式母差保护工作原理及动作行为分析。
（8）一个半断路器接线的母线保护的构成及相关问题。
（9）断路器失灵保护的基本概念和工作原理。

第二部分 典型例题

[例1] 图8-2所示为元件固定连接的双母线电流差动保护的原理接线图，假设各支路均有电源，试问：

(1) 在图8-2固定接线方式下，分别画出内部k1点故障和外部k2故障两种情况下一、二次电流的分布图，并说明动作情况。

(2) 当线路L4由母线Ⅱ切换至母线Ⅰ上时，试分析固定接线方式被破坏情况下，内部k1点故障时该保护的动作情况，并画出一、二次电流的分布图。

(3) 若采用数字式双母线电流差动保护，请写出(2)中情况对应的三个差动元件的方程式。

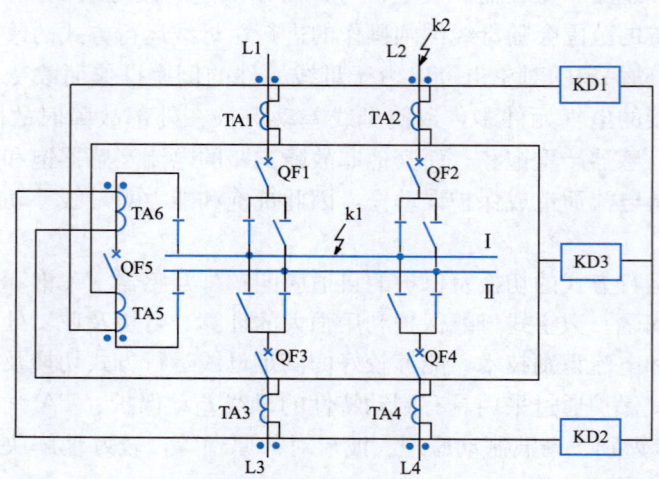

图8-2 元件固定连接的双母线电流差动保护的原理接线图

解 (1) 固定接线方式下，内部k1点故障时一、二次的电流分布图如图8-3所示。根据电流分布，可知动作情况为KD1动作跳开QF1、QF2，KD3动作跳开母联断路器QF5。

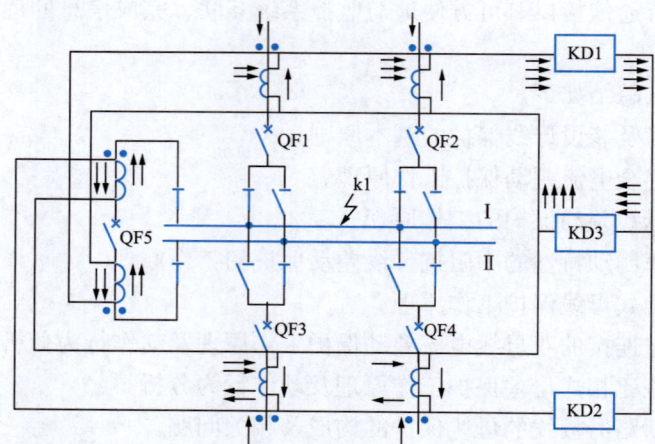

图8-3 内部k1点故障时一、二次的电流分布图

固定接线方式下，外部 k2 点故障时一、二次的电流分布图如图 8-4 所示。根据电流分布，可知动作情况为 KD1、KD2、KD3 均不启动。

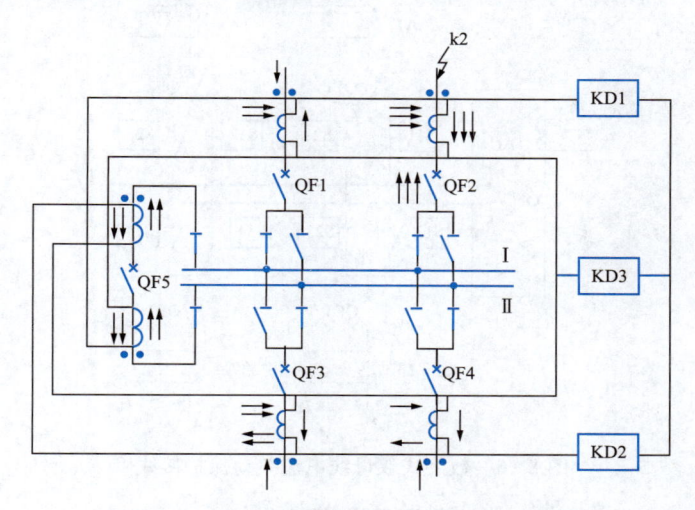

图 8-4 外部 k2 点故障时一、二次的电流分布图

(2) 固定接线方式被破坏情况下内部故障时一、二次的电流分布图如图 8-5 所示。根据电流分布，动作情况为 KD1、KD2、KD3 均启动，动作切除 QF1、QF2、QF3、QF4、QF5，保护动作失去选择性。

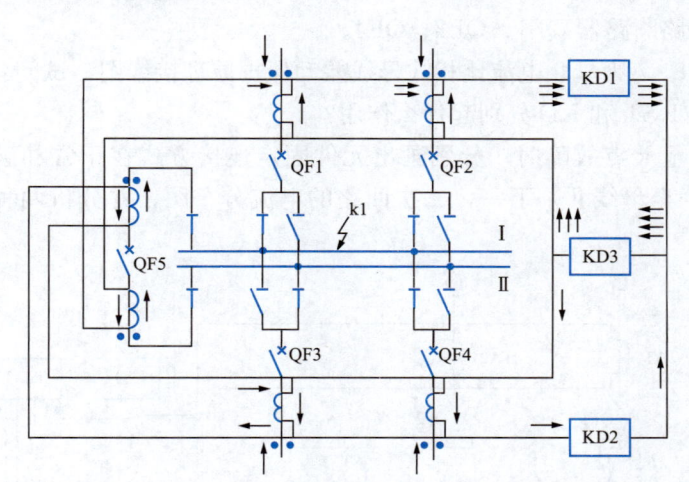

图 8-5 固定接线方式破坏情况下内部故障时一、二次电流分布图

(3) 数字式双母线电流差动保护接线如 8-6 所示，各隔离开关状态位见表 8-1。

Ⅰ母线故障时，母联互感器电流：$\dot{I}_C = -\dot{I}_3$

总差动：$I_{act} = \dot{I}_1 + \dot{I}_2 + \dot{I}_3 + \dot{I}_4$

Ⅰ母线分差动：$I_{act.1} = \dot{I}_1 S_{11} + \dot{I}_2 S_{12} + \dot{I}_3 S_{13} + \dot{I}_4 S_{14} - \dot{I}_c S_c = \dot{I}_1 + \dot{I}_2 + \dot{I}_4 + \dot{I}_3$

Ⅱ母线分差动：$I_{act.2} = \dot{I}_1 S_{21} + \dot{I}_2 S_{22} + \dot{I}_3 S_{23} + \dot{I}_4 S_{24} + \dot{I}_c S_c = \dot{I}_3 - \dot{I}_3 = 0$

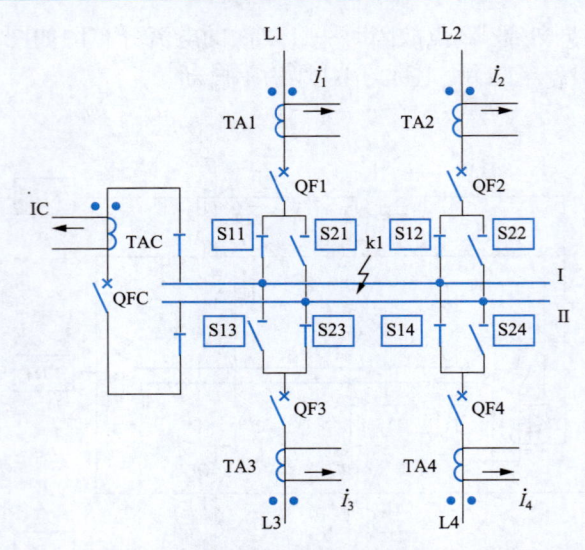

图 8-6 数字式双母线电流差动保护接线

表 8-1　　　　　　　　　隔 离 开 关 状 态 位

S11	S12	S13	S14	S21	S22	S23	S24	SC
1	1	0	1	0	0	1	0	1

此时，Ⅰ母分差 KD1 动作，总差 KD3 动作，可以正确跳开母联断路器 QFC，以及与Ⅰ母相连的线路断路器 QF1、QF2、QF4。

［例 2］　图 8-7 为母联电流比相式母线差动保护原理接线图，试问：

（1）继电器 KST 和 KD 分别起什么作用？

（2）母线Ⅰ上 k 点故障时，分别画出元件固定连接方式在正常和破坏情况（线路 L2 由母线Ⅰ切换至母线Ⅱ）下一、二次回路的电流分布图，并分析两种情况下保护的动作情况。

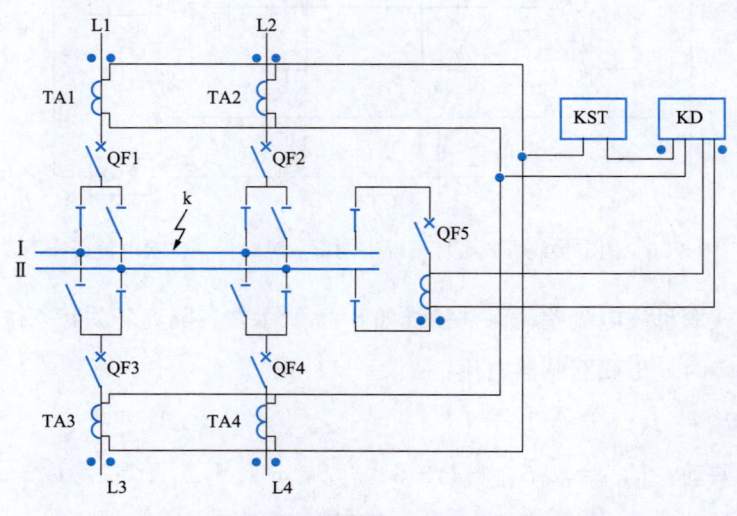

图 8-7　母联电流比相式母线差动保护原理接线图

解 (1) KST 为启动元件，作用是区分两组母线的内部和外部短路故障；只有在母线内部发生短路故障时，启动元件才启动整组保护。

KD 为选择元件，作用是利用比较母联断路器中电流与总差动电流的相位选择出故障母线。

(2) 内部 k 点故障时，元件固定连接方式正常和破坏时内部故障电流分布图分别如图 8-8、图 8-9 所示。

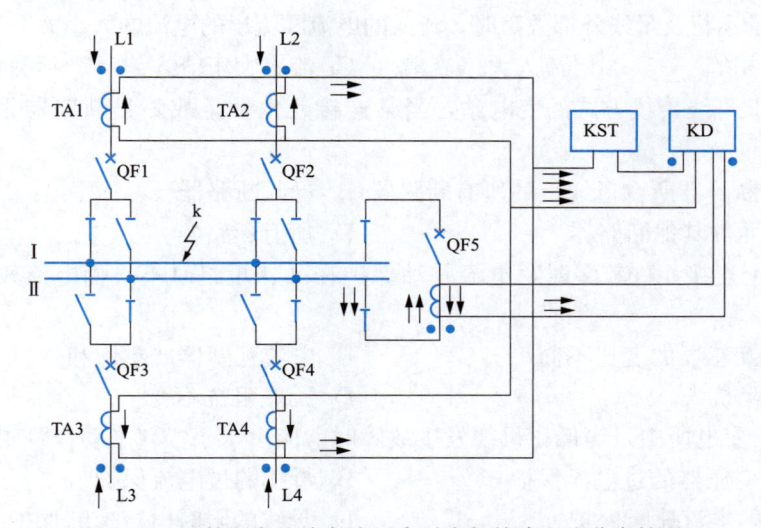

图 8-8 元件固定连接方式正常时内部故障电流分布情况

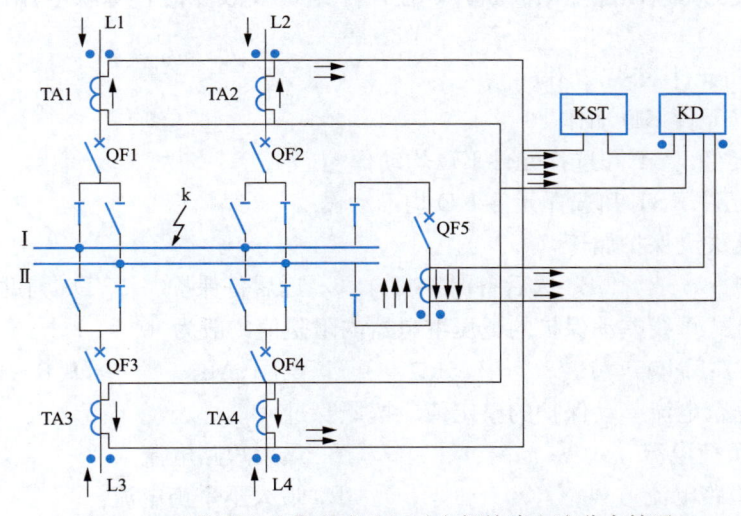

图 8-9 元件固定连接方式破坏时内部故障电流分布情况

动作情况：两种情况下，流入启动元件 KST 的电流不变，都是母线故障的总电流；流入选择元件 KD 的电流只是幅值不同，但方向相同。因此，两种情况下，启动元件 KST 都能启动整组保护，选择元件 KD 都能选出故障母线 Ⅰ，并跳开故障母线 Ⅰ 上所有的连接元件。即元件固定连接正常时，跳开 QF1、QF2、QF5；线路 L2 由母线 Ⅰ 切换至母线 Ⅱ 元件固定连接破坏时，跳开 QF1、QF5。

第三部分 习 题

一、选择题

1. 一般在（　　）及以上的双母线和分段单母线，需要装设专用的母线保护。
   A. 220kV　　　　B. 35kV　　　　C. 66kV　　　　D. 110kV

2. 在正常运行及母线外部故障时，流入的电流和流出的电流的大小关系为（　　）。
   A. 二者相等　　B. 流入大于流出　　C. 流出大于流入　　D. 不确定

3. 对于双母线接线方式的变电站，当某连接元件发生故障且断路器拒动时，失灵保护动作应首先跳开（　　）。
   A. 拒动断路器所在母线上的所有断路器　　B. 母联断路器
   C. 故障元件其他断路器　　　　　　　　　D. 所有断路器

4. 母线上连接元件较多时，电流差动保护在区外短路时不平衡电流较大的原因是（　　）。
   A. 电流互感器的变比不同　　　B. 电流互感器严重饱和
   C. 励磁阻抗大　　　　　　　　D. 励磁阻抗不变

5. 10kV变电所中，当低压母线发生故障时，应由（　　）来动作跳闸。
   A. 相应变压器的过电流保护　　B. 母线的过电流保护
   C. 母线的电流速断保护　　　　D. 母线的限时电流速断保护

6. 双母线的母联断路器因故断开，在任一组母线故障时，母联电流比相式母线差动保护将（　　）。
   A. 仅启动元件 KST 动作
   B. 仅选择元件 KD 动作
   C. 启动元件 KST 和选择元件 KD 均动作
   D. 启动元件 KST 和选择元件 KD 均不动作

7. 断路器失灵保护属于（　　）。
   A. 主保护　　　B. 远后备保护　　C. 近后备保护　　D. 辅助保护

8. 高阻抗式母线差动保护的电压继电器内阻阻值一般为（　　）。
   A. 2.5～7.5MΩ　　B. 2.5～7.5kΩ　　C. 8～10MΩ　　D. 8～10kΩ

9. 母线完全电流差动保护的整定值应按照躲过（　　）。
   A. 最大负荷电流　　　　B. 最大短路电流
   C. 最小短路电流　　　　D. 最大不平衡电流

10. 对于元件固定连接的双母线电流差动保护，当固定连接方式破坏时，任一母线上的故障将（　　）。
    A. 只跳总差动作跳开母联断路器　　B. 跳开故障母线的分差保护动作
    C. 总差和两组分差保护均动作　　　D. 拒动

11. 要求断路器失灵保护必须有较高的（　　）。
    A. 灵敏性　　　B. 安全性　　　C. 可信赖性　　　D. 速动性

第八章 母线保护

12. 母线充电保护的动作条件是（　　）。
　　A. 任一相电流或零序电流大于定值　　B. 任一相间电流大于定值
　　C. 三相电流大于定值　　D. 负序电流大于定值

二、填空题

1. 完全电流差动母线保护适用于_____和_____的情况。

2. 完全电流差动母线保护的整定计算原则中，躲过母线各连接元件中最大的负荷电流，是为了防止正常运行时_____引起保护误动作。

3. 具有比率制动特性的电流差动母线保护，差动回路中的电阻选用高于电流型差动保护而低于_____，因此称为_____式母线差动保护。

4. 当双母线固定连接方式破坏时，元件固定连接的双母线电流差动保护将_____。

5. 断路器失灵保护的延时均_____与其他保护的时限配合，因为它在其他保护_____才开始计时。

6. 双母线同时运行时，当任一组母线故障，母线差动保护动作而母联断路器拒动，这时需要由_____或_____保护来切除。

7. 一个半断路器接线的母线保护，为了防止电流互感器发生故障时酿成母线短路，必须将用于母线保护的电流互感器安装在_____。

8. 由于断路器失灵保护要动作于跳开一组母线上的所以断路器，因此应注意提高失灵保护动作的_____性，以防止_____而造成严重的事故。

三、问答题

1. 简述双母线保护的配置方案。
2. 试述判别母线故障的基本方法。
3. 电流相位比较式母线保护与电流差动母线保护相比有何优点？
4. 简述高阻抗母线差动保护的工作原理。
5. 按照差动回路中的电阻大小，母线差动保护是如何分类的？电流互感器饱和对它们的影响有何不同？
6. 在母线电流差动保护中，为什么要采用电压闭锁元件？怎样闭锁？
7. 具有比率制动特性的中阻抗型母线差动保护，差动回路中一般配置多大的阻抗？其动作量和制动量如何确定？
8. 元件固定连接双母线电流差动保护和母联电流比相式母线差动保护中的选择元件，在母线故障时如何选择故障母线？当母线故障时，在固定接线方式破坏情况下，两种保护动作情况有何不同？
9. 3/2断路器接线母线短路时有何特点？如何采取保护措施？
10. 何谓断路器失灵保护？在什么条件下需装设断路器失灵保护？
11. 元件固定连接双母线差动保护接线构成如图8-10所示，试回答图中三个差动继电器的构成及作用。
12. 断路器失灵保护动作跳闸应满足什么要求？

四、分析与计算题

1. 如图 8-10 所示 k1 点故障时，试分析元件固定连接的双母线差动保护的动作情况；若 L4 支路从 Ⅱ 母线倒闸操作到 Ⅰ 母线，L1 线路 k2 点故障时，试画出一、二次电流分布图并说明动作情况。

2. 如图 8-11 所示 3/2 断路器接线时，QF1 的失灵保护应有哪些保护启动？QF2 失灵保护动作后应跳开哪些断路器？

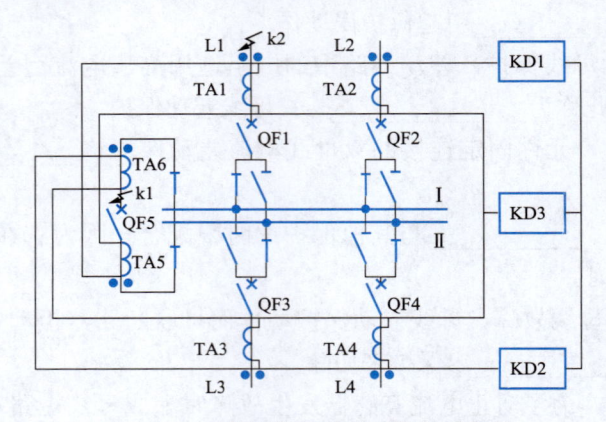

图 8-10　元件固定连接双母线差动保护　　　　图 8-11　3/2 断路器接线

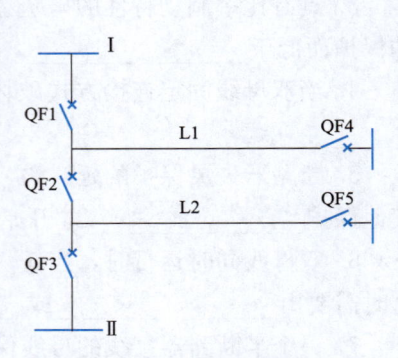

参 考 答 案

一、选择题

1. D　2. A　3. B　4. B　5. A　6. A
7. C　8. B　9. D　10. C　11. B　12. A

二、填空题

1. 单母线、双母线经常只有一组母线运行
2. 电流互感器二次回路断线
3. 高阻抗母差保护、中阻抗
4. 失去选择性
5. 不需要、动作后
6. 断路器失灵保护、对侧线路的后备保护
7. 母线断路器的外侧（靠近引出线路的一侧）
8. 可靠性（安全性）、误动

三、问答题

1. 答：（1）双母线经常以一组母线运行时，可以配置以下原理的母线保护。
1) 完全电流母线差动保护。
2) 高阻抗母线差动保护。
3) 具有比率制动特性的中阻抗母线差动保护。

4) 电流比相式母线保护。

(2) 双母线同时运行时，可以配置以下原理的母线保护：

1) 元件固定连接的电流差动保护。

2) 母联电流比相式母线差动保护。

2. 答：判别母线故障的基本方法包括两类。

(1) 全电流差动原理判别母线故障。在正常运行以及母线范围以外故障时，在母线上所有连接元件中，流入的电流和流出的电流相等，此时流入差动继电器的电流为零；当母线上发生故障时，所有与母线连接的元件都向故障点供给短路电流或流出残留的负荷电流，按基尔霍夫电流定律，此时流入差动继电器的电流为短路点的总电流。

(2) 电流比相式差动原理判别母线故障。如从每个连接元件中电流的相位来看，则在正常运行以及外部故障时，至少有一个元件中的电流相位和其余元件中的电流相位是相反的，具体来说，就是电流流入的元件和电流流出的元件这两者的相位相反。而当母线故障时，除电流等于零的元件以外，其他元件中的电流是接近同相位的。

3. 答：电流相位比较式母线保护与电流差动母线保护相比有以下特点。

(1) 保护装置的工作原理是基于相位的比较，而与幅值无关；因此在采用正确的相位比较方法时，无须考虑电流互感器饱和引起的电流幅值误差，提高了保护的灵敏性。

(2) 当母线连接支路的电流互感器型号不同或变比不一致时，仍然可以使用，此种保护放宽了母线保护的使用条件。

4. 答：高阻抗母线差动保护的工作原理如下。

在母线发生外部短路时，一般情况下，非故障支路电流不是很大，它们的电流互感器不易饱和；但是故障支路电流是各电源支路电流之和，可能非常大，它的电流互感器就可能极度饱和。此时故障支路的一次侧电流几乎全部流入其励磁支路，使得二次电流近似为零。这时差动继电器中将流过很大的不平衡电流，完全电流差动保护将误动作。为避免上述情况下母线保护的误动，电流差动继电器可以改用内阻很高的电压继电器，其阻抗值很大，一般为 $2.5\sim7.5\text{k}\Omega$。在外部故障时，各条非故障支路的二次电流之和不为零，该不平衡电流被迫流入故障支路电流互感器的二次侧绕组，使得差动回路的不平衡电流大大减小，几乎为零，电压继电器不动作；在内部短路时，所有支路的二次电流都流向电压继电器，电流较大，由于其内阻很高，电压继电器两端出现高电压，于是电压继电器动作。

5. 答：按照母线差动保护装置差电流回路输入阻抗的大小，可将其分为低阻抗型母线差动保护（一般为几欧）、中阻抗型母线差动保护（一般为几百欧）和高阻抗型母线差动保护（一般为几千欧）。

(1) 低阻抗型母线保护在外部故障电流互感器饱和时，母线差动继电器中会出现较大不平衡电流，可能使母线差动保护误动作。

(2) 高阻抗型母线差动保护较好地解决了母线区外故障电流互感器饱和时保证保护不误动的问题。但在母线内部故障时，电流互感器的二次侧可能出现过电压，对继电器可靠工作不利，且要求电流互感器的传变特性完全一致、变比相同，这对于扩建的变电站来说较难做到。

（3）中阻抗型母差保护利用电流互感器饱和时其励磁阻抗降低的特点，来防止差动保护误动作。电流互感器饱和造成的不平衡电流大部分被饱和电流互感器的励磁阻抗分流，并由于保护本身的制动性，可以保证在外部故障引起的电流互感器饱和情况下保护不误动。对于内部故障电流互感器饱和的情况，则利用差动保护的快速性在电流互感器饱和前即可动作跳闸，不会出现拒动的现象。

6. 答：为了防止差动继电器误动作或误碰出口中间继电器造成母线保护误动作，故采用复合电压闭锁元件。它利用接在每组母线电压互感器二次侧上的低电压继电器和零序过电压继电器实现。三只低电压继电器反应各种相间短路故障，零序过电压继电器反应各种接地故障。利用电压元件对母线保护进行闭锁，接线简单。防止母线保护误动接线是将电压重动继电器的触点串接在各个跳闸回路中。这种方式如误碰出口中间继电器不会引起母线保护误动作，因此被广泛采用。

7. 答：差动回路中一般采用几百欧的中阻抗，以防止 TA 严重饱和问题，同时采用制动特性提高灵敏性。

动作量一般采用所有支路电流和；制动量可按最大一条支路的短路电流，或者选用模值和制动。动作方程为：$\left|\sum_{i=1}^{n}\dot{I}_i\right| - K_{res}\{|\dot{I}_i|\}_{max} \geqslant I_{set.0}$，或 $\left|\sum_{i=1}^{n}\dot{I}_i\right| - K_{res}\sum_{i=1}^{n}|\dot{I}_i| \geqslant I_{set.0}$

8. 答：元件固定连接的双母线电流差动保护和母联电流比相式母线差动保护的选择元件，在母线故障时按照以下方式选择故障母线。

（1）对于元件固定连接双母线电流差动保护，双母线各设置一个故障选择元件，在元件固定连接方式下，只有故障母线的选择元件通过故障电流而动作，非故障母线的选择元件仅通过不平衡电流故不动作，以此来选择故障母线。

（2）母联电流相位比较式母线保护通过电流比相继电器比较两个电流的相位来选择故障母线，它包括一个启动元件 KST 和一个选择元件 KD。选择元件 KD 是一个电流相位比较式继电器。它的一个线圈接入除母联断路器之外其他连接元件的二次侧电流之和，另一个线圈则接在母联断路器的电流互感器二次侧。不论哪组母线短路，总差动电流的方向是不变的，而流过母联断路器的短路电流却随故障母线的不同而改变，因此，利用比较母联断路器中电流与总差动电流的相位选择出故障母线。

在固定接线方式破坏时，元件固定连接双母线电流差动保护动作将失去选择性，无法选择出故障母线；而母联电流相位比较式母线保护仍然能够正确动作，选择出故障母线。

9. 答：3/2 断路器接线母线短路时的特点如下。

（1）因系统容量大，外部短路时电流互感器易饱和。

（2）在一组母线短路时，由于分流作用，故障母线上的连接元件可能有流出的电流，要求保护能可靠动作。

（3）对系统稳定影响大。

采取保护措施：在每组母线上装设高阻抗型母线差动保护或具有比率制动特性的母线差动保护。为提高保护的可信赖性，通常实现双重化保护。

10. 答：断路器失灵保护是指当故障线路的继电保护动作发出跳闸脉冲后，但其断路器拒绝跳闸时，能够以较短的时限切除同一条母线上其他所有支路的断路器，将故障部分隔离，并使停电范围限制为最小的一种近后备保护。

装设断路器失灵保护的条件为：

（1）相邻元件保护的远后备保护灵敏度不够时应装设断路器失灵保护。对分相操作的断路器，允许只按单相接地故障来校验其灵敏度。

（2）根据变电站的重要性和装设失灵保护作用的大小来决定装设断路器失灵保护。如多母线运行的 220kV 及以上变电站，当失灵保护能缩小断路器拒动引起的停电范围时，则装设失灵保护。

11. 答：包括三组差动元件：

Ⅰ母分差动 KD1：有 TA1、TA2、TA5 构成，用以选择Ⅰ母线上的故障；动作后，跳开 QF1，QF2。

Ⅱ母分差动 KD2：有 TA3、TA4、TA6 构成，用以选择Ⅱ母线上的故障；动作后，跳开 QF3，QF4。

总差动 KD3：有 TA1、TA2、TA3、TA4 构成，动作后，跳开母联断路器 QF5；KD3 作用：任一组母线故障都启动，外部故障时不动作，是整个保护装置的启动元件。

12. 答：断路器失灵保护动作跳闸应满足以下要求：

（1）对具有双跳闸线圈的相邻断路器，应同时动作于两组跳闸回路。

（2）对远方跳对侧断路器的，宜利用两个传输通道传送跳闸命令。

（3）应闭锁重合闸。

四、分析与计算题

1. 答：k1 点故障时，一、二次电流分布图如图 8-12 所示，元件固定连接的双母线差动保护三个差动元件均启动，母联断路器及四个线路断路器均动作跳闸，这是因为 k1 点故障位于互感器 TA5 和 TA6 之间，属于Ⅰ母线与Ⅱ母线重叠区内故障，因此三个差动元件均动作跳闸。

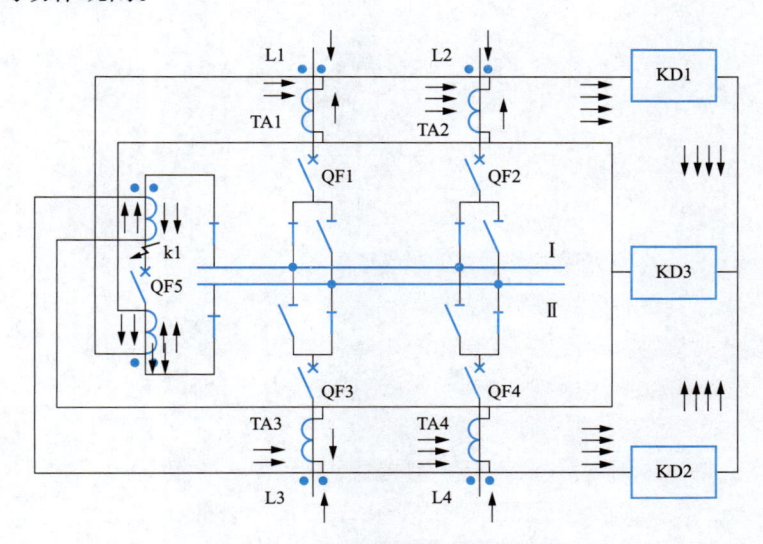

图 8-12 k1 点故障电流分布图

若 L4 支路从 Ⅱ 母线倒闸操作到 Ⅰ 母线，L1 线路 k2 故障时，一、二次电流分布图如图 8-13 所示，此时由于 KD3 不启动，整组保护不动作。

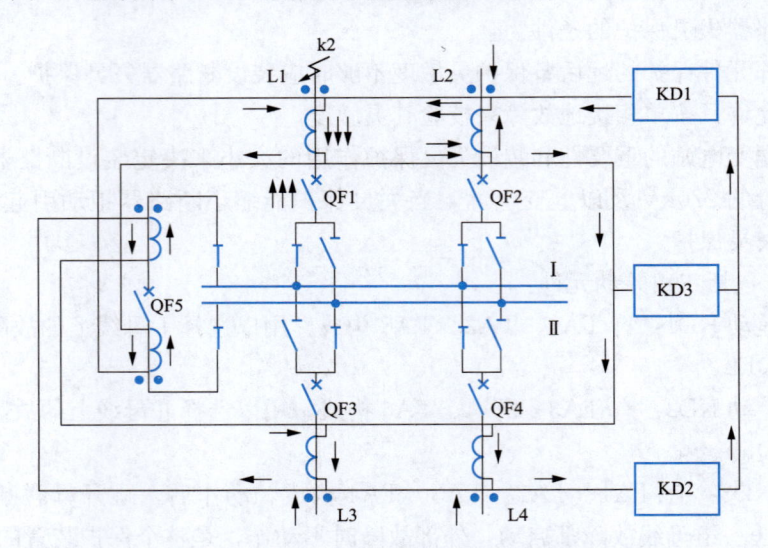

图 8-13 k2 点故障电流分布图

2. 答：QF1 的失灵保护由母线保护、线路 L1、远方跳闸的保护启动；QF2 失灵保护动作后应跳开 QF1 、QF3、QF4 、QF5，否则无法彻底隔离故障。

第九章

数字式继电保护技术基础

第一部分　基本内容与知识要点

数字式保护装置是指基于可编程数字电路技术和实时数字信号处理技术实现的电力系统继电保护装置。在数字式保护装置中，各种类型的输入信号首先将被转换为数字信号，然后通过对这些数字信号的运算处理来实现继电保护功能。由于反应故障量变化的数字式元件和保护中需要的逻辑元件、时间元件、执行元件等合在一起用一个微机实现，因此，数字式保护装置又常称作微机保护装置。

一台完整的数字式保护装置主要由硬件和软件两部分构成。硬件是软件运行的平台，并且提供数字式保护装置与外部系统的电气联系，通常包括：模拟量输入接口部件、数字式核心部件、开关量输入/输出接口部件、人机对话接口部件、外部通信接口部件等；软件指计算机程序，由它按照保护原理和功能的要求对硬件进行控制，有序地完成数据采集、外部信息交换、数字运算和逻辑判断、动作指令执行等各项操作，主要包括数字滤波器和各种数字保护算法。

数字式保护装置不仅能够实现其他类型保护装置难以实现的复杂保护原理，提高继电保护的性能，而且能提供诸如简化调试及整定、自身工作状态监视、事故记录及分析等高级辅助功能，还可以完成电力自动化要求的各种智能化测量、控制、通信及管理等任务，同时也具有优良的性价比。数字式保护的发展使得工频故障分量保护、行波保护、暂态保护等这些故障分量保护，以及广域量保护、自适应保护原理的实现都成为可能。相比模拟式接线，数字式保护接线简单，保护原理更易于实现，较好地解决了线路及主设备模拟式保护存在的诸多特殊问题，较好地提升了保护的四个性质要求，是当前继电保护技术发展的最高形式。

本章主要介绍数字式保护技术原理方面的基础知识，知识要点主要包括：
(1) 数字式保护装置硬件各部件的构成及功能；
(2) 数据采集系统的基本原理；
(3) 数字滤波的基本概念；
(4) 数字式保护的特征量算法；
(5) 数字式保护的基本动作判据的算法；
(6) 数字式保护装置的基本软件流程。

第二部分 典型例题

[例1] 设输入频率为50Hz的相电压、相电流分别为 $u(t)=U_m\sin(\omega t+\alpha)$，$i(t)=I_m\sin(\omega t)$，且已知 $U_m=\dfrac{100\sqrt{2}}{\sqrt{3}}$ V，$I_m=5\sqrt{2}$ A，$\alpha=\dfrac{\pi}{12}$。现取每基频周期采样次数 $N=12$，试求：

(1) 写出一个基频周期的电压、电流采样值。

(2) 利用半周绝对值积分法，求电流幅值的估值 $\bar{I}_m$ 和计算误差。

(3) 利用二采样值积算法求有功功率和无功功率。

解 (1) 频率为50Hz，对应一个周期时间为20ms，每基频周期采样次数 $N=12$，故

$$\omega T_s = 2\pi f \frac{T}{N} = \frac{2\pi}{12} = \frac{\pi}{6}$$

采样序列为

$$u(n)=\frac{100\sqrt{2}}{\sqrt{3}}\sin\left(\frac{\pi}{6}n+\frac{\pi}{12}\right) \quad (n=0,1,2,\cdots,11)$$

$$i(n)=5\sqrt{2}\sin\left(\frac{\pi}{6}n\right) \quad (n=0,1,2,\cdots,11)$$

以电压为例：

第一个采样点为

$$u(0)=\frac{100\sqrt{2}}{\sqrt{3}}\sin\left(\frac{\pi}{6}\times 0+\frac{\pi}{12}\right)=21.13(\text{V})$$

第二个采样点为

$$u(1)=\frac{100\sqrt{2}}{\sqrt{3}}\sin\left(\frac{\pi}{6}\times 1+\frac{\pi}{12}\right)=57.74(\text{V})$$

第三个采样点为

$$u(2)=\frac{100\sqrt{2}}{\sqrt{3}}\sin\left(\frac{\pi}{6}\times 2+\frac{\pi}{12}\right)=78.86(\text{V})$$

依次类推可以得到一个基频周期内的电压和电流的12个采样值分别如表9-1所示。

表9-1 一个基频周期内的电压和电流的采样值

n	0	1	2	3	4	5	6	7	8	9	10	11
u_N	21.13	57.74	78.86	78.86	57.74	21.13	−21.13	−57.74	−78.86	−78.86	−57.74	−21.13
i_N	0	3.54	6.12	7.07	6.12	3.54	0	−3.54	−6.12	−7.07	−6.12	−3.54

(2) 利用半周绝对值积分法，电流幅值的估值为

$$\bar{I}_\mathrm{m}=\frac{\pi}{N}\sum_{n=0}^{N/2-1}|i(n)|=\frac{\pi}{12}\sum_{n=0}^{5}|i(n)|$$

$$=\frac{\pi}{12}\times\left(5\sqrt{2}\sin 0+5\sqrt{2}\sin\frac{\pi}{6}+5\sqrt{2}\sin\frac{\pi}{3}+5\sqrt{2}\sin\frac{\pi}{2}+5\sqrt{2}\sin\frac{2\pi}{3}+5\sqrt{2}\sin\frac{5\pi}{6}\right)$$

$$=\frac{5\sqrt{2}}{12}\pi\times(2+\sqrt{3})\approx 6.91$$

计算误差为

$$e=\frac{5\sqrt{2}-6.91}{5\sqrt{2}}\times 100\%=2.28\%$$

[例2] 使用简单FIR型数字滤波器消除直流分量和4、8、12次谐波分量，采样频率为 $f_\mathrm{S}=1200\mathrm{Hz}$，滤波器的差分方程为 $y(n)=x(n)-x(n-6)$，试计算该滤波器的时间窗和数据窗。

解 有 $f_\mathrm{S}=1200\mathrm{Hz}$，则一个基频周期内采样点为 $N=24$，采样周期为 $T_\mathrm{S}=\frac{5}{6}\mathrm{ms}$。

根据方程式 $y(n)=x(n)-x(n-6)$，可知差分步长 $K=6$。

故该滤波器的响应时延为

$$\tau=KT_\mathrm{S}=6\times\frac{5}{6}=5(\mathrm{ms})$$

数据窗为

$$W_\mathrm{d}=K+1=6+1=7$$

[例3] 已知采样频率 $f_\mathrm{S}=1200\mathrm{Hz}$，利用简单滤波器设计一级联滤波器，要求能够滤除直流分量和3、4、6、8、9、12次谐波分量。

解 由 $f_\mathrm{S}=1200\mathrm{Hz}$，所以一个基频周期内采样点为 $N=24$。

(1) 选用差分滤波器消除直流分量和4、8、12次谐波分量。

差分滤波器的差分步长 K、N 和能够被滤除的谐波次数 m 之间的关系为

$$m=I\frac{N}{K}=Im_0\quad(I\ \text{为}\ 0\ \text{或正整数}, m_0=4)$$

则 $K=\dfrac{N}{m_0}=\dfrac{24}{4}=6$。

差分滤波器方程为

$$y(n)=x(n)-x(n-6)$$

传递函数为

$$H_1(z)=1-z^{-6}$$

(2) 选用积分滤波器消除3、6、9、12次谐波分量。积分滤波器的积分区间 K、N 和能够被滤除的谐波次数 m 之间的关系为

$$m=I\frac{N}{K+1}=Im_0,\quad \text{则}\ K=\frac{N}{m_0}-1=\frac{24}{3}-1=7$$

积分滤波器方程为

$$y(n)=\sum_{i=0}^{7}x(n-i)$$

对应传递函数为

$$H_2(z) = \sum_{i=0}^{7} z^{-i}$$

(3) 级联滤波器的传递函数为

$$H(z) = H_1(z)H_2(z) = (1-z^{-6})\sum_{i=0}^{7} z^{-i}$$

[例4] 已知采样频率 $f_S = 600\text{Hz}$，试分析由式 $u(n) = \dfrac{1}{3}[u_a(n) + u_b(n-4) + u_c(n+4)]$ 计算得到的 $u(n)$ 是正序分量还是负序分量？

解 由采样频率 $f_S = 600\text{Hz}$，每基频周期采样次数 $N = 12$。由 $u(n)$ 表达式可知 a、b、c 三相的采样间隔为 $4 \times \dfrac{\pi}{6} = \dfrac{2\pi}{3}$。

根据时差移相算法，$u_a(n)$ 对应的相量为 $\dot{U}_a$，$u_b(n-4)$ 对应的相量为 $\dot{U}_b e^{-j\frac{2\pi}{3}}$，$u_c(n+4)$ 对应的相量为 $\dot{U}_c e^{j\frac{2\pi}{3}} = \dot{U}_c e^{-j\frac{4\pi}{3}}$。

根据对称分量法 $\dot{U}_2 = \dfrac{1}{3}(\dot{U}_a + \dot{U}_b e^{-j\frac{2\pi}{3}} + \dot{U}_c e^{-j\frac{4\pi}{3}})$，故 $u(n)$ 是负序分量。

第三部分 习 题

一、填空题

1. 按照结构、形式和制造工艺，继电保护装置主要经历了_____、静态式保护装置和_____三个阶段。

2. 数字式保护装置硬件系统包括：模拟量输入接口部件、_____、_____、开关量输出接口部件、_____和_____等六部分构成。

3. 对于数字式保护装置外部引入的开关量，为防止干扰可使用_____器件实现电气隔离。

4. 模拟量输入接口部件主要由_____、_____、_____和_____构成。

5. 数字滤波器对输入信号响应速度的重要技术指标是_____和_____。

6. 输入到数字式保护装置中的电流互感器二次电流信号，可通过_____或_____变换为满足模数转换器输入范围要求的电压信号。

7. 根据采样定理，当被测信号的最高频率 $f_{\max}$ 与采样频率 f_S 的关系为_____时，将会出现频率混叠现象。

8. 数字式保护每工频周期采样 12 点时，它的采样周期 T_S 为_____ms，采样频率 f_S 为_____Hz。

9. 数字滤波器的滤波特性用_____来表示，包括_____特性和_____特性。

10. 已知欲滤除谐波次数为 m、数据窗长度为 K 和每周期采样点数为 N，对于积分滤波器，三者之间的关系可表示为_____。

11. 多通道数据采集系统由_____、多路转换器和_____组成。

12. 数字式保护装置中根据保护原理的不同而采用不同的启动元件，最常见的启动元件通常有反应测量量大小的_____和反应扰动前后变化量大小的_____。

13. 数字式保护装置的运行程序软件一般可分为_____和_____两个模块。

14. 评价数字式保护算法优劣的标准是_____和_____。

二、名词解释

1. 采样定理
2. 数字滤波器
3. 幅频特性
4. 离散化过程
5. 数据窗
6. 级联滤波器
7. 移相算法
8. 自检

三、问答题

1. 什么是数字式保护装置？数字式保护装置与模拟式保护装置相比有何优点？
2. 数字式保护装置与模拟式保护装置的主要区别是什么？
3. 数字式保护装置的硬件主要由哪几部分组成？分别有何功能？
4. 数字式保护装置的数字核心部件主要由哪些元器件构成，并说明各器件的作用？
5. 什么是数字信号采集系统？数字信号采集包括哪两个基本离散化过程？
6. 简述采样周期、采样频率及每基频周期采样点数的含义及其相互关系。
7. 简单说明采样定理的必要性，实际应用中如何选择采样频率？
8. 简述模数转换（A/D 转换）的基本原理，A/D 转换器有哪些主要技术指标？解释其含义。
9. 何谓数字式保护算法？包含哪些基本内容？
10. 什么是差分滤波器和积分滤波器？各有何用途？
11. 与模拟滤波器相比，数字滤波器具有哪些优点？
12. 为什么数字式保护中采用启动元件？对启动元件有哪些基本要求？
13. 数字式保护的距离元件按其实现方式主要可分为哪两类？其算法有何特点？
14. 数字式保护装置的软件系统是如何构成的？
15. 系统初始化有何作用？初始化包含哪些内容？

四、分析与计算题

1. 设采样频率 $f_S = 600 \text{Hz}$，设计一个差分滤波器，要求滤掉直流分量及 2、4、6

等偶次谐波，写出其差分方程表达式。

2. 设电压频率（U/f）转换器最高输出频率 $f_{max}=500\text{kHz}$，采样周期 $T_S=\dfrac{5}{3}\text{ms}$，若取数据窗长度 $W_d=4$，试问该转换器相当于几位 A/D 转换器？

3. 有一个滤波方程为 $y(n)=\sum\limits_{i=0}^{8}x(n-i)$ 积分滤波器，设每基频周期采样次数 $N=20$，试计算其响应时延及数据窗。

4. 已知一个三单元级联滤波器，各单元滤波器的滤波方程为 $y_1(n)=x(n)-x(n-2)$，$y_2(n)=x(n)-x(n-6)$，$y_3(n)=\sum\limits_{i=0}^{3}x(n-i)$。设每基频周期采样次数 $N=24$。试求该级联滤波器的幅频特性。

5. 已知采样频率 $f_S=600\text{Hz}$，试分析由式 $u'(n)=\dfrac{1}{3}[u_a(n)+u_b(n-8)+u_c(n-4)]$ 和 $u''(n)=\dfrac{1}{3}[u_{ba}(n+4)-u_{ca}(n+2)]$ 计算分别能得到正序分量还是负序分量？

参 考 答 案

一、填空题

1. 机电式保护装置、数字式保护装置
2. 数字核心部件、开关量输入接口部件、人机对话接口部件、外部通信接口部件
3. 光电耦合
4. 输入变换及电压形成回路、前置模拟低通滤波器、采样保持电路、模数转换电路
5. 时延、数据窗
6. 电流变换器、电抗变换器
7. $f_S<2f_{max}$
8. $\dfrac{5}{3}$、600
9. 频率响应特性、幅频、相频
10. $\dfrac{(K+1)m}{N}=P(P=1,2,3\cdots)$
11. 多路采样保持器、模数转换器
12. 稳态量启动元件、突变量启动元件
13. 主程序、中断服务程序
14. 计算速度、计算精度

二、名词解释

1. 采样定理：采样值能完整、正确和唯一地恢复输入连续信号的充分必要条件是采样频率 f_S 应大于输入信号的最高频率 f_{max} 的 2 倍，即 $f_S>2f_{max}$。

2. 数字滤波器：数字滤波器将输入的数字量进行某种运算，去除信号中的无用成

第九章 数字式继电保护技术基础

分，以达到滤波的目的。

3. 幅频特性：幅频特性反映经过数字滤波器后，输入和输出信号的幅值随频率的变化情况。数字滤波器的滤波特性用频率响应特性来表示，包括幅频特性和相频特性。

4. 离散化过程：通过数字信号采集系统将连续的模拟信号转换为离散的数字信号，这个过程称为离散化过程。

5. 数据窗：数字滤波器产生一个输出数据所需要等待的输入数据的个数来表示时延，称为数据窗，可表示为 $W_d = K+1$。

6. 级联滤波器：级联滤波器是将前一个滤波器的输出作为后一个滤波器的输入，如此依次相连，而构成的一个新的滤波器。

7. 移相算法：数字式保护在求取电气量特征参数时，常常要求将复相量旋转一个相位角，并保持其幅值不变，这种算法称为移相算法。

8. 自检：数字式保护装置软件对自身硬软件系统工作状态正确性和主要元器件完好性进行自动检查的简称。

三、问答题

1. 答：数字式保护装置是指基于可编程数字电路技术和实时数字信号处理技术实现的电力系统继电保护装置。在数字式保护装置中，各种类型的输入信号首先将被转换为数字信号，然后通过对这些数字信号的运算处理来实现继电保护功能。

与模拟式保护装置相比，数字式保护装置不仅能够实现其他类型保护装置难以实现的复杂保护原理，提高继电保护的性能，而且能提供诸如简化调试及整定、自身工作状态监视、事故记录及分析等高级辅助功能，还可以完成电力自动化要求的各种智能化测量、控制、通信及管理等任务，同时也具有优良的性价比。

2. 答：模拟式保护装置完全依赖硬件电路来实现保护原理和功能，通过模拟电路对输入模拟电量或者模拟信号进行运算处理。而数字式保护装置则需要硬件和软件的配合才能实现保护原理和功能，数字式保护装置与模拟式保护装置的本质区别在于它是建立在数字技术基础上的，各种类型的输入信号首先将被转换为数字信号，然后通过对这些数字信号的处理和计算来实现继电保护功能。

3. 答：数字式保护装置的硬件系统由数字核心部件、模拟量输入接口部件、开关量输入接口部件、开关量输出接口部件、人机对话接口部件和外部通信接口部件六部分组成。各部分的功能：

（1）数字核心部件：继电保护程序在数字核心部件内运行，完成数字信号计算处理任务，指挥各种外围接口部件运转，从而实现继电保护的原理和各项功能。

（2）模拟量输入接口部件：进行模拟量的调制与数据采集，将来自电压互感器、电流互感器的模拟电压和电流信号正确地转换为离散化的数字量。在多路转换的情况下，应保持不同通道之间在转换时间上的同时性和同性质的通道之间转换比例的一致性，不失真地转换输入信号。

（3）开关量输入接口部件：为开关量提供输入通道，将开关状态转换为0、1的数字量，并在数字式保护装置内、外部之间实现电气隔离，以保证内部弱电电子电路的安全和减少外部干扰。

(4) 开关量输出接口部件：将数字命令转换为开关操作命令，驱动继电器的开、合，并在数字式保护装置内、外部之间实现电气隔离，以保证内部弱电电子电路的安全和减少外部干扰。

(5) 人机对话接口部件：包括键盘、显示器等，建立起数字式保护装置与使用者之间的信息联系，以便对保护装置进行人工操作、调试和得到反馈信息。

(6) 外部通信接口部件：提供与计算机通信网络以及远程通信网的信息通道。

4. 答：数字式保护装置的数字核心部件主要由中央处理器（CPU）、存储器、定时器/计数器及控制电路等部分组成。

(1) CPU：数字核心部件以及整个数字式保护装置的指挥中枢，计算机程序的运行依赖于 CPU 来实现。主要技术指标包括字长、指令的丰富性、运行速度等。

(2) 存储器：用来保存程序和数据，其存储容量和访问速度会影响整个数字式保护装置的性能。

(3) 定时器/计数器：为延时动作的保护提供精确计时，提供定时采样触发信号，形成中断控制。

(4) 控制电路：保证整个数字电路有效连接和协调工作。

5. 答：继电保护的基本输入量是模拟性质的信号。一次系统的模拟信号可分为交流电量（包括交流电压和交流电流）、直流电量（包括直流电压和直流电流）以及各种非电量。将这些输入量转换为数字信号所使用的电路和器件称为数字信号采集系统。输入量经过各种传感器（如电压互感器 TV 或电流互感器 TA 等）转换为适合模数转换器转换的电信号，再将模拟电信号正确地转换为离散化的数字量，这个过程就是数据采集。模拟量输入接口部件也称为模拟量数据采集部件或数据采集系统，简称为 AI 接口。

离散化过程包括两个子过程，第一步为时间采样过程，通过采样保持器对不同时刻的模拟量进行离散化；第二步为模数转换过程，通过模数变换器对采样信号幅度进行离散化。

6. 答：相邻采样值之间的间隔时间称为采样周期 T_S。采样周期 T_S 的倒数称为采样频率，记为 f_S，采样频率反映了采样速度。采样频率 f_S 相对于基波频率 f_1 的倍数来表示采样频率，称为每基频周期采样点数，记为 N。

其相互关系为：设基频频率为 f_1、基频周期为 T_1，则有 $N = \dfrac{f_S}{f_1} = \dfrac{T_1}{T_S}$。

7. 答：为了保证采样值能完整、正确和唯一地恢复输入连续信号，要求采样频率 f_S 应大于输入信号的最高频率 f_{max} 的 2 倍，即 $f_S > 2f_{max}$。当 $f_S < 2f_{max}$ 时，将会产生叠频现象，由采样值观察，会将高频信号误认为低频信号；当 $f_S = 2f_{max}$ 时，由采样值无法唯一地确定输入信号。

实际应用中，选择采样率还需考虑：

(1) 电力系统的故障信号中可能包括很高的频率成分，目前的保护大多依据基波分量的特征判别区内、外故障，高次谐波需要滤除，可以对输入信号先进行模拟低通滤波，降低其最高频率，从而可选取较低的采样频率。

(2) 实用采样频率通常按保护原理所用信号频率的 4～10 倍来选择。

8. 答：模数转换基本原理简单地说是用一个微小的标准单位电压（即 A/D 的分辨率）来度量一个无限精度的待测量的电压值（即瞬时采用值），从而得到它所对应的一个有限精度的数字值（即待测量的电压值可以被标准单位电压分为多少份）。

A/D 转换器的技术指标包括分辨率、精度和变换速度。

(1) 分辨率是反映 A/D 对输入电压信号微小变化的区分能力的一种度量。A/D 转换器的分辨率 $r_{A/D}$ 可表示为 A/D 转换器额定满量程电压 $U_{A/D,n}$ 与 A/D 转换器最大可输出数字量对应的二进制位数 $B_{A/D}$ 的比值。由于 A/D 转换器的分辨率与其输出数据的位数直接相关，通常又用 A/D 转换器的二进制位数 $B_{A/D}$ 来表示。在数字式保护装置中多使用 12 位、14 位或 16 位分辨率的 A/D 转换器。

(2) A/D 转换器的精度是指 A/D 转换器的结果与实际输入的接近程度，也就是准确度，或者说 A/D 转换器的精度反映转换误差。

(3) A/D 转换器的速度通常用完成一次 A/D 转换的时间（或转换时延）来表示，记为 $\Delta T_{A/D}$。目前数字保护装置中常用 A/D 转换器的转换时延仅为数微秒。

9. 答：数字式保护算法是从数字滤波器的输出采样序列或直接从输入采样序列中求取电气信号的特征参数，进而实现保护动作判据或动作方程。可分为两大类：

(1) 特征量算法，用来计算保护所需的各种电气量的特征参数，如交流电流和电压的幅值及相位、功率、阻抗、序分量等。

(2) 保护动作判据或动作方程的算法，与具体的保护功能密切相关，并需要利用特征量算法的结果。

最后还需要完成各种逻辑处理及时序配合的计算和处理，最终实现故障判定。

10. 答：(1) 差分滤波器的滤波方程为 $y(n)=x(n)-x(n-K)$，K 表示差分步长。通过合理选择工频周期的采样点数 N 和差分步长 K，可以控制滤波器的滤波特性。

差分滤波器主要用途为：①消除直流和某些谐波分量的影响；②抑制故障信号中的衰减直流分量的影响。

(2) 积分滤波器的滤波方程为 $y(n)=\sum_{i=0}^{K}x(n-i)$，$K$ 表示积分区间。

积分滤波器能够滤除周期为 KT_S 或周期的整倍数为 KT_S 的谐波分量，并对高频分量有一定的抑制作用，且频率越高抑制作用越强。

11. 答：与模拟滤波器相比，数字滤波器具有以下优点：

(1) 特性一致。

(2) 不存在由于温度变化、元件老化等因素对滤波器特性影响的问题。

(3) 不存在阻抗匹配的问题。

(4) 灵活性好。

(5) 精度高。

(6) 可以抑制数据采集系统引入的各种噪声。

12. 答：为了提高数字式保护动作的可靠性，系统无扰动正常运行时继电保护的动作方程是不被计算的，并且跳闸出口继电器的电源是断开的，只有当系统中有大扰动发生时，数字式保护中的启动元件启动后，保护才可能跳闸。为了保证保护跳闸的快速性，通常采用位于采样中断服务程序的启动元件来快速地探测系统是否有大扰动发生，待判定系统存在故障扰动之后才进入故障处理程序模块，由它来完成复杂的故障处理算法、形成保护动作特性、时序逻辑处理等保护功能，最终对是否区内故障作出判断和处理。

对启动元件及其算法的主要要求是在正常负荷状态和非故障的干扰下不要启动，但在保护安装处远后备保护范围内发生故障时具有较高的启动灵敏度和足够的响应速度。

13. 答：数字保护的距离元件按其实现方法主要可分为两类：动作方程式和测量阻抗式。

动作方程式距离元件的特点是它不需要计算测量阻抗的值，而是基于由工作电压和参考电压的比相式动作判据以及与之对应的比幅式动作判据构成的。

测量阻抗式距离元件的特点是先根据故障类型和故障相别计算出测量阻抗，然后根据阻抗平面上动作区域构成判据及算法。

14. 答：数字式保护装置的软件系统通常可分为监控程序和运行程序两部分。

（1）监控程序包括人机对话接口命令处理程序及为插件调试、定值整定、报告显示等所配置的程序。

（2）运行程序是指数字式保护装置在运行状态下所需执行的程序，一般可分为主程序和中断服务程序两个模块。主程序包括初始化、全面自检、开放及等待中断等程序；中断服务程序通常有采用中断、串行口中断等，前者包括数据采集与处理、保护启动判定等，后者完成保护 CPU 与保护管理 CPU 之间的数据传送。采样中断服务程序中包含故障处理程序子模块，它在保护启动后才投入，用以进行保护特性计算、判定故障性质等。

15. 答：系统初始化的作用是使得整个硬件系统处于正常工作状态。保护装置在合上电源或硬件复位后，即执行系统初始化。

系统初始化又可细分为低级初始化和高级初始化，低级初始化任务通常包括与各存储器相应的可用地址空间的设定、输入或输出口的定义、定时器功能的设定、中断控制器的设定以及安全机制等其他功能的设定；高级初始化是指与保护装置各项功能直接有关的初始化，如地址空间的分配、各数据缓冲区的定义、各个控制标志的初设、整定值的换算与加载、各输入输出口的置位或复位等。

四、分析与计算题

1. 答：差分方程表达式为 $y(n)=x(n)-x(n-6)$。
2. 答：11 位 A/D 转换器。
3. 答：响应时延 $\tau=8\text{ms}$，数据窗 $W_d=9$。
4. 答：1) $y_1(n)=x(n)-x(n-2)$ 的幅频特性 $|H_1(\omega)|=\left|2\sin\dfrac{f\pi}{600}\right|$；

2) $y_2(n)=x(n)-x(n-6)$ 的幅频特性 $|H_2(\omega)|=\left|2\sin\dfrac{f\pi}{200}\right|$；

3) $y_3(n)=\sum\limits_{i=0}^{3}x(n-i)$ 的幅频特性 $|H_3(\omega)|=\left|\dfrac{\sin\dfrac{f\pi}{300}}{\sin\dfrac{f\pi}{1200}}\right|$；

4) 级联滤波器的幅频特性 $|H(\omega)|=\prod\limits_{i=1}^{M}|H_i(\omega)|=\left|2\sin\dfrac{f\pi}{600}\right|\left|2\sin\dfrac{f\pi}{200}\right|\left|\dfrac{\sin\dfrac{f\pi}{300}}{\sin\dfrac{f\pi}{1200}}\right|$。

5. 答：$u'(n)$ 是正序分量，$u''(n)$ 是负序分量。

第十章

输电线路继电保护新技术概述

由于我国煤炭、水力和风能等资源主要分布在西部、北部和西南地区，而用电负荷集中在东部和南部沿海地区，能源与负荷间隔达上千米，因此需要采取远距离、交直流混合、超/特高压的输电方式实现能源资源的优化配置。电网建设中，华北、华中、华东、东北和南方电网已形成 1000/550/220/110/66/35/10/0.38kV 交流电压等级序列，西北电网形成 750/330（220)/110/35/10/0.38kV 交流电压等级序列。1990 年之前，我国各地区主网架为 220kV，2000 年之后，除西北等电网外，各省主网架基本为 500kV，同时交直流 500kV 线路成为跨省跨区输电的重要线路。随着 750、1000kV 输变电工程以及 ±800、±1000kV 直流输电工程的建设，跨区联网逐步加强，特高压交直流线路将承担起更大范围、更大规模的输电任务。到 2020 年我国直流输电工程达 50 项，包括 30 多项特高压工程，直流输电迅速发展，直流输电的容量规模已与交流输电持平，电网交直流耦合程度愈加复杂。从发输变电规模、联网紧密程度和系统稳定特性等多方面评价，我国电网已发展成为世界上规模最大、结构最复杂、控制难度最大的电网。在电网发展的同时，继电保护技术整体水平也不断提升，主网设备基本实现微机化、光纤化、国产化，继电保护正确动作率和故障快速切除率持续保持高水平，为电网安全运行夯实了基础。但在"双碳"目标下，随着能源转型的加速推进，高比例可再生能源装机激增，高比例电力电子装置的广泛应用，"双高"电力系统故障特性发生明显变化，传统继电保护技术的快速性、准确性面临新的挑战。超高压交流保护、高比例分布式电源接入配电网保护、智能电网保护新技术、直流输电保护技术等迅速发展，不断涌现出适用于当前电网特性的继电保护新原理新技术。

一、超高压交流输电线路保护的相关问题

1. 超高压输电线路的特点

（1）分布电容大。超高压输电线路一般采用分裂导线，分布电容大，500kV 线路的正序分布电容约为 $0.013\mu F/km$。分布电容给继电保护和综合自动重合闸带来了十分不利的影响。

1) 在正常运行中，安装于线路两端的继电保护，测量电流等于负荷电流与电容电流的相量和，这样就不可避免地会产生相位差，导致比较两侧电流相位的保护工作不正确。

2) 线路外部故障时，电容电流不仅使得两侧故障分量的相位改变，而且幅值也发生变化，有可能使方向保护和相位比较式保护不正确动作。

3) 线路轻载或空载运行时，分布电容大，引起线路末端过电压。如不并联电抗器

或安装同步调相机,线路将不能运行。

4)线路发生故障时,分布电容储存的电能沿线路放电,产生高次谐波。高次谐波的存在,影响了快速保护的工作。

5)分布电容大,会使切除故障相后的非全相运行过程中潜供电流增大,从而影响故障点的灭弧时间,导致单相重合闸时间过长,成功率降低。

(2) 电感与电阻的比值大。超高压输电线路,导线截面加大,电阻下降,电感与电阻的比值 L/R 比一般线路大。L/R 比值大,使得暂态过程延长,可能导致某些保护不正确工作。

(3) 负荷重。超高压远距离输电线路,一般都传送重负荷,正常时就工作在稳定极限附近,线路输送功率大,一旦遇到扰动,容易发生系统振荡。

(4) 串联补偿电容。为了提高系统稳定和输送容量,超高压输电线路常串联补偿电容,这是提高系统稳定和输送容量的有效措施,但也给继电保护带来了一系列困难。串联补偿电容改变了线路阻抗按长度增减的比例关系,导致本线路或相邻线路的阻抗元件、方向元件不能正确工作。系统发生振荡时,串联补偿电容器可能不对称击穿,相当于纵向不对称故障,故在振荡电流中附加了各序故障分量,也可能使某些保护不正确工作。另外,在串联补偿电容线路中,其等效电路由电阻、电感和电容元件组成,当线路故障时,故障电流中除含有稳态基波分量外,还有一个低频衰减分量。低频分量的存在,一方面使串联补偿电容的容抗增大,产生很高的过电压;另一方面可能产生次同步振荡,导致发电机大轴损坏。

(5) 并联电抗器。超高压线路两端装设并联电抗器,主要用于补偿线路分布电容、限制过电压、减小单相重合闸过程中的潜供电流。它对平衡轻负荷时的线路无功功率和并网时控制两侧电压差都是有利的。并联电抗器可接于母线上,也可接于线路侧,并配置了自己的保护。当并联电抗器接于线路侧时,线路故障切除后,分布电容和电抗器都将产生持续数秒的振荡衰减放电电流,影响本线路保护和重合闸工作,并对相邻线路产生干扰。

(6) 线路不换位。由于经济和技术的原因,部分超高压线路不换位,导致三相参数不对称。线路正常运行时就有较大的负序或零序电流,某些保护有时会处于启动和不正确的工作状态。特别是在平行线路上,若有的线路换位,有的不换位并装有串联补偿电容时,因其抵消了线路的大部分电抗后,不对称度更加严重。

(7) 电流互感器严重饱和。超高压线路短路电流水平高,暂态电流中的直流分量和附加直流分量衰减很慢,导致电流互感器严重饱和,传变能力变坏。二次电流的相位和幅值误差增大,使反应短路电流幅值和相位的保护都受到影响。

(8) 多采用电容式电压互感器。在超高压线路上,由于经济方面的原因,一般采用电容式电压互感器。与电磁式电压互感器相比,电容式电压互感器受暂态过程影响大,不能迅速准确地反应一次电压的变化。当线路故障一次电压下降到零时,二次电压需经过 20ms 左右的时间才下降到额定电压的 10%。电容式电压互感器受暂态过程影响大,误差不可忽视,对直接反应电压量的快速保护的正确动作必然产生影响。

(9) 采用同杆双回线路。同杆双回线路故障的主要特点是有跨线故障,在发生跨线故障时若将两回线路切除，对系统的安全稳定运行将构成严重威胁。理想的对策是在故障时仅切除故障相，实行按相重合闸。若仅切除故障相，则还可以经由健全的三相传输。甚至主张如果是永久性故障，可以准三相运行。虽然要做到这些也是可能的，但这将使线路继电保护和重合闸复杂化。同杆双回线路的跨线故障以及互感和线路参数不平衡会对保护造成影响。其中，横联保护在同杆双回线路跨线故障时存在诸多问题，导致不宜采用横联保护作为同杆双回线路的主保护；而单回线路上的距离保护及距离纵联保护在同杆双回线路跨线故障时则存在选相困难的问题。

2. 超高压线路继电保护的配置原则

超高压线路的继电保护必须具有可靠性、选择性、快速性和灵敏性，而且比一般线路要求更高。因为超高压线路传输功率大，继电保护不正确工作，将造成巨大损失，影响范围很大，后果非常严重。所以，对继电保护最基本的要求，应保证正常运行时不误动，故障时不拒动。为了防止继电保护误动作，保护装置本身应选择可靠的工作原理、使用精良的工艺技术、采取有效的抗干扰措施等，还可以在保护装置内部或外部增加必要的监视和闭锁措施。为了防止保护装置拒绝动作，应采用"双重化"配置原则。一条线路除配置两套不同原理的主保护外，还应配置比较完善的后备保护。

其中，主保护配置采用比较线路两侧电气量的各种纵联保护，且要求是两套完全独立的主保护，要求从输入回路到出口回路彼此之间没有任何联系，各自都有独立的电流互感器、电压互感器和直流电源，以及独立的出口回路和独立的选相元件。这样，两套保护并联运行，才能充分发挥两种不同原理保护的作用，收到互相弥补的效果，提高切除故障的可靠性。这种配置方式，还便于一套保护退出运行，而不影响另一套保护的工作。并且主保护一般要求切除故障的时间限定在 $0.04\sim0.06$ s，扣除断路器跳闸时间和灭弧时间后，继电保护整组动作时间约在 0.03 s 以内。

后备保护则按故障类型配置。相间短路后备保护，通常采用二段式或三段式距离保护。接地短路后备保护，通常采用三段式距离保护，也可以采用三段式或四段式零序方向电流保护，有时为了加强接地短路保护，采用两种接地保护同时配置的方案。并且超高压线路后备保护，阶梯时间差要尽可能地由 0.5 s 降低到 0.2 s，以提高后备保护的响应速度。对于距离保护的振荡闭锁装置，当振荡周期在 $0.15\sim1.0$ s 时应能可靠工作。另外，还需要配置断路器失灵保护等。

3. 超高压输电线路保护新原理

随着电力系统规模的扩大，电网电压等级的提高，传统的保护方式（如电流方向保护、距离保护、序分量保护和传统的纵联差动保护等）已不能满足系统稳定性和电气设备安全性对快速切除故障的要求。进一步发掘、识别、处理和利用故障信息是一切保护技术发展的基础，超高压输电线路保护新原理的发展同样需要依据这一原则。当前，继电保护领域中以微处理机为基础的数字式继电器的广泛应用，使得曾认为是不可能的故障检测技术变得可行，在超高压输电线路中，利用故障后的故障分量构成的工频故障分量保护、行波保护、暂态保护等保护新原理得以发展和应用。

(1) 工频故障分量保护。在一般情况下，如果不考虑系统中饱和等因素的影响，电力系统可以作为一个线性系统来研究。对于突发性故障，根据叠加原理，故障后的系统可以认为是由故障前状态和故障分量叠加而成，故障分量中含有大量的故障信息，可以用来快速检测故障。其中，故障分量中的工频成分称为工频故障分量（工频变化量）。

利用工频故障分量实现保护判据具有许多突出的优点，例如故障后工频故障分量电流、电压不受系统电动势及负荷和过渡电阻的影响；工频故障分量继电器检测的是故障分量中的工频量，因而对电量变换器、采样频率等没有特殊要求；保护整定计算简便，易于运行人员掌握，故而取得了良好的运行效果。现在，由反应工频故障分量构成的许多保护在电力系统中已经成功运行了多年，如方向保护、距离保护、相量差动保护以及故障测距装置等；在主设备的主保护中，工频故障分量保护也有许多应用，如故障分量的差动保护，故障分量负序方向保护等。

（2）行波保护。行波保护是利用故障附加分量并基于波阻抗概念的一种保护。从20世纪70年代末开始，许多国家开始了对行波保护的研究，并有多种产品问世，包括行波差动保护原理、行波判别式方向保护原理、行波距离保护原理、行波极性比较式保护原理等。因为波阻抗具有电阻性量纲，所以行波电流与电压有同极性或反极性的关系，因而可以用于故障方向判别等方面。但是，行波是一种暂态过程，仅在系统扰动时产生，随着时间的推移有衰减与反射，因此行波电流、电压的同、反极性关系只在暂态初瞬间能正确反应故障方向，所以行波保护对保护采样的要求较高。

经过一段时间的实际运行，证明行波保护具有响应速度快、方向性好、不受系统振荡及 TA 饱和的影响等优点，但同时也暴露出许多不足之处，如缺乏故障选相分类功能、对系统参数敏感、易受高次谐波影响等，因此很长时间以来，并未得到广泛应用。近年来，随着计算机硬件水平的提高以及相关技术如 GPS 等的发展，许多学者又开始尝试行波在保护和故障定位等方面的应用，并在故障定位中取得较大突破。

（3）暂态保护。暂态保护是基于检测故障所产生的高频暂态量的输电线路及电气设备保护。它通过特殊设计的高频检测装置及算法从故障暂态中提取所需的高频信号，利用专门的快速信号处理算法来判断故障。该保护已在故障测距、线路的无通信保护和自动重合闸等方面尝试应用。

故障后的暂态信号中含有大量信息，如故障的类型、方向、位置、持续时间等，其频带范围包括从直流、工频到高频的整个频域。这些信息的有效提取与利用是当前研究新原理继电保护的重要方向之一。其中行波保护是暂态量保护的一种，但行波保护只利用了行波初始波头及后续两三个反射波所包含的故障信息而未完全使用故障产生的暂态量。随着小波变换等数学工具的发展以及 DSP 技术、快速信号采集器、GPS 技术等的应用，对故障时产生的高频电压和电流信号进行进一步的检测和处理成为可能。基于暂态量的保护已不仅局限于在行波保护，已出现了多种利用暂态量的保护方案，如利用高频暂态量的频率、时间等信息进行保护判断。根据是否使用通信手段，基于暂态量的输电线路保护可分为有通信保护和无通信保护。

目前暂态保护的应用仍然十分有限，其关键就在于对电力系统故障暂态中的高频成分的研究及其特性的认识还很不够。小波变换具有良好的时频域分辨特性、滤波特性和信号奇异度检测能力，利用小波变换对故障时的高频暂态信号进行分析不但可以检测到高频信号的发生，还可以检测到其发生的时间以及信号奇异度的信息，为高频暂态信号的特征提取提供了有力的帮助。随着小波变换、人工智能等新的数学分析工具在暂态保护中的应用，暂态保护将有很大的发展前景。

二、高压直流输电系统保护的相关问题

高压直流输电在远距离大容量输电、海底电缆输电和不同频率联网方面显示了其独特的优势，利用直流输电异步联网既可以取得联网收益，又能避免传统的交流输电方式下如低频振荡、大面积停电、短路电流水平超限等大电网存在的问题，还可以改善原交流电网的运行性能。

1. 高压直流输电发展情况

高压直流输电技术自20世纪50年代兴起后已经历了50多年的发展，成为一项日趋成熟的技术。1987年，我国自行研制建设的浙江舟山直流输电试验工程投入运行。近30多年来，我国高压直流输电从无到有，经历了一个快速发展阶段。葛洲坝—南桥、天生桥—广州、三峡—常州、三峡—广东、贵州—广东等±500kV的直流输电工程，以及云南—广东±800kV特高压直流输电工程、新疆昌吉—安徽古泉±1100kV特高压直流输电工程相继投入运行，表明中国已经成为世界上直流输电工程应用领先国家。其中，新疆昌吉—安徽古泉±1100kV特高压直流输电工程输电距离达3324km，输电容量达1200万kW，每年可向华东地区输送电量660亿kWh。这一工程完全由我国自主建设，是世界上目前电压等级最高、输送容量最大、输电距离最远、技术水平最先进的特高压输电线路。随着电力电子技术、计算机技术和控制理论的迅速发展，高压直流输电的建设费用和运行能耗也不断下降，可靠性逐步提高，越来越显示出其优越性。高压直流输电技术在远距离大容量输电、海底电缆输电、两个交流系统的互联、大城市地下输电、减小短路容量等方面都得到了广泛的应用。

2. 高压直流输电系统的基本原理

高压直流输电是通过交流—直流—交流的电能转换，实现将发电厂发出的交流电输送到用电单元所需要的交流电的一种输电方式。即在送电端需将交流电转换为直流电（整流），经过直流输电线路将电能传送到受电端；在受电端，又必须将直流电变换为交流电（即逆变），然后才能送到受电端的交流系统中去。高压直流输电主要应用于远距离大功率输电和非同步交流系统的联网，具有线路投资少、调节快速、运行可靠、不存在系统稳定问题等优点。

3. 高压直流输电系统运行方式

高压直流输电系统运行方式包括单极大地回线方式、单极双导线并联大地回线方式、单极金属回线方式、双极两端中性点接地方式、双极一端中性点接地方式、双极金属中线方式，如图10-1所示。

4. 高压直流输电系统的主要元件及构成

换流装置（或称为换流器）是高压直流输电系统最重要的电气一次设备。除此之外，为了满足交、直流系统对安全稳定及电能质量的要求，高压直流输电系统还需要装设其他重要设备，如：谐波滤波器、平波电抗器、无功补偿装置、直流输电线路、直流接地极和交直流开关设备等。

（1）换流器。高压直流输电系统中进行整流和逆变的场所分别被称为整流站和逆变

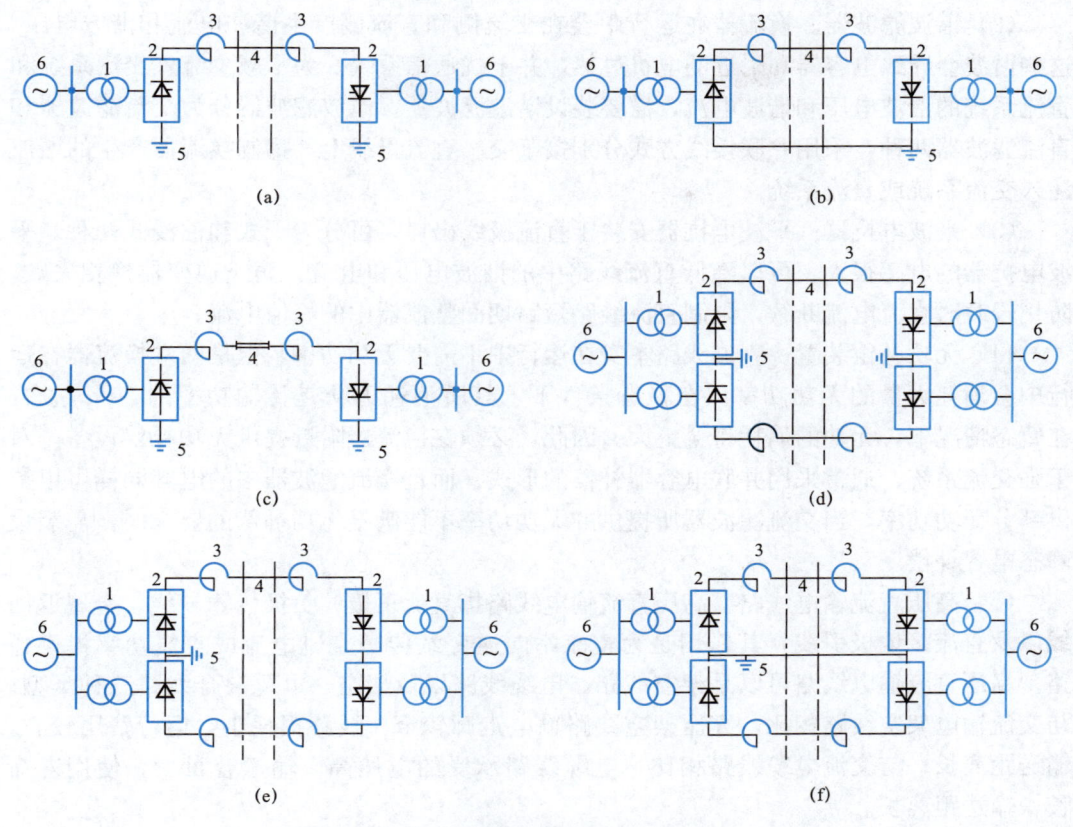

图 10-1　直流输电系统运行方式

(a) 单极大地回线方式；(b) 单极双导线并联大地回线方式；(c) 单极金属回线方式；
(d) 双极两端中性点接地方式；(e) 双极一端中性点接地方式；(f) 双极金属中线方式
1—换流变压器；2—换流器；3—平波电抗器；4—直流输电线路；
5—直流接地极；6—交流系统

站，统称为换流站；实现的装置分别称为整流器和逆变器，统称为换流器。换流器的功能是实现交流—直流和直流—交流的变换，它是直流输电系统的关键设备。换流器的主要元件是阀桥和换流变压器。

1) 阀桥：阀桥包含 6 脉波或 12 脉波的高压阀，它们依次将三相交流电压连接到直流端，实现相应的变换。换流阀通常由多个晶闸管串联而成。阀具有从阳极到阴极的单向导电性。为了使阀导通，需要在阀的阳极和阴极之间加正向电压，并且在门极加上足够的负电压（汞弧阀）或者在门极上加正电压（晶闸管）触发导通。

2) 换流变压器：换流变压器是高压直流输电系统中的最重要设备之一，它不仅参与换流器交流电与直流电的相互转换，向阀桥提供适当等级的不接地三相电压源，而且还承担着改变交流电压数值、抑制直流短路电流，削弱交流系统入侵直流系统的过电压，减少换流器注入交流系统的谐波，实现交、直流系统的电气隔离等作用。换流变压器容量大、设备复杂、投资昂贵，其可靠性、可用率以及投资对整个直流输电系统起着关键性的影响。

（2）谐波滤波器。换流器在运行中会在交流侧和直流侧产生谐波电流和谐波电压，这些谐波会导致电容器和附近的电机过热，并干扰通信系统。为了减少流入交流系统和直流系统的谐波电压和谐波电流，需要装设谐波滤波器。谐波滤波器分为交流滤波器和直流滤波器两种，采用并联接线方式分别接于交、直流母线上，抑制换流器产生的谐波注入交流系统或直流系统。

（3）平波电抗器。平波电抗器安装于直流极线出口，可分为干式和油浸式两种。平波电抗器的电感很大，可以降低直流线路中的谐波电压和电流，防止逆变器换相失败，防止轻载时直流电流断续，限制直流线路短路期间整流器中的峰值电流。

（4）无功补偿装置。直流线路本身在运行中不需要无功功率，但是两端换流器在运行中会消耗大量的无功功率。在稳态条件下，其所消耗无功是传输功率的50%左右，在暂态情况下，无功的消耗将会更大。因此，必须在换流器附近提供无功补偿设备。对于强交流系统，通常采用并联电容器补偿的形式。而且交流滤波器中的电容同样可以提供部分无功功率，当交流滤波器所提供的无功功率不能满足无功补偿的要求时，需装设静态电容补偿。

（5）高压直流输电线路。高压直流输电线路指直流正极、负极传输导线、金属返回线以及直流接地极引线，其作用是为整流站向逆变站传送直流电流或直流功率提供通路。高压直流输电线路可以是架空线路、电缆线路以及架空—电缆混合线路三种类型。与交流输电架空线路相比，高压架空线路输电走廊较窄，线路损耗小，运行费用较省，输送距离长；与交流电缆线路相比，电缆线路承受的电压高，输送容量大，使用寿命长，输送距离长。

（6）直流接地极。针对不同的直流输电工程或同一工程的不同运行方式，直流接地极的作用有所不同。其中，单极大地回线方式、单极双导线并联大地回线方式、双极两端中性点接地方式的接线方式中，直流接地极的作用是钳制中性点电位和为直流电流提供返回通路；而单极金属回线方式、双极一端中性点接地方式、双极金属中线方式中，接地极的作用是钳制中性点电位。

5. 高压直流输电系统故障类型

高压直流输电系统主要故障类型按照发生故障的设备区域分为换流器故障、直流开关场设备故障、接地极故障、换流站交流设备故障、直流线路故障等。

（1）换流器故障类型。

1）换流器阀短路故障：阀短路是换流器阀内部或外部绝缘损坏或被短接造成的故障，这是换流器最严重的一种故障。整流器的阀在阻断状态时大部分时间承受反向电压，当经历反向电压峰值大幅度跃变或阀内冷水系统故障等造成绝缘损坏时，将会造成阀短路；逆变器的阀在阻断状态大部分时间承受着正向电压，当电压过高或电压上升率过大时易造成绝缘损坏导致阀短路。

2）换相失败：由于换流器阀导通后在承受反向电压一定时间的前提下才能顺利实现关断，如果在承受反向电压的时间内，阀未能恢复阻断能力，或换相过程一直未能完成，当加在该阀上的电压为正时，立即重新导通，则发生了倒换相，使预计开通的阀重新关断，造成换相失败。由于整流器大多时间内承受反向电压不易造成换相失败，但是逆变器大多时间内承受正向电压容易造成换相失败。如逆变器换流阀短路、丢失触发脉冲、交流系统故障等均会引起换相失败。

3) 控制系统故障导致阀误开通、阀不开通故障。由于直流控制系统故障导致触发脉冲异常，造成换流器工作异常，出现阀误开通或阀不开通故障。

(2) 直流开关场设备故障。直流开关场设备故障主要包括高压直流极母线故障、中性母线故障、直流滤波器故障、直流接线方式转换开关故障及平波电抗器本体故障等。

(3) 接地极故障。接地极故障主要包括接地极母线故障、接地极线路故障、站内接地网故障等。

(4) 换流站交流设备故障。换流站交流设备包括换流变压器、交流开关场设备、交流母线、交流滤波器、交流出线、交流馈线等。不同交流设备的故障特征均有所不同，其保护配置与交流系统中对应的设备保护配置相同。不过在此保护配置基础上增加了保护与直流系统控制保护的配合。

(5) 高压直流线路故障。由于高压直流线路均较长，一般都在 800km 以上，在此线路上任意一点发生故障都会导致高压直流系统故障，故高压直流线路故障在高压直流系统故障中出现的几率是最大的。在高压直流线路对地短路的瞬间，一般从整流侧检测到直流电压下降和直流电流上升，从逆变侧检测到直流电压和直流电流均下降。

架空线路发生故障时，从故障电流的特征而论，短路故障的过程可以分为行波、暂态和稳态三个阶段。与交流输电线路故障时的波过程相似，直流输电线故障后，沿线路的电场和磁场所储存的能量相互转化形成故障电流行波和相应的电压行波。其中电流行波幅值取决于线路波阻抗和故障前瞬间故障点的直流电压值。线路对地故障点弧道电流为两侧流向故障点的行波电流之和，此电流在行波第一次反射或折射之前，不受两端换流站控制系统的控制。经过初始行波地来回反射和折射后，故障电流转入暂态阶段，高压直流线路故障电流主要分量有：带有脉动而且幅值有变化的直流分量（强迫分量）和由直流主回路参数所决定的暂态振荡分量（自由分量）。在此阶段，控制系统中定电流控制开始起到较显著的作用，整流侧和逆变侧分别调节使滞后触发角增大，抑制了线路两端流向故障点的电流。最终，故障电流进入稳态，整流侧和逆变侧提供的故障电流稳态值被控制到等于各自定电流控制的整定值，两侧流入故障点的电流方向相反，故障点电流为两者之差。

6. 高压直流系统保护的配置

高压直流系统保护采取分区配置，保护范围及功能如下：

(1) 换流器保护区包括换流器及其连线等辅助设备。配置有：①电流差动保护组，包括阀短路保护、换相失败保护、换流器差动保护；②过电流保护组，包括直流侧过电流保护、交流侧过电流保护；③触发保护组，即阀触发异常保护；④电压保护组，包括电压应力保护、直流过电压保护；⑤阀检测组，包括晶闸管监测、大触发角监视等。

(2) 直流极线及中性母线保护区包括平波电抗器和直流滤波器、单极中性母线和双极中性母线，及其相关的设备和连线。配置有：①直流极线电流差动保护组，包括直流极母线差动保护、直流中性母线差动保护、直流极差动保护；②直流滤波器保护组，包括直流滤波电抗器过载保护、直流滤波电容器不平衡保护、直流滤波器差动保护；③平波电抗器保护组，其中，干式平波电抗器的故障由高压直流系统保护兼顾；油浸式平波电抗器除了高压直流系统保护外，还有非电量保护继电器，主要有瓦斯保护、油泵和风扇电机保护，油位监测，气体监测，油温检测，压力释放，油流指示，绕组温度等。

（3）接地极引线和接地极保护区的配置有：①双极中性线保护组，包括双极中性母线差动保护、站内接地过电流保护；②转换开关保护组，包括中性母线断路器保护、中性母线接地开关保护、大地回线转换开关保护、金属回线转换断路器保护；③金属回线保护组，包括金属回线横差保护、金属回线纵差保护、金属回线接地故障保护；④接地极引线保护组，包括接地极引线断线保护、接地极引线过载保护、接地极引线阻抗监测、接地极引线不平衡监测、接地极引线脉冲回波监测等。

（4）换流站交流开关场保护区包括换流变压器及其阀侧连线、交流滤波器和并联电容器及其连线、换流母线。配置有：①换流变压器差动保护组，包括换流器交流母线和换流变差动保护、换流变差动保护、换流变绕组差动保护；②换流变压器过应力保护组，包括换流变过流保护、换流器交流母线和换流变过电流保护、换流变热过负荷保护、换流变过励磁保护；③换流变压器不平衡保护组，包括换流变中性点偏移保护、换流变零序电流保护、换流变饱和保护；④换流变压器本体保护，包括瓦斯保护、压力释放、气体检测、油泵和风扇电机保护、油温、油位检测、绕组温度等；⑤交流开关场和交流滤波器保护，包括换流器交流母线差动保护、换流器交流母线过电压保护、交流滤波器保护、断路器保护等。

（5）直流线路保护区的配置有：①直流系统保护组，包括直流欠电压保护、功率反向保护、直流谐波保护等；②直流线路故障保护组，包括直流线路行波保护、微分欠电压保护、直流线路纵差保护、再启动逻辑等。

7. 高压直流线路保护的相关原理

高压直流线路发生故障时，一方面可以利用桥阀控制极的控制来快速地限制和消除故障电流；一方面由于定电流调节器的作用，故障电流与交流线路相比要小得多。因此，对直流线路故障的检测不能依靠故障电流大小来判别，而需要通过电流或电压的暂态分量来识别。目前，世界上广泛采用行波保护作为高压直流线路保护的主保护，同时，高压直流线路保护还采用低电压保护、纵联差动保护、横差动保护、斜率保护等作为行波保护的后备保护。近年来，直流输电线路保护的新原理不断涌现，如检测电流首峰值时间的直流输电线路继电保护技术、基于宽频信息的直流输电线路故障测距、基于智能算法的单端量保护等。

（1）行波保护。行波保护是利用故障瞬间所传递的电流、电压行波来构成超高速的线路保护。由于暂态电流、电压行波的幅值和方向皆能准确反映原始的故障特征，同基于工频电气量的传统保护相比，行波保护具有超高速及高可靠性的动作性能，且其保护性能不受电流互感器饱和、系统振荡和长线分布电容等的影响。另一方面，相比交流系统，在直流系统中行波保护具有更明显的优越性。首先，在交流系统中，如果在电压过零时刻（初相角为 0°）发生故障，则故障线路上没有故障行波出现，保护存在动作死区；直流系统中不存在电压相角，则无此缺点。其次，交流系统中电压、电流行波的传输受母线结构变化的影响，并且需要区分故障点传播的行波和各母线的反射波以及透射波，难度较大；由于高压直流线路结构简单，也不存在上述问题。

(2) 微分欠压保护。微分欠压保护可作为直流输电线路行波保护的后备保护，配置于直流输电线路整流侧的两极线路上，当直流输电线路行波保护拒动或退出运行时，其可作为检测直流输电线路故障的主要保护。其整定原理是通过整定一个低电压和直流线路电压的变化率来对线路故障进行监测。如果电压的变化率和线路电压值超过了设定值，发出线路跳闸信号并在整流站的极控中起动直流线路故障恢复顺序。整流站延迟触发角以去电离，并在去电离后重启系统。

(3) 纵联差动保护。纵联差动保护整定原理是比较来自整流站和逆变站的直流电流，如果两站电流差值超过了设定值，线路跳闸信号就会在整流站的极控中启动直流线路故障恢复顺序。整流站延迟触发角以去电离，并在去电离后重启系统。纵联差动电流保护属于后备保护，主要反应高阻线路故障。由于其所需的电流通过远程控制在两站之间传输，失去通信时该保护被闭锁。

(4) 横差动保护。横差动保护整定原理是比较来自一个站内两极的直流线路电流，如果两站电流差值超过了设定值，就会在整流站启动直流线路故障恢复顺序。整流站延迟触发角来去电离，并在去电离后重启系统。横差动电流保护属于后备保护，只适用于单极金属回线方式。

三、智能电网继电保护新技术

1. 智能电网的概念

智能电网是当今世界能源产业发展变革的最新动向，智能电网的提出和建设是 21 世纪电力工业的新举创，是世界范围内应对能源环境问题和提升电网运行质量的有力措施。由于经济发展状况、电网建设水平、内外部发展环境不同，世界各国在智能电网建设的远景和侧重点上有些差异，对智能电网概念的描述不尽相同，但各国对智能电网的根本要求是一致的，即电网应该"更坚强、更智能"。坚强是智能电网的基础，智能是坚强电网充分发挥作用的关键，两者相辅相成、协调统一。总结各国对智能电网的研究，智能电网应具备以下六个特性：

(1) 自愈能力。可以在故障发生后的短时间内及时发现并自动隔离故障，防止电网大规模崩溃，这是智能电网最重要的特征。

(2) 高可靠性。通过提高电网内关键设备的制造水平和工艺，提高设备质量，延长设备的使用寿命。通过有效加强对电网运行状态的监测和评估，提升灾害预警能力，提高电网的安全稳定运行水平和供电可靠性。高可靠性是电网建设持之以恒追求的目标之一。

(3) 资产优化管理。电网运行设备种类繁多，数量巨大。智能电网采用先进处理手段实现对设备的信息化管理，从而延长设备正常运行时间，提高设备资源利用效率。

(4) 经济高效。智能电网可以提高电气设备利用效率，使电网运行更加经济和高效。

(5) 与用户友好互动。目前用户获得电消费信息的手段单一，信息量有限。借助于通信技术的发展，用户可以实时了解电价状况和停电计划信息，合理安排电器使用。电力公司可以获取用户的详细用电信息。以提供更多的增值服务供用户选择。

（6）兼容大量分布式电源的接入。太阳能、风能等可再生能源发电和电能储存设备的接入，要求电网必须具备双向测量和能量管理的能力，以便于电能计量计费及分布式电源的可靠接入。

随着 5G 技术在电力工业领域的推广应用，我国从自身特点和优势出发，以坚强智能电网为基础，提出了将 5G 技术贯穿融入在控制类业务、采集类业务、移动应用类业务和多站融合类业务的 5G＋智能电网。5G＋智能电网的发展建设，也为电网运行控制带来了新的机遇和挑战。

2. 智能电网建设对继电保护带来的影响

远距离、交直流混合，以特高压电网为骨干网架的各级电网高度协调发展，以及波动性新能源电力以规模化接入电网为主要利用方式，是中国智能电网发展的趋势。智能电网的建设影响了我国电力系统发电、输电、配电、用电各个环节，给作为电网安全运行第一道防线的继电保护带来了挑战，传统保护存在的诸多不足逐渐暴露。同时智能电网先进的信息系统也为继电保护的发展提供了良好的机遇。

首先，特高压电网故障时谐波分量大，非周期分量衰减缓慢，暂态过程明显，影响保护动作的可靠性和快速性；电流、电压互感器在暂态下的传变特性更差，故障状态转换时容易造成保护误动作；同塔双回或多回线路的跨线故障以及互感和线路参数不平衡会对保护造成影响；电网间的相互影响使故障特性更为复杂，故障计算误差增加；超/特高压电网对继电保护设备，要求具有更高的可靠性、安全性和电磁兼容能力。

智能电网的建设使一次系统中出现了大量电力电子设备，这些设备对故障电流造成了影响。如 FACTS 元件的安装位置、投入运行与否、以及所涉及参数的调整变化会对电网短路电流的特征和分布产生影响；直流输电系统的控制和保护问题仍然很突出，交、直流系统的故障会互相影响；风机类型、风机的工作状态、风机所采用的控制方法、故障类型以及风电场的弱电源特征，是影响风电接入电力系统故障电流的几个重要因素，会对不同时段的保护以及选相功能等产生影响。

另外，新能源电力具有间歇性、随机性和可调度性差的特点，在电网接纳能力不足的情况下，会给电力系统的安全稳定造成威胁。新能源电力并网时，线路中的潮流会发生较大变化，进而影响电网有功和无功功率的分布，增加了系统控制难度。线路中所采用的逆变设备和大量的电力电子设备会产生一定的谐波分量和直流分量，接入系统后会影响电能质量，还可能导致保护和自动装置误动作。另外，与常规电源相比，新能源电力运行控制方式有较大区别，给常规暂态稳定控制措施带来挑战。

随着国家电网公司智能电网建设的开展，网络重构、分布式电源接入、微网运行等技术带来的后备保护配合、双向潮流、系统阻抗的变化等问题，均会给继电保护定值整定带来困难，基于本地测量信息及少量区域信息的常规保护在解决这些问题时面临较大的困难。

与此同时，智能电网的发展也为新型继电保护的研究应用提供了平台。信息采集方面，我国自 1996 年起开始构建实时动态监测系统，截至目前我国所有 500kV 变电站和大部分 220kV 的变电站都安装了同步相量测量单元（PMU），广域测量系统（WMAS）已具规模。WAMS/PMU 能够实现广域电网的在线同步测量，数据更新速度可缩短到几十毫秒，能够用于实现基于同步信息的继电保护功能。信息通信方面，目前我国 500kV 及以上电网的光纤覆盖率达到了 100%，220kV 电网的光纤覆盖率为 99.2%，110kV 电网的光纤覆盖率为 93%，形成了以光纤为主要介质，以分层分级自愈环网为主要特征的电力通信专网。基于 IEC 61850 标准的数字化变电站实现了站内一次设备的数字化和二次装置的网络化，全站具有统一的标准平台，能够方便地实现信息共享和互操作。保护需要的高速、实时、可靠的信息通信条件已经具备。

5G+智能电网是一种典型的大数据系统，运行中繁杂庞大的电网既保证了电力数据的多样性，又保证了电力数据的充足性。在此背景下，广域保护技术、自适应保护技术得到长足发展。基于 WAMS 实时采集的大数据技术，无需对电网进行详细的建模，利用数据之间的相关性分析描述电网的运行状态，综合利用了大量历史数据和实时数据，从高维角度构建起数据间的时空关联性，降低了对复杂系统的观测和计算难度。广域保护能够融合与故障有关的多点、多类型信息，通过对信息的综合判断，实现开放/闭锁保护、调整保护动作特性、制定跳闸策略等功能。

自适应保护需要实时、准确获取电网运行方式的变化信息，及时更正与其不相适应的定值，以保证其动作的正确性、快速性和选择性，这是基于"点""线"信息的传统保护系统所不能实现的。智能化保护控制系统能够自适应系统运行方式、拓扑结构的变化，并且支持微电网的并网与孤岛运行方式；能够基于同步测量技术，拓展稳态和暂态条件下的量测性能，实现空间上不同位置的保护控制单元可以利用区域动态测量结果实现自适应和相互协调；可实现控制中心集中决策与保护控制单元分布自治之间的相互协调。目前，自适应技术取得了显著成效。从目前自适应保护的应用来看，它能够克服同类型传统保护长期以来存在的困难和问题，展示了强大的优越性。自适应保护目前正朝着保护性能最佳化、整定计算在线化、使用简便化的方向不断发展。

3. 智能电网的广域保护技术

结合智能电网技术的发展，广域保护系统定义为：通过现代测量和通信技术，获取电力系统的多点信息，识别出可能给电力系统带来严重后果（包括系统不稳定、过负荷或电压崩溃等）的扰动，并采取相应的措施（如断开一条或多条线路、切机、增加高压直流输电线路输送功率、主动切负荷等），并且在控制措施实施的过程中不断收集反馈信息并及时调整后继措施，最终消除或减轻扰动带来的后果。广域保护融合与故障有关的多点、多类型信息，通过对信息的综合判断，实现开放/闭锁保护、调整保护动作特性、制定跳闸策略等功能。由于检测故障的角度更加全面，使保护在适应系统运行方式变化、减少保护对定值依赖、克服过负荷和振荡影响，以及提升保护动作速度等方面有更加良好的表现。

(1) 广域保护的趋势。

1) 广域保护与 SCADA/EMS 的整合。利用 SCADA/EMS 中现有的数据，通过状态估计、动态安全分析得到的结果确定相应的控制方案，将广域保护确定的控制方案对系统稳定性的影响反馈给 EMS，以便更充分地利用电网的输电能力，具有进一步研究的价值。

2) 考虑紧急控制策略的广域保护。当前的紧急控制策略考虑的范围较小，当系统进入紧急状态时，只能以小范围的局部系统为控制对象，这样的控制策略有两个明显的缺点：①无法做到优化控制；②面向局部的紧急控制难以防止大规模连锁崩溃事故的发生。基于广域信息的紧急控制系统不仅可以提高对重要负荷供电的可靠性，减小停电范围，而且广域紧急控制策略对防止大规模互联系统发生连锁崩溃事故意义重大。

3）自适应的广域继电保护系统。传统的保护技术主要基于以往系统研究的某些假设，采取离线分析，并不能反应系统工作情况的改变，因此其保护配置可能不是最优的。随着智能电网的发展，继电保护装置能够获得的信息前所未有的丰富，因而在自适应水平上能够有更大地发展。

例如，光学互感器的实用化，提高了电流测量的线性范围，减少了继电保护判断 TA 饱和等的负担；同时也加大了互感器测量的频谱范围，继电保护有条件研究将常规工频量保护、行波保护、暂态量保护综合在一起，在故障发生、发展的不同阶段，提取故障的不同信息，从而提高保护的动作速度、可靠性等。

在常规电流、电压测量的基础上，适当地增加其他测量，也能够提高继电保护的性能。例如测量或者推测设备的当前运行温度和大气环境，就能够自适应调整热过负荷保护的电流定值和时间定值，更好地发挥设备的运行潜力。同样，收集电气设备的在线监测量和监测结果，也能够提高继电保护的自适应能力。如何有效地利用这些数据，是提高保护装置智能化的研究课题。

（2）广域保护系统结构。广域保护系统（WAPS，Wide Area Protection System）结构主要分成分散式广域保护系统、集中式广域保护系统和三层式广域保护系统三种形式。

1）分散式广域保护系统。分散式 WAPS 是指把数据分析和决策过程放在分散于电力系统各处的系统保护终端 SPT（System Protection Terminal）上执行的 WAPS。SPT 放置在不同变电站中，通过环形通信网络相连。SPT 从 TA、TV 或 PMU 获得本地测量数据，并通过网络获得其他 SPT 数据库的数据，在丰富信息的基础上，通过相对简单的算法和判据，可以实现多功能、可靠、灵敏的系统保护，如广域电压稳定控制、自动负荷控制、自动汽轮机投入、变压器抽头调节闭锁等。

由于通信系统失效的可能性不能排除，所以 SPT 和通信系统应该保持相对独立，SPT 应能检测到通信系统的故障，而且即使通信系统部分或全部失效，保护终端依旧可以通过本地数据和本地准则执行保护措施。在分散式结构中，即使一个保护终端失效，邻近终端也可以作为此终端的后备。该结构可以较好地克服集中控制方式中对控制中心设备要求过高的问题，但是 SPT 获得的信息有限，而且数据分析能力和决策能力有限，不能做到全局最优的控制。

2）集中式广域保护系统。集中式 WAPS 从整个电力系统采集数据，在控制中心集中进行数据分析和控制决策，然后把控制命令发给各个 SPT 以实施控制。由于是从整个系统的角度来分析和决策，因此可以做到全局最优控制，更能体现广域保护的优势。集中式 WAPS 应该包含以下几个子系统：

a. 数据采集系统：负责 WAPS 所需数据的收集，可能包含电流、电压幅值及相位，频率，开关位置，发电机投切状态，继电器信号等。相量测量单元 PMU 的引入和大量应用为 WAPS 的实施创造了条件。PMU 可以实时采样电流、电压的幅值和正序功角，更新速率至少 1/25s，而且带有 GPS 功能，可以保证不同地点采样数据的同步性。但由于 PMU 成本较高，目前不可能在电力系统的所有节点装备 PMU，而实际上也不需要在所有节点安装 PMU，可以有选择地在重要节点安装 PMU。

b. 在线数据分析和决策系统：在收集到大量数据之后，必须经过处理才能得到需要的系统参数，例如系统的潮流分布等。数据分析的难点在于从大量的数据中滤掉不正常数据，并正确估计出电力系统的状态，从而判定系统是否处于不安全的状态。然后从电力系统状态及不安全状态的诱导因素迅速识别出广域扰动的种类，并根据扰动激烈程度和现象持续时间把扰动分成不同等级，以选择相应的保护和控制措施，并且确定其中调节性措施的控制量大小。多重控制措施可能会被同时选择，这就需要预测后果并协调各种措施，以避免控制效果相互抵消。在控制命令发出之后，还需要根据实时采集数据不断估计系统状态，以调整控制措施。

c. 执行系统：执行系统是控制措施的实施者，由分散于电力系统各处的多个 SPT 以及相应的电力系统执行元件组成。不同于分散式 WAPS 的 SPT，此 SPT 不需要有数据处理和决策功能，也不需要和其他 SPT 通信，只需要接收从控制中心发来的命令，执行相应控制。SPT 及其执行元件的控制速度和精度将直接影响控制措施的效果，因此是衡量执行系统性能的重要指标。

d. 通信系统：通信系统需要实现采集数据的上传和控制命令或 SPT 整定值的下传。由于 SPT 没有决策能力，因此集中式 WAPS 对通信系统的依赖程度很高，通信系统的可靠性和实时性对整个 WAPS 的功能实现与否至关重要。

集中式 WAPS 虽然功能强大，但是其性能依赖于通信系统的负载能力和实时性以及在线数据分析和决策系统的运算能力。而电力系统的规模越大，需要的数据采集点就越多，从而数据量越大，数据传输距离也越长，这对通信系统带宽和数据分析和决策系统的运算能力都提出了更高要求。

3) 三层式广域保护系统。将集中式 WAPS 分层，可以结合分散式和集中式 WAPS 的优点。比较理想的情况是把 WAPS 分为三层，即三层结构：底层为大量的 PMU 和 SPT 或附带保护功能的 PMU；中间层为几个本地保护中心（LPC，Local Protection Center），每个 LPC 与多个 PMU 通信，完成数据收集以及区域控制和保护功能，多个 LPC 相互配合共同实现系统保护方案；上层为一个系统保护中心（SPC，System Protection Center），它对各本地保护中心起到协调作用，实施系统安全防御。三层式 WAPS 可以把大量原始数据的处理分散在 LPC 进行，从而把大量原始数据传输限制在各个有限区域之内。LPC 把运算结果和少量的原始数据上传到 SPC。SPC 的系统控制命令下传到 LPC，再转发给 SPT。

目前广域测量系统 WAMS（Wide Area Measurement System）已经得到广泛应用，而 WAMS 一般以 PMU 为基础，因此三层结构的广域保护系统可在 WAMS 的基础上实现。在 WAMS 应用中，分布在一个区域的所有 PMU 设备都连接到一台被称为数据集中器 DC（Data Concentrator）的计算机上，DC 使用数据库大量储存相量数据。LPC 可直接访问 DC 的数据以获取整个系统的动态行为，也可以直接在 DC 上增加控制和保护功能，使 DC 转化成一个 LPC，再把这些 LPC 连接到 SPC 就可以整合成广域保护系统。

以上是广域保护系统的系统结构的介绍。经过分散式和集中式结构的优缺点的比较，在通信系统和分析决策系统的能力能够达到要求的前提下，集中式结构是优于分散式结构的，因此集中式 WAPS 是未来 WAPS 的发展方向。而通过改进集中式结构形成的三层式 WAPS，可以结合分散式和集中式 WAPS 的优点，通信系统的可靠性和及时性是三层式 WAPS 有效性的关键因素。

（3）基于 IEC 61850 的保护系统。IEC 61850 系列标准变电站通信网络和系统，其制定的目标主要包括互操作性、功能的自由配置、良好的扩展性三个方面，以适应变电站自动化和通信技术的长期稳定发展。它将变电站内智能电子设备 IED 之间的通信行为和相关的系统要求规范化，是一个庞大的标准体系，而不仅仅是一个通信协议。IEC 61850 代表了变电站自动化系统 SAS 技术的最新趋势，是实现数字化、智能化变电站的关键技术。IEC 61850 标准体系的特点是采用分布分层的结构体系，面向对象的数据统一建模，实现智能设备间的互操作能力，面向未来的开放体系结构。

由于广域保护系统功能的不同，对通信系统性能的要求也不一样，例如对继电保护通信系统的快速性和可靠性有严格要求，而对动作延时要求稍低的某些控制功能，相应的对通信系统要求稍低。这样就需要构建一个能满足多种功能要求的通信系统为各种信息的交换提供平台。IEC 61850 为保证广域同步信息传输的快速性和可靠性提供了可能。

图 10-2 所示为基于 IEC 61850 的广域保护结构。测量单元和广域保护内均使用的相量传输方式，能较好地节省数据传输带宽。GPS 授时装置对变电站内所有测量单元和智能操作箱进行授时，对采集的模拟量和开关量标注 GPS 同步时标。测量单元采用 IEC 61850-9-2 协议将采集到的信息发送到过程总线上，变电站主保护和后备保护从过程总线上获取测量单元上数字信息，同时判定故障，若发生故障则通过过程总线给智能操作箱下达跳闸命令。变电站所有保护元件之间在一体化保护及 IEC 61850 的框架体系下都是透明的，通过网络进行连接。为了解决后备保护存在的问题，从全局的观点考虑，保护方案中的保护系统引入广域测量信息，将本站信息同时上送到广域保护主站，实现对区域电网多个元件的保护和控制。

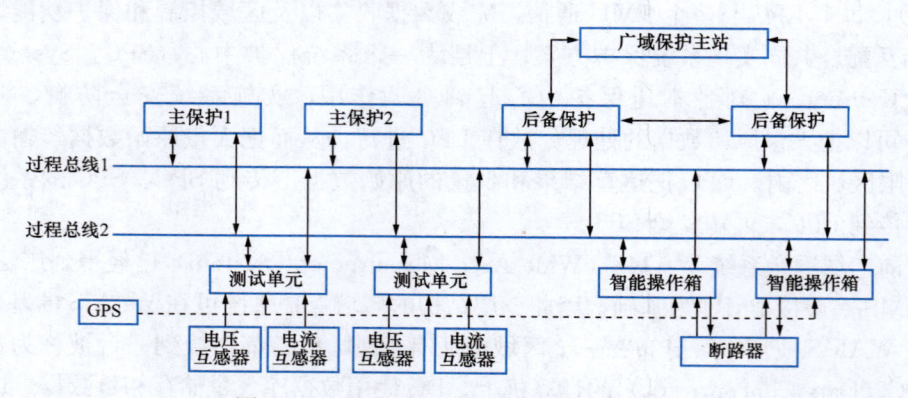

图 10-2 基于 IEC 61850 的广域保护结构

IEC 61850 给传统的保护和变电站的运行带来新的挑战：

1）基于 IEC 61850 的数字化变电站的二次系统设计，需要打破传统的设计方案，要设计出结构合理、满足实际需要的可靠系统，就需熟悉各种 IEC 61850 设备的功能逻辑节点，以便能够将物理设备通过逻辑节点连接去实现所需功能。

2）保护测试是一种全网络化的测试，需要充分理解保护的配置，利用 IEC 61850 的特点，设计出完善的测试方案，同时测试通信、同步功能、检查上传信息等多项功能。

3）由于原来的 SCADA 和其他的控制系统是一个独立系统，是厂家的专有产品，它们的安全性来自其硬件平台和逻辑结构与外界不同，而基于 IEC 61850 的保护系统是基于开放的、标准的网络技术，所有的供应商均可开发基于因特网的应用程序来监测、控制或远方诊断，但可能导致计算机控制系统的安全性降低，对于电力系统这样一个要求高可靠性和安全稳定性的系统而言，安全问题尤其突出。

4. 智能电网的自适应保护与控制

智能电网涵盖智能输电网和智能配电网，智能电网的保护控制以保证输配电网络的安全可靠运行以及不间断供电为基本原则。智能电网最突出的特点是其自愈能力。所谓自愈，包括自我防御和自我恢复。针对这两个目标，智能电网的自愈技术主要有 SCADA、WAMS、配电生产管理地理信息系统（TGIS）以及输电生产管理地理信息系统（DGIS）等实现的电网在线监测技术，广域全景分布式一体化的电网调度技术，基于预想事故、预设专家系统的快速分析诊断技术，电网故障在线快速诊断技术、网络最优重构、电压与无功控制策略以及快速故障定位、隔离和系统回复技术等。因此可以说，智能电网自愈技术的核心是在线实时决策指挥，目标是灾变防治，实现大面积连锁故障的预防。显然，欲实现智能电网自愈能力，智能化保护控制系统是最基础的技术支撑之一。智能化保护控制系统必须具备以下能力：能够自适应系统运行方式、拓扑结构的变化，并且支持微网的并网与孤岛运行方式的能力；能够基于同步测量技术，拓展稳态和暂态条件下的量测性能，实现空间上不同位置的保护控制单元可以利用区域动态测量结果实现自适应和相互协调的能力；可实现控制中心集中决策与保护控制单元分布自治之间的相互协调的能力。

自适应保护需要实时、准确获取电网运行方式的变化信息，及时更正与其不相适应的定值，以保证其动作的正确性、快速性和选择性，这是基于"点""线"信息的传统保护系统所不能实现的。实现全网自适应保护的关键是如何提高电网接线分析、短路计算相定值计算的速度，使整个整定计算的速度能跟得上电网运行方式变化速度。

自适应保护的研究和应用主要包括保护装置的自适应和保护系统的自适应两个方面。国内继电保护研究人员对保护装置自适应做了较多的研究工作，并取得了一定的成效。目前，自适应技术已应用于供配电线路的各种保护之中，并取得了显著成效。从目前自适应保护的应用来看，它能够克服同类型传统保护长期以来存在的困难和问题，展示了强大的优越性。自适应保护目前正朝着保护性能最佳化，整定计算在线化、使用简便化的方向不断发展。

尽管目前继电保护系统的可靠性已达到较高水平，但由继电保护系统隐藏故障导致的连锁跳闸和大面积停电事故仍时有发生。智能电网中建设高级的信息传输平台是其主要任务之一，据此可利用更丰富的信息使继电保护装置和系统具有自适应、自诊断和自恢复功能，自适应继电保护可以解决现有的继电保护中存在的问题，其最终目标是使继电保护更趋于完美，智能电网自适应继电保护必然具有光明的发展方向和应用前景。

思 考 题

1. 超高压输电线路需要考虑的特殊问题有哪些？
2. 行波保护原理有何优、缺点？
3. 简述暂态保护的基本原理。
4. 直流输电系统有哪些主要元件构成？各元件有何作用？
5. 直流输电系统典型的运行方式有哪些？
6. 简述换流器故障的特点。
7. 简述直流输电线路的保护配置。
8. 智能电网应具备哪些特性？
9. 什么是广域保护系统？
10. 广域保护系统有哪些形式构成？
11. IEC 61850 标准给传统的保护和变电站的运行带来哪些新的挑战？
12. 谈谈对智能电网自适应保护的认识。

参 考 文 献

[1] 张保会,尹项根. 电力系统继电保护. 北京:中国电力出版社,2022.
[2] 贺家李,李永丽等主编. 电力系统继电保护原理(第五版). 北京:中国电力出版社,2018.
[3] 韩笑主编. 电力系统继电保护. 北京:高等教育出版社,2022.
[4] 张保会,潘贞存编. 电力系统继电保护习题集. 北京:中国电力出版社,2019.
[5] 蔡泽祥,李晓华著. 直流输电系统故障暂态和继电保护动态行为. 北京:科学出版社,2020.
[6] 邰能灵,范春菊,胡炎编. 现代电力系统继电保护原理. 北京:中国电力出版社,2012.
[7] 朱声石. 高压电网继电保护原理与技术. 北京:中国电力出版社,2005.
[8] 王丽君主编. 电力系统继电保护(第三版). 北京:中国电力出版社,2022.
[9] 王维俭. 发电机变压器继电保护应用(第二版). 北京:中国电力出版社,2005.
[10] 梁振锋,康小宁. 电力系统继电保护习题集. 北京:中国电力出版社,2008.
[11] 吴必信. 电力系统继电保护同步训练. 北京:中国电力出版社,2004.
[12] 国家电力调度通信中心. 电力系统继电保护题库. 北京:中国电力出版社,2008.
[13] 韩民晓,文俊,徐永海. 高压直流输电原理与运行. 北京:机械工业出版社,2012.
[14] 余贻鑫. 智能电网基本理念于关键技术. 北京:科学出版社,2019.
[15] 张保会,郝治国,Zhiqian BO. 智能电网继电保护研究的进展(二)——保护配合方式的发展. 电力自动化设备,2010,30(2).
[16] 李斌,薄志谦. 面向智能电网的保护控制系统. 电力系统自动化,2009,33(20).
[17] 陈国平,梁志峰,董昱. 基于能源转型的中国特色电力市场建设的分析与思考[J]. 中国电机工程学报,2020,40(2).